粮 智

——河南省"粮安工程"仓储智能化升级管理实务

朱保成 主编

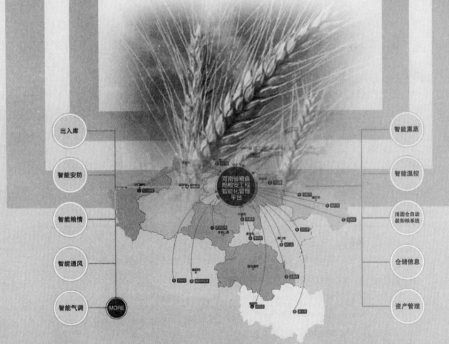

黄河水利出版社

图书在版编目(CIP)数据

粮智:河南省"粮安工程"仓储智能化升级管理实
务/朱保成主编. —郑州:黄河水利出版社,2017.8
ISBN 978 – 7 – 5509 – 1809 – 2

Ⅰ.①粮…　Ⅱ.①朱…　Ⅲ.①粮仓 – 仓库管理 –
河南　Ⅳ.①S379.3

中国版本图书馆 CIP 数据核字(2017)第 177785 号

出　版　社:黄河水利出版社
　　　　　地址:河南省郑州市顺河路黄委会综合楼 14 层　　邮政编码:450003
发行单位:黄河水利出版社
　　　　　发行部电话:0371 – 66026940、66020550、66028024、66022620(传真)
　　　　　E-mail:hhslcbs@126.com
承印单位:河南承创印务有限公司
开本:710 mm × 1 000 mm　　1/16
印张:21.5
字数:386 千字　　　　　　　　　　印数:1—10 000
版次:2017 年 8 月第 1 版　　　　　印次:2017 年 8 月第 1 次印刷
定价:38.00 元

编纂委员会

序 言

"五谷者，万民之命，国之重宝。""国家大本，食足为先。"粮食被视为天下之大命的重要物资，是国民经济的基础，在安定人心、抵御灾荒、恢复生产和繁荣经济等方面起着举足轻重的作用。

"仓廪实而知礼节，衣食足而知荣辱。"粮食的储备与存储关系国计民生，是古今中外皆关注的大事。中国粮食储存的历史十分悠久，早在甲骨文中就有关于粮食储藏的记载。夏朝，仓储制度正式成为国家的一项重要财政制度，此后的各朝各代，也都无不把储粮问题摆在治国安邦的重要位置。

自新中国成立以来，党和政府历来十分重视粮食安全与安全存储问题。党的十八大提出了"确保国家粮食安全和重要农产品有效供给"的要求。习近平总书记指出："手中有粮，心中不慌。保障粮食安全对中国来说是永恒的课题，任何时候都不能放松。""粮食安全是一切工作的重要之基，各级党委和政府一定要抓紧抓紧再抓紧。""中国人的饭碗任何时候都要牢牢端在自己手上。我们的饭碗应该主要装中国粮。"李克强总理强调，"要加强粮食仓储设施建设，确保储备粮食实、质量好、用得上"，要求全国各级粮食部门"要守住管好'天下粮仓'，做好'广积粮、积好粮、好积粮'三篇文章。"

粮食储存安全是实现粮食安全的重要环节。而实现粮食储存安全，既要有良好的仓储设施，更要有先进的粮食储存技术和现代化的管理手段。

环流熏蒸、机械通风、粮情检测和低温储粮、气调储粮等先进的粮食储存技术现已广泛应用，仓储设施条件也已明显改善。但河南省乃至全国的整体储粮技术水平，与发达国家相比仍有较大差距，以计算机为核心的信息化高新技术在粮食仓储上的应用尚处起步阶段。

当今世界，信息技术革命日新月异，尤其计算机技术、通信网络技术、信息控制技术迅猛发展，对国际政治、经济、文化、社会、军事等领域发展产生了深刻影响。信息化已经成为经济社会发展的主旋律。党的十八大提出了促进工业化、信息化、城镇化、农业现代化同步发展的"四化同步"战略。2014年2月，习近平总书记在中央网络安全和信息化领导小组第一次会议上指出，没有信息化就没有现代化。

粮食行业信息化，是计算机科学转变为粮食储存管理的创新过程，是信息技术应用于粮食储存的实践过程。信息技术是推动粮食行业信息化建设的发动机和风向标。物联网、大数据、云计算、"互联网＋"等技术的广泛运用，展示着粮食行业信息化未来的无限生机和美好憧憬。

利用现代信息化技术改造、引领、发展粮油仓储技术，提高存储粮食的劳动生产率和核心竞争力，加快粮食行业信息化和现代化建设步伐，是粮食流通产业和经济发展的必然要求。

新中国成立以来的河南国有粮食基础设施建设，取得了长足发展，为保障安全储粮发挥了重要作用。但利用现代信息技术，建设智能粮库，改善存粮条件，提升储藏技术，仍为空白。

2015年3月23日，国家发展改革委、国家粮食局、财政部联合发布了《粮食收储供应安全保障工程建设规划（2015～2020年)》。以智能粮库建设为重点的粮食仓储智能化升级，是国家"粮安工程"的重要组成部分，也是粮食行业信息化建设的重要基础和关键环节。2015年，财政部、国家粮食局启动"粮安工程"仓储智能化升级改造工作，为河南省建设智能粮库提供了千载难逢的机遇。

在省委省政府的正确领导与大力支持下，省粮食局会同省财政厅抢抓机遇、通力合作、精心准备、积极申报，终以名列前茅的优异成绩，赢得了国家有关部委初审和相关专家的综合性评审，被确定为2015～2016年中央补助地方"粮安工程"危仓老库维修改造专项资金智能化升级三个重点支持省份之一。

粮食仓储智能化升级重点支持省份的确定，极大地激发和调动了全省粮食行业信息化建设的工作热情与积极性。但这是一项全新的课题，既无现成模式可以复制，更无历史经验能够借鉴，如何把这件事情既办成办好，又规范操作，不出问题，真正实现全省粮食仓储智能化、规范化、科学化管理的真正升级与互联互通，搞好全省顶层设计势在必行。鉴于此，省粮食局流通处会同省财政厅服务业处等，以高度的责任心和使命感，根据全省粮食行业实际，组织力量从项目申报评审、技术标准、招标组织、公示确定、监督检查、管理验收，到资金管理和绩效评价等，制定了全过程的规章制度、操作流程、项目指南和管理规范。取名《粮智》的该书，正是这些规章制度和规范性文件的集大成，具有较强的理论指导性和务实操作性，很值得当前和今后智能化与信息化的从业者一读。

河南省粮食局局长： 赵志林

2017 年 6 月

前　言

粮食仓储智能化，是用现代通信与信息技术、计算机网络技术、行业技术、智能控制技术汇集而成的针对粮食仓储应用的智能集合。粮食仓储智能化升级，实质上是粮食仓储科学化与规范化管理的升级，是粮食行业信息化、现代化建设的重要前提和关键环节，也是"粮安工程"的重要组成部分。

各级粮食行政管理平台与基层粮库智能化建设，共同构成了粮食仓储智能化升级的重要内容。2015年5月26日，经国家粮食局和财政部共同组织专家评审，河南省以总分第二名的成绩胜出，被列为全国"粮安工程"仓储智能化升级三个重点支持省份之一，为全省粮食行业争取国家财政补助资金2.24亿元，加之省、市、县地方财政补助和企业自筹资金等，项目总投资达5.6亿元。

机遇与挑战并存。争取国家重点支持省份的成功，既为河南省粮食仓储管理体系建设与发展带来了难得机遇，同时也为管好用好这笔资金和项目，进而达到客观公正、规范操作、顺利推进、预防腐败的目的，提出了严峻挑战。

日臻完善顶层设计。为既顺利完成粮食仓储智能化升级工作任务，又从根本上消除腐败风险，保护财粮干部职工，河南省粮食局会同财政厅，借鉴粮食危仓老库维修改造工作的成功经验，精心搞好顶层设计，出台了31项政策法规、规章制度及其规范性文件等，明确了从省到市、县政府及其粮食、财政等部门和企业的职责、任务及相关要求，规定了项目组织申报、核准、推荐、评审、招投标、施工、监管、检查、验收等各个环节的相关条件、管理办法、操作规程、技术标准和目标要求等，真正把各级权力装进制度的笼子，为项目的整体推进与顺利实施提供了重要前提与制度保障。

明确部门企业职责。省粮食局、省财政厅负责政策标准制定、督促抽查政策落实及项目实施情况，协调解决工作实施中的重大共性或政策性问题；市、县人民政府负责地方自筹资金落实和项目全面组织实施；省辖市、省直管县（市）粮食局、财政局负责粮库智能化升级规划、项目申报、具体实施、质量监管、竣工验收等；各级财政部门负责专项资金拨付与监管，提高资金使用效益；粮食部门负责项目的具体实施与管理，或检查督促建设进度；项目单位（企业）具体落实财务管理、项目实施和项目监督等责任，并建立项目公示、公告制度，及时将项目名称、实施内容、进度计划、资金安排及中标单位、监理单位和具体责任人、举报电话等情况在一定范围内张榜公布或公示，主动接受职工群众和社会监督。

公开征集专家名单。省粮食局通过制定条件、标准、要求，网上公开征集报名，认真组织审核把关，党组讨论研究决定等规范性程序，向省财政厅专家库推荐、充实了必要的粮食仓储智能化和粮油储藏、质检专家；优中选优筛选出部分骨干，组建了河南省粮食仓储智能化升级专家指导委员会；成立了河南省粮食行业信息化建设领导小组，建立了"河南省粮安工程仓储智能化升级改造"项目储藏技术专家组，并明确河南工业大学为全省"粮安工程"仓储智能化升级技术支撑单位。这些单位和专家，在全省粮食仓储智能化升级工作中，发挥了重要的标准制定和技术引领作用。

精心组织项目申报。省粮食局会同省财政厅，结合实际将全省粮库依其仓容量大小不同分为四种类型，分别制定了相关的智能化功能设置、投资限额和申报条件；依据各市、县粮食产量和库容量等因素，提出了各地的申报数量要求。各地各单位根据本地区、本企业实际和省分配的申报项目个数，对照智能化升级四种类型项目内容及功能要求，结合考虑配套资金自筹能力，按《河南省"粮安工程"仓储智能化升级改造项目申报指南》规定，组织基层企业自愿申报，县（市、区）粮食局、财政局审核把关，省辖市粮食局、财政复核汇总，并以正式文件向省粮食局和省财政厅推荐申报了包括371家企业名单及项目类别在内的综合材料。

专家评审确定项目。省粮食局对各省辖市粮食局和财政局联合推荐上报的项目予以综合汇总，对申报材料的真实性和完整性进行必要抽检与复核，在此基础上会同省财政厅组织召开专家评审会评定。评审专家从"河南省财政厅专家库"中随机抽取后，按《河南省"粮安工程"仓储智能化升级改造项目评审办法》的规定和要求，对各地申报材料进行了严肃认真的审查、评价和打分；全体评审专家在形成一致意见的基础上，最终签字确认拟支持项目名单及其建设类型，经省粮食局、省财政厅公示无异议后发文公布。

先行试点示范带动。为典型引路与探索经验，避免投资浪费和形成信息孤岛，省粮食局、省财政厅商定先期开展项目建设试点工作，并通过试点明确建设内容，核实建设成本，确定分类价格，以便制定全省统一建设标准和工作指导意见。在各地层层申报、筛选、推荐的基础上，经河南省粮食仓储智能化升级专家指导委员会组织考察、评审，最终确定郑州兴隆、濮阳皇甫、焦作隆丰和许昌新兴国家粮食储备库，为全省粮食仓储智能化升级试点单位。其中，首个试点库——郑州兴隆国储库于2015年9月经郑州市粮食局、财政局共同组织招、投标后，历经半年建设，于2016年3月全面建成并投入使用，业经当年夏粮收购检验，运行顺利良好。2016年3月8日，省粮食局在该库召开了"粮安工程"仓储智能化升级试点工作现场会，并在随后的全省系列会议和培训工作中，组织各市、县及省属企业粮食局长、科长、粮库主任等共计780多人次赴郑州兴隆国储库实地参观学习，全国也有23个省、市粮食局组团前往考察取经，示范带动效应明显突出。

规范实施项目招标。在取得试点经验和完成省级培训计划后，省粮食局、省财政厅决定自2016年7月28日起，全省371个粮食仓储智能化升级项目建设全面启动。各市、县（包括省直管县）项目招标工作由各省辖市粮食局、财政局统一组织实施；省属粮食企业的项目招标参照对各省辖市的要求，由省属粮食企业集团或总公司统一组织。其具体招标方式和程序：一是以省辖市、省属粮食企业（集团）为单位，制订招标方案。方案实施前须报省粮食仓储智能化专家委员会组织专家论证，主要论证各系统功能、工程技术、技术标准，接口标准，工程量清单、投资额，招标程序等的合理性、合规性和可操作性。参加论证的专家须是3人（含3人）以上单数，对各地招标方案提出修改意见并逐个签字。各省辖市、省属粮食企业（集团）要按照专家意见修改完善招标方案。招标方案经专家论证修改完善后方可实施。二是由各省辖市粮食局、财政局协商确定招标代理机构，并把经专家论证修改完善确定的招标方案交给招标代理机构，按规定程序开展招投标工作。三是各省辖市财政局、粮食局和省属粮食企业集团，按规定抽取评标专家。招标评审专家须是7人（含7人）以上单数，可从"河南省政府采购专家库"中随机抽取。至少抽取粮食仓储智能化专家2名，粮食储藏专家1名，粮食质检专家1名，财务专家1名；各省辖市粮食局、省属粮食企业（集团）派业主代表2名。如"当地政府采购专家库"中有粮食仓储智能化、粮食储藏、粮食质检等专家，也可从"当地政府采购专家库"中抽取。四是各省辖市粮食局、财政局和省属粮食企业（集团），根据评标情况确定中标供应商。中标供应商与中标的项目单位进行合同谈判，签订建设合同。五是各省辖市粮食局、财政局统一组织招标项目监理单位，由项目单位与监理单位签订监理合同并切实加强项目监理工作。

　　强化项目建设监管。随着各市、县招标工作的相继展开和顺利完成，省粮食局采取开会督查、文电督查、报表督查、调研督查、深入巡查、组织检查组监督检查等多项措施，强力推进项目开工建设，确保工程质量。项目单位、项目建设单位、项目监理单位共同制定项目实施方案，按照"项目法人责任制、建设监理制和合同管理制"要求推进实施工作。除各级粮食行政管理部门外，充分发挥项目监理的作用，切实加强对项目实施过程的全方位监督和监管。在项目实施过程中，项目单位派业务人员作为驻场监督代表，指导和协调监理单位、建设单位之间关系，督促解决项目实施过程中遇到的问题；同时采取监理单位派专业技术人员的办法，现场监督项目实施。

　　认真组织项目验收。能与省粮食局"粮安工程"智能化管理平台联通且已具备验收条件的项目，由县级粮食主管部门组织项目单位、监理单位和建设单位等共同进行初验，发现问题及时解决；对具备正式验收条件的项目，以省辖市为单位并由该市粮食局、财政局统一组织，粮食仓储智能化、粮食储藏、粮食质检、财务等专家共同参加，对照项目合同和实施方案，按规定程序认真开展验收工作。对不合格项目不予通过，并限期整改；验收合格者，项目单位及时整理相关资料，按要求上报归档。

　　本书全面汇集了有关河南省"粮安工程"仓储智能化升级工作的政策法规与标准规范，详尽记录了这一工作推进的整体过程与现实做法，认真总结了全省"智能粮库"建设的基本思路与成功经验，既可作为当前各地粮食仓储智能化建设的培训教材，也可作为今后"智能粮库"与行业信息化建设的重要参考工具书。如果该书能对您的工作有所裨益，将是对我们的最大安慰。

编　者

2017 年 6 月

目　　录

规程与指南

河南省"粮安工程"粮库智能化升级暨行业信息化建设指导意见

根据《国家粮食局关于规范粮食行业信息化建设的意见》(国粮财〔2016〕74 号)及仓储智能化升级工作要求,为切实搞好顶层设计,加强河南省"粮安工程"仓储智能化升级组织实施工作,全面推进粮食行业信息化建设与发展,特制定本指导意见。

一、指导思想和基本原则

为顺应信息技术发展趋势,抓住机遇,坚持需求主导,搞好顶层设计,按照国家粮食局仓储智能化升级暨行业信息化建设工作部署,坚持以粮库智能化升级为基础,以标准规范为指引,以数据采集和应用为核心,以信息技术与粮食业务深度融合和管理创新为手段,加强信息基础设施和网络信息安全保障能力建设,强化信息共享、业务协同和互联互通,有效提高公共服务水平,积极培育粮食信息化发展环境,促进粮食流通产业转型升级,加快建成先进实用、安全可靠、布局合理、便捷高效的河南粮食行业信息化体系,力争实现省级储备粮储存库点智能化升级全覆盖,全面提升河南省粮食流通现代化水平,为确保粮食安全奠定更加坚实的基础。

坚持统筹规划、注重实效、协同共享、保障安全的基本原则。统筹规划,即按照国家信息化战略部署,统一规划、统一标准,因地制宜,合理布局,以点带面,稳步推进,避免低水平重复建设;注重实效,是以提升粮食行业业务管理水平、降低粮食流通成本、提高粮食流通效益为重点,突出粮食行业特色,注重前瞻性、先进性、实用性和可靠性,优先采用成熟、适用的信息技术,支撑整个粮食行业信息化发展;协同共享,是充分发挥各级粮食行政管理部门、企业以及社会力量的作用,建立全省统一的网络和应用平台,合力推进粮食行业信息化建设,以信息资源共享、利用为核心,优化资源配置,实现信息资源共享和业务高效协同;保障安全,是有序推进粮食行业信息化标准体系和安全保障体系建设,加强风险评估和安全防护,强化信息安全保密管理，确保粮食行业信息化基础设施和应用系统安全可靠。

二、河南省粮食行业信息化建设主要内容

粮食行业信息化是一个系统工程，涉及收购、储存、调运、加工、供应等各个环节，包括基础设施建设、硬件设备配置、应用软件开发、信息标准制定、信息安全管理、数据分析应用等相关内容，需要政府、粮食经营企业、粮食装备企业以及科研部门等共同参与、协同推进。粮食行业信息化建设要紧密围绕总体目标，重点加强省智能化管理平台、粮库智能化升级、粮食交易中心和现货批发市场电子商务信息一体化平台建设、重点粮食加工企业信息化改造、粮食应急配送中心信息化建设，简称"1＋4"建设模式，逐步形成"技术先进、功能实用、运维简便、安全可靠、规范统一、运行高效"的粮食行业信息化体系，全面提升粮食行业信息化水平。

（一）省粮食局智能化管理平台

省粮食局智能化管理平台（以下简称"省粮食管理平台"）是粮食行业信息化体系的关键环节，是全省涉粮"数据管理中心、应用创新中心、决策指挥中心、市场监测中心、社会服务中心"。省粮食管理平台涵盖粮食行政管理和公共服务的各项业务，能够面向市县粮食行政管理部门、各类涉粮企事业单位、售粮农民和消费者提供全方位服务。省粮食管理平台通过公共网络与各级储备粮库、基层粮食收储企业、批发市场、交易中心和重点加工企业联通，实现信息采集、汇总、分析和利用，为粮食行政管理、社会服务、宏观调控、应急保障、粮食收购等提供信息支持。

各省辖市可参照省粮食管理平台的业务功能，根据实际需要和资金筹措情况自主建设（省辖）市级管理平台。

（二）粮库智能化升级

粮库信息化系统是粮食行业信息化的基础，是"数据采集终端、创新应用终端、监督管理终端、社会服务终端"。粮库信息化系统应当紧密围绕粮库核心业务，充分考虑企业实际需求，着力解决粮库经营管理粗放、运行效率低下、业务协同能力不足、信息流转不畅、监管存在漏洞等问题。

粮库信息化系统是辅助企业做好粮食数量、质量、粮情和相关资源管理的计算机系统。一般包括出入库及库存管理模块、仓储管理模块、综合业务模块、安防管理模块等。能够实现对粮食购销、出入库、仓储、安防、质检、财务、统计等业务高效管理。

各地、各单位在实施粮库智能化升级中，应充分考虑企业业务类型、管

理基础、投入和运维能力、人员素质、现实需求等因素，引导企业在做好总体规划的前提下，进行分级分步建设。粮库信息化系统分四个类型。每个类型建设都要从最基础、最适用的功能入手，并为将来的升级预留接口。

（三）粮食交易中心和现货批发市场电子商务信息一体化平台建设

粮食交易中心和现货批发市场是现代粮食市场体系的重要组成部分。通过一体化平台建设，着力解决交易行为分散、信息系统重复建设、市场资源不共享、交易成本高、市场竞争力弱等问题。充分发挥一体化平台的信息优势和资源配置作用，建立涵盖粮食生产、原粮交易、物流配送、成品粮批发、应急保障的完整供需信息链和数据中心，打造统一开放、竞争有序、协同发展的电子商务一体化信息大平台。

加强粮食交易中心省级终端和现货批发市场的信息化建设，逐步实现与国家平台的联网运行；逐步整合现货批发市场、种粮大户、放心粮油店和应急保供配送中心的电子商务内容，围绕粮食交易主业，拓展大数据分析、物流配送、投融资等衍生服务，打造交易平台生态圈。

粮食交易中心省级终端，重点是改善硬件条件，增强信息采集、服务能力；现货批发市场，应依托全国统一竞价交易系统或其他系统平台，积极发展 B2B、B2C、C2C、O2O 等交易模式；利用信息技术实现传统批发市场的转型升级。

（四）重点粮食加工企业信息化改造

粮食加工企业原粮出入库和库存管理部分，应符合粮库信息化系统的建设要求；成品粮应急管理部分，应符合粮食应急配送中心信息化系统的建设要求；鼓励、支持重点粮食加工企业，基于省粮食管理平台或自行建设粮食质量安全追溯信息系统。如企业自行建设质量追溯信息系统，应预留与省粮食管理平台联通的接口。

（五）粮食应急配送中心信息化建设

粮食应急配送中心是各地依据粮食应急预案设立，承担粮食应急配送任务的机构。粮食应急配送中心信息化建设应以实现各项业务"全时在线"管理为目标，全面提高配送效率，缩短反应时间，与应急加工企业及供应网点协同运行，确保本区域应急保供的精准性、有效性和及时性，为各级政府调控市场提供信息技术支撑。

粮食应急配送中心信息化建设应重点加强商业客户、产品库存、仓储资源、运输装备的信息化管理，积极采用卫星定位、电子托盘、RFID 等技术，实现出入库管理、作业调度、自动盘库、客户合同、物流配送（含车辆调度、路线优化）以及安防监控等功能。粮食应急配送中心信息系统对下要与应急供应网点联通，即时或定期掌握各网点库存和销售情况；对上应与粮食行政管理部门联通，接受粮食行政管理部门的应急指挥调度，并实时动态反馈执行情况。

严格依据应急预案和应急管理要求，重点支持影响大、覆盖广的应急配送中心信息系统建设。考虑到应急配送中心一般依托成品粮食批发市场、粮食应急加工企业、骨干军粮供应站及大型储备粮库等单位建设，因此应急配送中心信息系统要做好与依托单位信息系统的衔接、融合，具备条件的应统一规划、统一设计、同步实施。

三、粮库智能化升级

（一）项目内容

河南省粮库智能化升级主要分为以下四种类型：

第一类型：智能化全部功能，包括无纸办公、业务管理、移动监管、粮食出入库系统、多功能粮情测控、智能气调、智能通风、智能安防、三维可视化、专家决策与分析系统、远程监管接口和中控室等；

第二类型：智能化主要功能，包括无纸办公、业务管理、移动监管、粮食出入库系统、多功能粮情测控、智能通风、智能安防、三维可视化、专家决策与分析系统、远程监管接口和中控室等；

第三类型：智能化基本功能，包括无纸办公、业务管理、粮食出入库系统、多功能粮情测控、智能安防、远程监管接口和中控室等；

第四类型：智能化基础功能，包括业务管理、粮食出入库系统、安防监控、粮情测控、远程监管接口等。

（二）建设标准

粮库智能化升级各系统功能及硬件应达到以下标准。

1. 多功能粮情测控系统

应符合 GB/T 26882 的规定，在配备粮情测控系统的基础上，通过智能测控终端将粮情检测、气体浓度检测、虫情采集检测等物联网设备集成，采用统一的软件平台，实现仓内温湿度、气体浓度、虫情等粮情信息的实时采集、显示、分析及预警预报，并实现对相关设备的智能控制。

2. 智能通风系统

智能通风控制系统，宜与多功能粮情测控系统集成，根据粮情测控系统所采集的粮情实时数据及库内气象信息等，能自动分析判断通风条件，实现对通风设备、设施的自动开启或关停。

3. 智能气调系统

智能气调系统宜与多功能粮情测控系统集成，可根据仓内实时气体浓度支持对气调作业设备、设施的远程控制。

4. 粮食出入库系统

应具备出入库登记、扦样管理、检验管理、计量管理、值仓管理、结算管理、统计分析等功能模块。

5. 智能安防系统

视频监控要覆盖粮食仓储企业内的主要进出通道、主要作业点及药品库、器械库等重要场所；对于重要的仓房，可以考虑在仓内安装摄像头；具备自动报警功能。

6. 业务管理系统

应包括经营管理（经营管理、计划管理、合同管理、客户管理、统计管理、财务管理）、仓储管理（粮食保管账、仓储作业管理、仓储设施管理、作业调度管理、药剂及包装物管理、智能报表管理）、质量管理（检验任务管理、检验单管理、扦样及样品管理、检验结果的自动判定）、储备粮业务管理（计划管理、仓储管理、统计管理）等功能模块。

7. 移动监管系统

移动终端软件系统应基于 Android 系统设计开发，适用于在手机、平板电脑上使用。系统应与综合管理平台和粮库业务管理系统、粮情测控系统、安防监控系统等进行集成。应支持在手机、平板电脑上实现仓储管理、信息查询等操作。

8. 远程监管接口

远程监管接口应能满足粮食仓储企业与其主管部门的实时数据交换需求，应配备安全、通畅的网络线路，网络带宽不宜低于 2M，采用远程视频监管功能其网络带宽不宜低于 10M。网络安全应符合现行国家及行业安全标准、规范。

9. 三维可视化

结合业务管理系统和生产作业，实现虚拟环境中信息查询及部分操控功能，具备远程监控可视化、三维可视化管理功能。

10. 专家决策与分析系统

根据多功能粮情提供的大数据，利用专家知识，结合专家推理分析机理，对粮情数据进行预测、报警；对粮情进行远程诊断；对智能通风模式、通风时机进行专家决策,指导智能通风;对智能气调模式、智能气调时机进行专家决策,指导智能气调。

11. 信息化基础设施

信息化基础设施包括综合布线系统(管道通路、线缆布放、粮库网络)和中控室建设(机房工程、展示系统)。

升级改造后的各类智能化粮库通过远程监管接口与省粮食局数据中心连接,实现远程监管,并预留子系统接口,逐步实行与市县级管理系统连接。

(三)项目申报

1. 按照要求申报项目

根据《河南省"粮安工程"仓储智能化升级改造项目申报指南》(豫粮文〔2015〕129 号)和《关于补充申报河南省"粮安工程"粮库智能化升级项目的通知》(豫粮文〔2016〕88 号)要求,由各省辖市、省直管县(市)粮食局和省直粮食企业(集团),分别组织本辖区、本企业的项目申报工作。

2. 申报企业条件

(1)地方国有或国有控股粮食企业,具有独立法人资格,产权明晰,3 年内无搬迁计划,无涉嫌违纪违法案件;

(2)近三年内被确定为政策性粮食收购企业,且有一定收购业绩;

(3)同一库区仓容 1 万吨(含)以上;

(4)具备计算机测温系统,且库区有独立计算机房,面积不低于 30 平方米;

(5)配备 1 台 80 吨以上汽车衡或满足业务需求的散粮秤等;

(6)2 年内未发生较大储粮事故,未发生人员死亡安全生产责任事故,无违法违规记录;

(7)能足额落实地方自筹资金(项目总投资额的 30%),并提交市、县财政或企业《足额落实自筹资金承诺书》。

3. 申报工作流程

各地和省直粮食企业,要按照"实事求是、定额控制,统筹规划、量力而行"的原则,根据本地区、本企业实际和省分配的申报项目个数,对照智能化升级四种类型项目内容及功能要求,组织基层企业自愿申报,县(市、区)粮食局、财政局审核把关,省辖市粮食局、财政局复审汇总,并以正式文件向省粮食局和省财政厅综合推荐申报企业名单及项目类别(附企业申报材料）；省直粮食企业经主管部门审核后单独报送。

（四）项目评审

对各省辖市粮食局、财政局推荐上报的项目，省粮食局予以综合汇总，并对其申报材料的真实性和完整性进行必要抽检与复核，在此基础上组织召开专家评审会评审。评审专家从"河南省财政厅项目评审专家库"中随机抽取。评审专家按照《河南省"粮安工程"仓储智能化升级改造项目评审办法》（豫粮文〔2015〕151号）规定和要求，对各项目的申报材料进行审查、评价、打分，并对拟支持的项目及建设类型形成一致意见后予以（全体评审专家）签字确认。最后，经省粮食局、省财政厅对拟支持项目名单公示后发文确定。

（五）投资标准与资金管理

1. 投资限额

根据全省粮库智能化升级项目数量、建设类型和资金总额，确定不同类型智能化粮库投资限额。第一类型，以符合条件仓容12万吨为基准，总投资不超过900万元，仓容每增加或减少1万吨，投资相应增加或减少30万元；第二类型，以符合条件仓容8万吨为基准，总投资不超过480万元，仓容每增加或减少1万吨，投资相应增加或减少20万元；第三类型，以符合条件仓容3万吨为基准，总投资不超过170万元，仓容每增加或减少1万吨，投资相应增加或减少10万元；第四类型，无论仓容多少，总投资均不超过40万元。省智能化升级试点库按照实际投资额据实确定。

2. 补助标准

中央及省财政专项资金补助总投资的70%，其余资金由市、县或企业自筹。

3. 资金拨付

省财政厅根据全省粮库智能化升级项目评审公示后确定的支持名单和有关规定，测算中央及省财政专项补助资金，并拨付到各市、县（市）财政局及省直粮食企业。

4. 资金管理

粮库智能化升级补助资金实行国库集中支付，各地、各单位须将此连同当地配套资金一起实行专账管理，确保专款专用、不得挪用。统一招投标后，建设资金如有结余，继续用于粮库智能化升级或市级粮食管理平台项目建设。

（六）项目招投标

1. 招标组织

为提高工作效率，节省费用，确保建设标准统一性，粮库智能化升级项目招投标工作由各省辖市粮食局、财政局统一组织实施，不再下放到县（市、区）。各省直管县（市）的项目招投标工作原则上纳入原所在省辖市统一组织。省直粮食企业的项目招标工作参照对省辖市的要求，由企业集团或总公司统一组织。对全部项目统一启动招标工作有难度的省辖市，也可以先行开展 1 个试点库招标工作。在试点库基础上，再开展全市项目统一招标工作。各省辖市、省直管县（市）粮食局、财政局要加强联系、积极沟通、密切配合，结合实际共同做好项目招投标工作。

2. 招标方式

各省辖市（含纳入共同招标的省直管县（市））、省直粮食企业（集团）可对本辖区内或下属公司的全部项目打包（项目多的可以分包），予以整体招标，统一招全部项目（各包）总供应商，不提倡以项目为单位分包招各单一项目集成供应商。

3. 招标要求

各地要严格按照《中华人民共和国招标投标法》《中华人民共和国政府采购法》和《中华人民共和国政府采购法实施条例》（国务院令第 658 号）等有关规定开展招标工作。

（1）制订招标方案。各项目单位提前做好项目前期设计、编制招标清单后，由县级粮食行政管理部门报送至省辖市粮食局（市直属项目单位直接报送），省直项目单位报送至上一级粮食集团或总公司。以省辖市、省直粮食企业（集团）为单位，制订招标方案。各地招标方案实施前须报省粮食局组织专家论证。主要论证各系统功能、工程技术、技术标准，接口标准，工程量清单、投资额，招标程序等的合理性、合规性、可操作性。参加论证专家须是 3 人（含 3 人）以上的单数。专家要对各地招标方案提出修改意见并逐个签字。各省辖市、省直粮食企业（集团）要按照专家意见修改完善招标方案。招标方案经专家论证修改完善后方可实施。

（2）确定招标代理机构。招标方案确定后，由各省辖市粮食局、财政局协商确定招标代理机构，将经专家论证修改完善确定的招标方案交给招标代理机构，按规定程序开展招投标工作。

（3）按规定抽取评标专家。招标评审专家须是 7 人（含 7 人）以上的单数，可从"河南省政府采购专家库"中随机抽取，要至少抽仓储智能化专家 2 名，粮食储藏专家 1 名，粮食质检专家 1 名，财务专家 1 名；各省辖市粮食局、省直粮食企业（集团）派业主代表 2 名。如"当地政府采购专家库"中有仓储智能化、粮食储藏、粮食质检等专家，也可从"当地政府采购专家库"中抽取。

（4）与中标供应商签订建设合同。各省辖市粮食局、财政局，省直粮食企业（集团）应根据评标情况确定中标供应商。中标供应商应与中标的项目单位进行合同谈判，签订建设合同。合同中应明确供应商违约责任，约定质保期和维修维护义务。招标文件、中标供应商的投标文件等，均应作为签约的合同文本的基础。合同应明确项目完工期限，第一、第二类智能化粮库项目工期不得超过 3 个月；第三类智能化粮库项目工期不得超过 2 个月；第四类智能化粮库项目工期不得超过 1 个月。合同应明确项目工程款分期付款方式，第一期款，硬件到货安装调试完毕，运行 1 个月后，付款至总合同金额的 30%；第二期款，软件上线安装调试、运行 3 个月后，付款至总合同金额的 60%；第三期款，项目与省局"粮安工程"智能化管理平台联通，验收合格 1 个月后，付款至总合同金额的 90%；第四期款，项目运行一年后，付款至总合同金额的 100%。

4. 强化项目监理

各省辖市（含纳入共同招标的省直管县（市））粮食局、财政局统一组织招项目监理单位，由项目单位与监理单位签订监理合同并切实加强项目监理工作。

各粮库智能化升级项目前期设计、招标方案及论证，招标清单编制和审查，招标代理和监理等项费用均纳入项目建设总投资中。

（七）项目实施与管理

1. 制订实施方案

粮库智能化升级项目单位与项目监理、项目中标单位签订监理、建设合同后，各省辖市、省直管县（市）粮食局、财政局需组织项目单位、项目建设单位、项目监理单位共同制订项目实施方案，并报省辖市、省直管县（市）粮食局、财政局组织专业技术人员审查后，按照"项目法人责任制、建设监理制和合同管理制"要求，认真组织实施。项目实施过程中如需调整或改变原实施方案的，必须报省辖市、省直管县（市）粮食局、财政局核准后执行。

2. 加强现场监督

项目实施过程中，项目单位应派业务人员为驻场监督代表，指导和协调监理单位、建设单位之间关系，督促解决项目实施过程中遇到的问题。监理单位应派专业技术人员现场监督项目实施。

3. 确保限期完工

粮库智能化升级项目监理、建设合同签订后，项目单位和供应商双方应协同配合，及时组织项目实施，要按合同约定的项目完工期限保质保量地完工。

（八）项目验收

1. 验收条件

（1）项目已按报备的实施方案全部完工；

（2）软硬件安装完毕，能够正常运行，测定记录和技术指标数据完整；

（3）有完整的项目档案和实施管理资料，已按《建设工程文件归档整理规范》（GB/T 50328）规定整理完毕；

（4）项目资金已按省下达的投资计划和支出预算足额到位，企业自筹资金也全部到位，编制完成竣工财务决算；

（5）项目运行能够与省局"粮安工程"智能化管理平台联通。否则视为项目不合格，不具备验收条件，不得予以验收。

2. 验收组织

粮库智能化升级项目初验由县级粮食主管部门组织，项目单位、监理、建设等单位参加，初验发现的问题应在正式竣工验收前解决。项目正式验收由各省辖市（含纳入共同招标的省直管县、市）粮食局、财政局统一组织，以省辖市为单位进行验收；省直粮食企业项目正式验收由省粮食局和省财政厅负责。

3. 验收内容及必要程序

对具备正式验收条件的项目，要按规定程序，对照合同和实施方案，及时组织仓储智能化、粮食储藏、粮食质检、财务等专家，开展验收工作。

（1）审查项目实施的各个环节是否按批复或报备的方案内容进行；

（2）听取有关单位的项目总结报告，审阅实施档案资料，实地查验项目工程和设备安装情况，项目单位、项目供应商和监理单位接受验收人员的质询；

（3）审查竣工财务决算；

（4）综合评价项目，对合格项目签发验收报告，形成会议纪要等；

（5）不合格的项目，不予验收；发现遗留问题，提出具体解决意见，形成会议纪要，限期整改。

粮库智能化升级项目正式验收后，项目单位应及时整理项目档案资料一式三套，一套交当地档案部门或上级主管部门，两套单位自留存档。

（九）职责分工

各级粮食、财政部门要加强对粮库智能化升级工作的监督检查，并协调配合，各司其职，各负其责，齐心协力，确保粮库智能化升级工作顺利进行。省粮食局、省财政厅负责政策标准制定、督促抽查政策落实及项目实施情况，协调解决工作实施中的重大共性或政策性问题；各市、县级人民政府负责地方自筹资金落实和项目全面组织实施；各省辖市、省直管县（市）粮食局、财政局负责粮库智能化升级规划、项目申报、项目实施、质量监管、竣工验收等；各省辖市、省直管县（市）财政局负责专项资金拨付，提高资金使用效益；各县（市、区）级粮食局负责配合上级有关部门组织项目实施，督促建设进度。

各智能化升级项目单位要把财务管理、项目实施、项目监督等责任落实到人。建立项目公示、公告制度，及时将项目名称、实施内容、进度计划、资金安排及中标单位、监理单位和具体责任人、举报电话等情况在一定范围内张榜公布或公示，主动接受职工群众和社会监督。

各级粮食、财政部门和项目单位应积极配合审计部门对"粮安工程"粮库智能化升级工作进行全过程审计。

（十）工作纪律

1. 严格依规筛选、推荐项目

各地粮食、财政部门筛选、推荐粮库智能化升级项目时，要客观、公平、公正，严格按照标准、条件、程序筛选、实地查验确定项目。杜绝找关系、跑项目和人情项目等现象发生。

2. 客观、公正搞好项目评审

项目评审遵循公平、公正、科学、择优原则，严格遵守国家法律、法规和相关政策规定。评审专家独立进行评审，任何单位、个人不得干预或者影响评审过程和结果。评审专家应客观、公正地履行职责，遵守职业道德，对评审意见承担个人责任。

3. 切实加强党风廉政建设

各级粮食、财政部门领导班子要高度重视粮库智能化升级工作中的党风廉政建设，坚持项目实施与反腐倡廉"两手抓，两手都要硬"。要认真落实党风廉政建设主体责任，全面实施"粮安工程"智能化升级项目"一把手"工程，党政主要领导作为第一责任人，对智能化升级项目中的党风廉政建设负主要责任，班子成员要按照工作分工，坚持"一岗双责"，认真履行项目实施中的反腐倡廉职责。要把加强项目实施的党风廉政建设纳入领导班子和领导干部年度工作考核内容，明确责任，严格考核。

4. 坚持"三重一大"民主决策制度

各级粮食、财政部门在"粮安工程"仓储智能化升级工作中，要认真落实"三重一大"民主决策制度，严格执行议事规则和决策程序，凡项目实施中重大事项，必须经领导班子集体研究决定。要强化廉洁风险防控工作，认真排查项目关键岗位和重要环节的廉政风险点，积极采取有效措施，防止项目实施过程中违规违纪和腐败问题发生。

5. 从严查处违法违规违纪行为

对未按要求完成智能化粮库升级任务或发现弄虚作假、截留挪用、骗取财政资金等违法违规行为的，一经查实，除按有关规定处理处罚外，还将收回财政补助资金，并在省粮食、财政系统内进行通报。此外，对于考核、审计、抽查、验收或举报核查中发现有严重违规违纪问题的，将移交纪检、监察部门处理。

（十一）总结评价

1. 客观评价

粮库智能化升级工作全部完成后，全省各级财政部门会同粮食主管部门，开展粮库智能化升级绩效评价工作。将对项目执行过程及结果进行科学、客观、公正的衡量比较和综合评判。评价指标主要包括专项资金拨付使用情况、地方自筹资金到位情况、政府采购和项目招标情况，粮库智能化升级项目实施情况、企业改善经营管理、社会效益等情况。绩效评价工作完成后应及时形成绩效评价报告，分别报送省财政厅、省粮食局（纸质和电子版）。

2. 全面总结

粮库智能化升级工作结束后，各省辖市、省直管县（市）粮食部门会同财政部门，要对粮库智能化升级工作进行全面总结。工作总结的主要内容应包括辖区内粮库智能化升级各项工作落实情况、存在的主要问题及有关措施建议，各项目单位的基本概况、智能化升级目标、内容及项目实施情况、中央和省补助资金、地方自筹资金落实情况等。工作总结和粮库智能化升级项目完成情况汇总表等，要形成正式文件（纸质和电子版）分别报送省粮食局、省财政厅。

3. 资料归档

各省辖市、省直管县（市）粮食部门及项目单位要专门建立"粮安工程"粮库智能化升级工作资料档案库，确保档案完整、准确、系统、安全。资料档案主要包括：

（1）项目申报、审批文件；

（2）智能化升级实施方案及相关制度；

（3）资金拨付、使用、管理情况，包括各级财政补助资金支付凭证、企业自筹资金到位和支付凭证、项目决算及审计报告等资料；

（4）项目实施及验收相关资料；

（5）项目运行管理制度；

（6）智能化升级项目实施过程中的相关图片、影像资料等。

四、粮食行业信息化建设要求

（一）统筹规划，整合资源

各地、各单位要按照《国家粮食局关于规范粮食行业信息化建设的意见》（国粮财〔2016〕74号）要求，结合本地本单位信息化发展需求，科学编制本地本单位信息化发展规划或建设方案，明确信息化建设主要目标、重点工程、技术路线及保障措施。在规划和方案的引领下，逐项建设，分步实施，有序推进。要遵循信息化发展规律，集中优势资源完成一个领域建设任务后再启动另一个领域的建设工作，在每个领域也要坚持先试点后推广的渐进模式。要整合各方资源，借力公共网络和平台，充分利用现有软硬件，尽量减少软硬件开发和购置投入，提高投资效率和使用效果，防止低水平重复建设。

（二）明确定位，突出重点

各地、各单位信息化建设要以需求为导向，聚焦关键共性问题，集中力量做好主要领域和关键信息系统开发部署工作。在谋划信息系统建设方案时，须用信息化思维方式对传统业务模式、管理流程和工作要求进行改造，充分发挥信息技术优势，实现系统部署与管理创新"双赢"。要将数据采集、政策性业务监管、流程控制、资源共享等作为信息化建设重点，在资金政策上给予保障。要准确界定各重点建设内容的边界范畴，分清轻重缓急，集中力量搞好关键系统开发部署。要选择技术成熟、使用广泛的产品和有发展前景的先进技术，避免超标准建设使用率不高的大屏幕、自动门窗等设施设备。

（三）统一标准，互联互通

粮食行业信息化建设要严格执行国家及行业标准，为实现全行业互联互通奠定基础。各地各单位要本着开放、共享的精神组织信息系统建设，互相开放接口和数据，打通政府部门、企事业单位之间的数据壁垒。要积极贯彻落实国务院《促进大数据发展行动纲要》，探索涉粮大数据应用，创新行业监管模式，提升科学决策水平，强化社会服务能力。系统开发要以数据为中心，为确保数据的全面性，省粮食管理平台为不具备信息化系统条件的单位提供基于表单填报的数据直报系统。

（四）安全保密，运行稳定

信息系统建设要遵循相关安全标准，加强风险评估和安全防护，防止各种形式与途径的非法侵入，确保系统稳定运行、数据安全。要注重信息系统安全制度建设，强化网络与信息安全意识，加强人员培训和日常管理，提高行业信息网络安全保障能力。要建立稳定的信息系统运行维护经费保障机制，确保系统稳定持续运行。

（五）加强领导，协同推进

各地、各单位要加强对粮食行业信息化建设工作的领导，将粮食行业信息化建设作为"一把手工程"列入重要议事日程。各地、各单位要建立粮食行业信息化建设领导小组，协调解决信息化建设中面临的问题和困难。要建立粮食行业信息化建设协调推进工作机制，加强与财政、工信等部门的协调，整合资源，形成合力。

建立全省粮安工程仓储智能化升级专家库

为做好河南省"粮安工程"仓储智能化升级工作，规范项目、招投标评审专家的聘请和使用，确保仓储智能化升级评审工作的公平、公正，省粮食局决定建立全省粮食仓储智能化升级专家库。现将有关事项通知如下：

一、专家申报条件

（一）熟悉粮食政策法规，了解粮食行业发展现状和趋势。

（二）具有丰富的粮仓智能化管理与技术专业知识和实践经验，具备较强的综合分析判断能力。

（三）具有良好的职业道德和敬业精神，能够科学严谨、客观公正、廉洁自律、遵纪守法地履行职责，积极、独立地开展相关评审工作，并自觉接受监察部门和社会的监督。

（四）从事粮仓智能化管理与技术工作满5年，具备副高级（含）以上专业技术职称或取得相关领域执业资格满3年。达不到上述职称或从业经验要求，但在相关领域有突出贡献、享有一定声誉，经省粮食局审核后也可聘用为专家。

（五）年龄在65周岁以下，身体健康，能承担相应工作。

（六）没有违法、违规、违纪等不良记录。

二、专家申报程序

符合以上规定条件的在职和离退休人员，均可向省粮食局自我推荐，也可以由所在单位或粮食行业其他专家征得被推荐人同意后推荐。自荐或推荐时应填写《河南省粮食仓储智能化升级专家库专家资格申请表》（附后，自行下载），并于2015年6月23日前交验学历、学位、专业技术职称证书、执业资格证书（原件及复印件），证明本人身份的有效证件，本人所在单位的推荐意见等资料。

请将材料传送至省粮食局流通与科技发展处。省粮食局将对专家资格进行审查，经审查合格后方可入库。

　　附件：河南省粮食仓储智能化升级专家库专家资格申请表

附件

河南省粮食仓储智能化升级专家库专家资格申请表

姓名		性别		年龄		照片
籍贯						
毕业院校	第一学历		所学专业			
	最高学历					
身份证号						
健康状况						
现从事专业			从事专业年限			
毕业院校						
在职人员	工作单位		现任职务			
退休人员	原工作单位		现工作单位			
技术职称		发证单位				
		证书编号				
		发证时间				
注册执业资格证书名称及编号		注册单位				
		发证时间				
移动电话		住宅电话				
办公电话		电子信箱				
个人学习及工作简历						

续表　河南省粮食仓储智能化升级专家库专家资格申请表

个人研究及专业成就（包括学术论文、科研成果、发明创造等）	
曾参与过的主要评审项目	
专家所在单位审批意见	（单位盖章）　　年　月　日

成立河南省粮食行业信息化建设领导小组

为进一步推进粮食系统信息化建设工作，规范信息化建设操作程序，加强信息安全，河南省粮食局党组决定，成立局信息化建设领导小组。领导小组组成人员名单如下：

组　长：赵启林　局长

副组长：杨天义　副局长

　　　　刘大贵　副局长

　　　　李国范　副局长

　　　　乔心冰　副局长

　　　　葛巧红　副局长

　　　　李志强　副局长

　　　　刘国卯　省纪委驻局纪检组长

成　员：张建业　局办公室主任

　　　　安禄芳　局调控处处长

　　　　刘君祥　局政策法规处处长

　　　　于　恒　局监督检查处处长

　　　　冯　伟　局财会处处长

　　　　朱保成　局流通与科技发展处处长

　　　　逯迎洲　省纪委驻局纪检组副组长、监察室主任

　　　　王玉田　局流通与科技发展处副处长

　　　　赵立华　省储备粮管理中心主任

　　　　周春玲　省粮油饲料产品质量监督检验中心主任

　　　　王文君　省粮油信息中心主任

　　　　屈新明　省粮食交易物流市场有限公司总经理

信息化建设领导小组下设办公室，乔心冰兼任办公室主任，朱保成、张建业、冯伟、王玉田、王文君任副主任。负责信息化建设工作的规划、实施、协调和管理，包括信息化建设规划的制定、项目开发策略和方案的确定、招投标管理、项目实施过程的管理、项目的检查和验收等。

建立"河南省粮安工程仓储智能化升级改造"项目储藏技术专家组

为做好全省"粮安工程"仓储智能化升级工作，省粮食局决定建立"粮安工程仓储智能化升级改造"项目储藏技术专家组。现将有关事项公告如下：

一、专家申报条件

（一）熟悉粮食政策法规，了解粮食行业内发展现状和预期前景。

（二）具有丰富的粮油储藏、质量检测等技术专业知识和实践经验，具备较强的综合分析判断能力。

（三）具有良好的职业道德和敬业精神，能够科学严谨、客观公正、廉洁自律、遵纪守法地履行职责，积极、独立地开展相关评审工作，并自觉接受监察部门和社会的监督。

（四）从事粮油储藏、质量检测等技术工作满 5 年，具备副高级（含）以上专业技术职称或取得相关领域执业资格满 3 年。达不到上述职称或从业经验要求，但在相关领域有突出贡献、享有一定声誉。

（五）年龄在 65 周岁以下，身体健康，能承担相应工作。

（六）没有违法、违规、违纪等不良记录。

二、专家申报程序

符合以上规定条件的在职和离退休人员，均可向省粮食局自我推荐，也可以由所在单位或粮食行业其他专家征得被推荐人同意后推荐。自荐或推荐时应填写《"河南省粮安工程仓储智能化升级改造"项目储藏技术专家资格申请表》（附后，自行下载），并于 2016 年 1 月 10 日前交验学历、学位、专业技术职称证书及执业资格证书（原件及复印件），证明本人身份的有效证件，本人所在单位的推荐意见等资料。

请将材料传送至省粮食局流通与科技发展处。省粮食局将对专家资格进行审查，经审查合格后方可进入专家组。

附件："河南省粮安工程仓储智能化升级改造"项目储藏技术专家资格申请表

附件

"河南省粮安工程仓储智能化升级改造"项目储藏技术专家资格申请表

姓名			性别		年龄		
籍贯							照片
毕业院校	第一学历			所学专业			
	最高学历						
身份证号							
健康状况							
现从事专业					从事专业年限		
毕业院校							
在职人员		工作单位			现任职务		
退休人员		原工作单位			现工作单位		
技术职称			发证单位				
			证书编号				
			发证时间				
注册执业资格证书名称及编号			注册单位				
			发证时间				
移动电话			住宅电话				
办公电话			电子信箱				
个人学习及工作简历							

续表　"河南省粮安工程仓储智能化升级改造"项目储藏技术专家资格申请表

个人研究及专业成就（包括学术论文、科研成果、发明创造等）	
曾参与过的主要评审项目	
专家所在单位审批意见	（单位盖章）　　年　月　日

河南省"粮安工程"
仓储智能化升级改造项目申报指南

为切实做好"粮安工程"仓储智能化升级项目（以下简称"智能化项目"）申报工作，根据《河南省财政厅　河南省粮食局关于加强"粮安工程"粮库智能化升级改造专项资金管理的通知》（豫财贸〔2015〕109号）规定，特制定本申报指南。

一、统筹规划，统一标准

根据财政部、国家粮食局规定和要求，结合全省粮食企业实际情况，坚持量力而行、突出重点、注重实用的原则，实施粮食仓储智能化升级改造（以下简称"升级改造"）工作。各市、县按照粮食生产、收储、物流、市场供应需要，统筹制定本辖区升级改造规划，认真组织实施升级改造工作。

升级改造就是以粮库管理信息化、仓储智能化、决策科学化为基础，逐步实现全省联网，信息共享，远程监管等功能。全省统一制定升级改造标准，使用统一软件管理系统。升级改造项目分四种类型（具体建设标准及内容见附件2）。

第一类型：智能化全部功能，包括无纸办公、业务管理、三维可视化、粮食出入库系统、储粮数量监测、多功能粮情检测、智能通风、智能气调、智能安防、粮食质量安全追溯、远程监管接口和中控室等。

第二类型：智能化主要功能，包括无纸办公、业务管理、粮食出入库系统、多功能粮情检测、智能通风、智能安防、远程监管接口和中控室等。

第三类型：智能化基本功能，包括无纸办公、业务管理、粮食出入库系统、多功能粮情检测、智能安防、远程监管接口和中控室等。

第四类型：智能化基础功能，包括业务管理、粮食出入库系统、智能安防、远程监管接口和中控室等。

升级改造后预留子系统接口，逐步实行与市、县管理系统及省粮食局数据中心连接，升级改造工作2016年9月底前全面完成。

二、申报企业条件

（一）地方国有或国有控股粮食企业，具有独立法人资格，产权明晰，资产负债率小于80%或流动比率大于等于1（不含政策性粮食及其贷款），3年内无搬迁计划，无涉嫌违纪违法案件；企业需提供营业执照、上年度中介机构财务审计报告、组织机构代码证复印件。

（二）第一、二类型升级改造项目，同一库区仓容2.5万吨（含）以上，且1998年以后建设，单仓0.25万吨（含）以上，具备密闭隔热性能；配备有固定通风、环流熏蒸设施的仓房达到库区总仓容60%以上；第三、四类型升级改造项目，同一库区仓容1万吨（含）以上。提供仓型和密闭、隔热、防水防潮性能说明及标明仓号的仓房正面照片及库区全景照片各1张。

（三）具备计算机测温系统，且库区有独立计算机房，面积不低于30平方米；提供测温设备型号、性能等说明。

（四）配备1台80吨以上汽车衡或满足业务需求的散粮秤等。

（五）2年内未发生较大储粮事故，未发生人员死亡安全生产责任事故，无违法违规记录，需市、县粮食局证明。

（六）能足额落实配套资金，市、县财政或企业承诺足额落实配套资金。提交市、县财政或企业足额落实配套资金承诺书。

三、申报粮库个数

根据实际需要和四种类型升级改造项目内容及功能，符合条件的企业，可从第一、二、三、四类型中任选一类申报。超级产粮大县和2009至2013年5年平均粮食总产量在5亿斤以上的93个产粮大县，申报粮库不得超过2个（其中1个必须为第三、四类型粮库）；其他县（市、区）只能申报1个粮库（类型不限）；每个省辖市市直企业申报不得超过3个（其中1个必须为第三、四类型粮库）。

四、申报工作程序

（一）逐级审核。各市、县粮食局和财政局、省级粮食集团公司，要按照"实事求是、定额控制，统筹规划、量力而行"的原则，积极组织符合条件的企业认真编制材料、申报升级改造项目，严格审核把关，对真实性负责。

（二）汇总申报。各省辖市、省直管县（市）将辖区内企业申报资料审核汇总，于 2015 年 11 月 15 日前，以正式文件（含电子文档和申报资料 PDF 格式扫描件）分别报送省粮食局和省财政厅各 2 份；省直粮食企业经主管部门审核后单独报送。逾期不报的视同自动放弃。

（三）组织评审。省粮食局会同省财政厅组织专家对企业的申报材料进行评审，公示无异议后，列入选升级改造项目库，批复后组织实施。

粮库智能化升级改造工作是提升粮食收储和物流管理水平的重要举措，各市、县粮食与财政部门要加强沟通协调，明确分工，落实责任。粮食主管部门负责整体规划、项目申报、实地考察和审核评估；财政部门要酌情安排仓储智能化项目评审等环节的工作经费，确保粮库智能化升级改造项目申报工作顺利进行。

附件：1. "粮安工程"粮库智能化升级工程分类建设标准及内容
　　　2. "粮安工程"粮库智能化升级项目申请表
　　　3. 河南省"粮安工程"粮库智能化升级项目汇总表

附件1

河南省"粮安工程"粮库智能化
升级项目标准及内容

"粮安工程"智能化改造项目按照全功能建设、主要功能建设、基本功能建设和基础功能建设四种类型，各类项目内容可分为两大部分，第一部分是智能化基础设施升级改造，第二部分是智能化功能升级改造。

一、智能化基础设施升级改造

（一）网络布线

库区的廒间、门岗、地磅房、机械库、通风口等粮库建筑群之间的信息采集点和中控室应实现数字通信功能。

其中，第一、二类型升级改造项目，应采用网络综合布线系统，按照国标的综合性要求设计改造，遵循 GB 50311—2007《综合布线系统工程设计规范》，实现光纤到室（仓）；第三类型升级改造项目，主干网应采用光纤。第四类型升级改造项目，不要求使用光纤组网。

网络布线应适用于主流网络拓扑结构，并能适应不断发展的网络技术的需求，能够支持数据通信、语音通信、多媒体通信以及各种控制信号的通信。

（二）中控室升级改造

项目单位对库区内中控室（多功能机房、数据中心、调度中心）进行升级改造，遵循《电子信息系统机房设计规范》GB 50174—2008 和《数据中心设计规范》GB 50174 的要求。集中存放企业网络设备、计算机服务器、安防监控设备、多功能粮情测控控制主机、各应用系统服务器、网络安全设备、数据存储设备等，建立信息显示系统，提高数据分析使用效率。

二、智能化功能升级改造

（一）第四类型升级改造项目（基础功能）

1. 粮情检测系统

通过粮情检测系统实现储粮温湿度等粮情的检测。若已有该系统，要完成原系统与升级改造项目的集成。

2. 出入库作业管理系统

该系统包括身份识别、登记、扦样化验、自动称重、出入库值仓、结算管理、作业调度、库存识别代码等功能。

3. 粮库业务管理系统

实现粮库业务管理信息化的软件系统，包括经营管理、质量管理、仓储库存管理、系统集成与监控、决策统计、预警报警、药品设备管理等，能够实现与库存粮食识别代码系统集成等，支持利用系统自动采集出入库、仓储保管数据，根据国家发布的库存粮食识别代码标准（LS/1713—2015）自行生成识别代码。

4. 智能安防系统

通过智能安防系统实现多方位视频采集，对关键位置实时监控、自动报警，并将这些数据作为有效的现场证据进行保存、调阅；覆盖库区大门、服务大厅、地磅房、地磅称重处、质检中心（科室）、扦样处（含扦样机位置）、药品库、机械库、每栋仓房的出入库等重点作业区域。

5. 远程监管接口

省粮食局仓储智能化管理平台与企业智能化系统联接，对其库存的粮食质量、数量以及库存粮食识别代码相关信息进行交互的功能，实现信息的互通。

（二）第三类型升级改造项目（基本功能）

1. 多功能粮情检测系统

在集成粮库已有粮情检测系统的基础上，通过集成温湿、虫情和气体传感器等物联网设备，实现对粮库温湿度、虫情、气体浓度等信息的采集与监测报警。

2. 出入库作业管理系统

包括身份识别、登记、扦样化验、自动称重、出入库值仓、结算管理、作业调度、库存识别代码等功能。

3. 粮库业务管理系统

实现粮库业务管理信息化的软件系统，包括经营管理、质量管理、仓储库存管理、系统集成与监控、决策统计、预警报警、药品设备管理等，能够实现与库存粮食识别代码系统集成等，支持利用系统自动采集出入库、仓储保管数据，根据国家发布的库存粮食识别代码标准（LS/1713—2015）自行生成识别代码。

4. 智能安防系统

通过智能安防系统实现多方位视频采集，对关键位置实时监控、自动报警，并将这些数据作为有效的现场证据进行保存、调阅；覆盖库区大门、服务大厅、地磅房、地磅称重处、质检中心（科室）、扦样处（含扦样机位置）、药品库、机械库、每栋仓房的出入库等重点作业区域。

5. 远程监管接口

省粮食局仓储智能化管理平台与企业智能化系统联接，对其库存的粮食质量、数量以及库存粮食识别代码相关信息进行交互的功能，实现信息的互通。

（三）第二类型建设的粮库（主要功能）

1. 多功能粮情检测系统

在集成粮库已有粮情检测系统的基础上，通过集成温湿、虫情和气体传感器等物联网设备，实现对粮库温湿度、虫情、气体浓度等信息的采集与监测报警，并在此基础上增加粮情智能分析功能。

2. 出入库作业管理系统

包括身份识别、登记、扦样化验、自动称重、出入库值仓、结算管理、作业调度、库存识别代码等功能，实现一卡通管理。

3. 粮库业务管理系统

实现粮库业务管理信息化的软件系统，包括经营管理、质量管理、仓储库存管理、系统集成与监控、决策统计、预警报警、药品设备管理等，能够实现与库存粮食识别代码系统集成等，支持利用系统自动采集出入库、仓储保管数据，根据国家发布的库存粮食识别代码标准（LS/1713—2015）自行生成识别代码。

4. 智能安防系统

通过智能安防系统实现多方位视频采集，对关键位置实时监控、自动报警，并将这些数据作为有效的现场证据进行保存、调阅；覆盖库区大门、服务大厅、地磅房、地磅称重处、质检中心（科室）、扦样处（含扦样机位置）、药品库、机械库、每栋仓房的出入库等重点作业区域，粮库要实现安防全覆盖。

5. 远程监管接口

省粮食局仓储智能化管理平台与企业智能化系统联接，对其库存的粮食质量、数量以及库存粮食识别代码相关信息进行交互的功能，实现信息的互通。

6. 智能通风系统

通过计算机实时监测气温、气湿、仓温、仓湿、粮温以及害虫等数据，根据通风数学模型控制通风过程，自动扑捉设备的通风时机，解决常规机械通风可能出现的低效、无效甚至有害通风。各库点可根据自己所处的生态区域与库区实际的存粮要求不断补充和完善通风规则，逐步实现通风业务的自动化和智能化。

（四）第一类型建设的粮库（全功能）

1. 多功能粮情检测系统

在集成粮库已有粮情检测系统的基础上，通过集成温湿、虫情和气体传感器等物联网设备，实现对粮库温湿度、虫情、气体浓度等信息的采集与监测报警，并在此基础上增加粮情智能分析功能。

2. 出入库作业管理系统

包括身份识别、登记、扦样化验、自动称重、出入库值仓、结算管理、作业调度、库存识别代码等功能，实现一卡通管理。

3. 粮库业务管理系统

实现粮库业务管理信息化的软件系统，包括经营管理、质量管理、仓储库存管理、系统集成与监控、决策统计、预警报警、药品设备管理等，能够实现与库存粮食识别代码系统集成等，支持利用系统自动采集出入库、仓储保管数据，根据国家发布的库存粮食识别代码标准（LS/1713—2015）自行生成识别代码。

4. 智能安防系统

通过智能安防系统实现多方位视频采集，对关键位置实时监控、自动报警，并将这些数据作为有效的现场证据进行保存、调阅；覆盖库区大门、服务大厅、地磅房、地磅称重处、质检中心（科室）、扦样处（含扦样机位置）、药品库、机械库、每栋仓房的出入库等重点作业区域，粮库要实现安防全覆盖。

5. 远程监管接口

省粮食局仓储智能化管理平台与企业智能化系统联接，对其库存的粮食质量、数量以及库存粮食识别代码相关信息进行交互的功能，实现信息的互通。

6. 智能通风系统

通过计算机实时监测气温、气湿、仓温、仓湿、粮温以及害虫等数据，根据通风数学模型控制通风过程，自动扑捉设备的通风时机，解决常规机械通风可能出现的低效、无效甚至有害通风。各库点可根据自己所处的生态区域与库区实际的存粮要求不断补充和完善通风规则，逐步实现通风业务的自动化和智能化。

7. 智能气调系统（个别试点库等）

通过对氮气气调储粮基础数据实时在线检测与分析，实现氮气充气、环流、补气等作业过程远程自动控制；根据制氮设备厂家的数据实现对现场气调设备的在线状态监测，实现气调杀虫、气调防虫、气调保鲜储藏等不同气调储粮工艺的自动监控，实现作业进程及运行参数信息在线传输与控制。

8. 三维可视化展示系统

对粮库的办公楼、粮仓、地磅房等进行三维建模，构建与粮库实际场景完全相同的三维可视化粮库。三维展示系统通过三维动画播放方式再现整个粮库作业及保管过程，达到监测、监控、自动报警的实时可视。

9. 储粮数量监测系统（个别粮库试点）

对于仓房内保管的粮食数量，通过激光测绘等方式，可以自动计算仓内粮食数量，误差率符合国家标准，确保"数量真实"。

10. 粮食质量安全追溯系统

通过与粮库业务管理系统以及出入库作业管理系统进行集成，支持粮食在粮库内从收购、仓储、销售、物流等全过程实现有效监管与追溯。包括质量安全信息管理、质量安全追溯、质量安全预警报警等功能。

附件 2

"粮安工程"仓储智能化升级改造项目申请表

企业名称			企业性质	
通讯地址			邮编	
联系人		联系电话		
最大单库区仓容（吨）		仓库数量（栋）		
仓库建设时间、仓容（分仓号填写）				
近三年政策性粮油收储数量（吨）		地方储备粮、油（吨）		
信息化应用现状	粮情检测系统（架构、参数及功能）			
	业务管理系统（架构、参数及功能）			
	办公系统（架构、参数及功能）			
	其他系统（架构、参数及功能）			
企业简介及经营情况				
2014～2015年维修改造自筹资金落实情况，简述目前工程形象进度（申报书详细描述）				

续表 "粮安工程"仓储智能化升级改造项目申请表

<table>
<tr>
<td rowspan="3">仓储智能化升级改造项目情况简介</td>
<td>项目类型</td>
<td>从第一、二、三、四类型智能化粮库中任选一类</td>
</tr>
<tr>
<td>项目内容</td>
<td></td>
</tr>
<tr>
<td>资金预算及来源</td>
<td></td>
</tr>
<tr>
<td colspan="2">项目实现目标及效果</td>
<td></td>
</tr>
<tr>
<td colspan="2">企业申报资料真实性和自筹资金承诺</td>
<td style="text-align:right">法人代表签字：（企业公章）</td>
</tr>
<tr>
<td rowspan="2">县级审核意见</td>
<td>县粮食局意见（签章）

2015 年　月　日
（对申报项目及资料真实性负责）</td>
<td>县财政局意见（签章）

2015 年　月　日
（对申报项目及资料真实性负责）</td>
</tr>
</table>

<table>
<tr>
<td rowspan="2">市级审核意见</td>
<td>市粮食局意见（签章）

2015 年　月　日
（对申报项目及资料真实性负责）</td>
<td>市财政局意见（签章）

2015 年　月　日
（对申报项目及资料真实性负责）</td>
</tr>
</table>

（此表填有关简述内容，申报书中详述）

附件3

河南省"粮安工程"仓储智能化升级项目汇总表

×××市（县）粮食局（章）

年 月 日

序号	企业名称	国有资本占比	隶属关系	法人代表	联系电话	详细地址及邮编	单库区总仓容（吨）	存放政策性粮食数量（吨）					建设类型	升级改造建设内容	现有管理系统架构、参数及功能	总投资（万元）			
								2500吨以上仓房（吨）		托市粮	市储备粮	其他政策性粮食				小计	申请中央、省级财政补贴	市县财政配套	企业自筹
								仓房单仓类型	仓房仓容数量										

补充申报河南省"粮安工程"
粮库智能化升级项目

为贯彻落实国家粮食局 2016 年 6 月 16 日在西安召开的全国粮食局长座谈会精神和近期全国行业信息化建设工作部署，突出"实用、管用、好用"的原则，适当扩大智能化粮库建设覆盖面，经河南省粮食局、省财政厅共同研究，决定全省再补充申报一批第三、四类型智能化粮库项目（以下简称智能化粮库项目），现将有关事项通知如下：

一、申报企业条件

（一）地方国有或国有控股粮食企业，具有独立法人资格，产权明晰，3 年内无搬迁计划，无涉嫌违纪违法案件；企业需提供营业执照、组织机构代码证复印件。

（二）近三年内被确定为政策性粮食收购企业，且有一定收购业绩的。

（三）同一库区仓容 1 万吨（含 1 万吨）以上。提供仓型和密闭、隔热、防水防潮性能说明及标明仓号的仓房正面照片及库区全景照片各 1 张。

（四）具备计算机测温系统，且库区有独立计算机房，面积不低于 30 平方米；提供测温设备型号、性能等情况说明。

（五）配备 1 台 80 吨以上汽车衡或满足业务需求的散粮秤等。

（六）2 年内未发生较大储粮事故，未发生人员死亡安全生产责任事故，无违法违规记录，需市县粮食局证明。

（七）能足额（市、县财政或企业承诺）落实地方自筹资金（项目总投资额的 30%）的。提交市、县财政或企业《足额落实自筹资金承诺书》。

二、申报粮库数量

在确保能够足额落实当地自筹的前提下，可补充申报智能化粮库项目。其中，存有省级储备粮的可优先申报第三类型智能化粮库项目；存有市、县级储备粮的，可在本批智能化粮库的分配名额内优先申报。

（一）2009 至 2013 年 5 年平均粮食总产量在 2 亿公斤以上的 93 个产粮大县，可补充申报智能化粮库项目不超过 3 个。其中，属于超级产粮大县（市）的，每县（市）可申报 1 个第三类型的智能化粮库项目，其余均申报为第四类型智能化粮库。

（二）除 93 个产粮大县之外的其他县（市、区）可补充申报智能化粮库项目不超过 2 个，均为第四类型粮库。

（三）第一批未申报智能化粮库项目的空白县（市、区），可补充申报智能化粮库项目不超过 3 个。其中，可申报 1 个第三类型智能化粮库，其余均为第四类型智能化粮库。

（四）省辖市市直企业可补充申报 1 个第三或第四类型智能化粮库。

（五）省直粮油企业要结合省级储备粮储存库点分布情况，补充申报第三或第四类型粮库，确保智能化粮库项目全覆盖。

三、申报工作程序

（一）逐级审核。各市、县粮食局和财政局、省级粮食集团公司，要按照"实事求是、定额控制，统筹规划、量力而行"的原则，积极组织符合条件的企业认真编制材料、补充申报智能化粮库项目，严格审核把关，对真实性负责。

（二）汇总申报。各省辖市、省直管县（市）粮食局会同财政局将辖区内企业申报资料审核汇总，于 2016 年 7 月 4 日前，以正式文件（联合行文，含电子文档和申报资料 PDF 格式扫描件）报送省粮食局 2 份；省直粮食企业经主管部门审核后单独报送。逾期不报的视同自动放弃。

（三）组织评审。省粮食局会同省财政厅组织专家对企业的申报材料进行评审，公示无异议后，列入智能化粮库项目库，批复后组织实施。

粮库智能化升级工作是提升粮食收储和物流管理水平的重要举措，各市、县粮食与财政部门要加强沟通协调，明确分工，落实责任，确保智能化粮库项目补充申报工作顺利进行。

附件：1. "粮安工程"粮库智能化升级项目申请表
　　　2. 河南省"粮安工程"粮库智能化升级项目汇总表

附件1

"粮安工程"粮库智能化升级项目申请表

企业名称				企业性质	
通讯地址				邮编	
联系人			联系电话		
最大单库区仓容（吨）			仓库数量（栋）		
仓库建设时间、仓容（分仓号填写）					
近三年政策性粮油收储数量（吨）			地方储备粮、油（吨）		
信息化应用现状	粮情检测系统（架构、参数及功能）				
	业务管理系统（架构、参数及功能）				
	办公系统（架构、参数及功能）				
	其他系统（架构、参数及功能）				
企业简介及经营情况					
2014～2015年维修改造自筹资金落实情况，简述目前工程形象进度（申报书详细描述）					

续表　"粮安工程"粮库智能化升级项目申请表

仓储智能化升级改造项目情况简介	项目类型	从第一、二、三、四类型智能化粮库中任选一类
	项目内容	
	资金预算及来源	
项目实现目标及效果		
企业申报资料真实性和自筹资金承诺		法人代表签字：（企业公章）
县级审核意见	县粮食局意见（签章） 2015 年　　月　　日 （对申报项目及资料真实性负责）	县财政局意见（签章） 2015 年　　月　　日 （对申报项目及资料真实性负责）
市级审核意见	市粮食局意见（签章） 2015 年　　月　　日 （对申报项目及资料真实性负责）	市财政局意见（签章） 2015 年　　月　　日 （对申报项目及资料真实性负责）

（此表填有关简述内容，申报书中详述）

附件2

河南省"粮安工程"粮库智能化升级项目汇总表

××市(县)粮食局(章)　　　　　　　　　　　　　　　年　月　日

序号	企业名称	国有资本占比	隶属关系	法人代表	联系电话	详细地址及邮编	单库区总仓容(吨)	2500吨以上仓房(吨)			存放政策性粮食数量(吨)			建设类型	升级改造建设内容	现有管理系统架构、参数及功能	总投资(万元)				
								仓房类型	单仓容量	仓房数量	托市粮	储备粮	其他政策性粮食				小计	申请中央、省级财政补贴	市县财政配套	企业自筹	

确定全省粮食仓储智能化升级试点单位

经全省仓储智能化升级专家委员会对各申报试点单位单库区总仓容及单仓仓容、库存粮食数量、库容库貌、资金筹措能力、人员储备等综合分析、评审和实地考察，提出了确定试点单位意见。河南省粮食局根据专家委员会意见，确定河南郑州兴隆国家粮食储备库、河南濮阳皇甫国家粮食储备库、焦作隆丰粮食储备有限公司、河南许昌新兴国家粮食储备管理有限公司为全省粮食仓储智能化升级试点单位。省粮食局将根据实际情况，适时、逐个启动仓储智能化升级试点建设工作。各试点单位要在省、市粮食局和专家委员会指导下，开展仓储智能化升级试点建设。

河南省"粮安工程"仓储智能化升级改造项目评审办法

为切实做好全省"粮安工程"仓储智能化升级改造项目评审工作，根据《河南省财政厅 河南省粮食局关于加强"粮安工程"粮库智能化升级改造专项资金管理的通知》（豫财贸〔2015〕109号）和《河南省粮食局 河南省财政厅关于印发〈河南省"粮安工程"仓储智能化升级改造项目申报指南〉的通知》（豫粮文〔2015〕129号）要求，特制定本评审办法。

一、评审原则

仓储智能化升级改造项目评审工作坚持公正、公平、择优扶持原则，通过市、县初审、省复审、专家评审后确定拟支持的项目。

二、评审程序和办法

（一）材料初审

各市、县粮食局、财政局负责对辖区内申报的项目，根据《河南省"粮安工程"仓储智能化升级改造项目申报指南》（豫粮文〔2015〕129号）规定和要求进行初审，将通过初审的项目上报省粮食局、省财政厅。

（二）材料复审

省粮食局对市、县粮食局和财政局报送的项目材料进行复审，对省直粮食企业报送的项目材料进行审核，不符合要求的项目予以淘汰。

（三）评审办法

召开专家评审会，对通过复审的项目由专家按照百分制进行审核评估。

1. 评审专家组成

从"河南省财政厅专家库"及省直科研院校中抽取财务专家2名、粮仓智能化管理技术专家4名，粮食储藏专家2名，粮食质量检测专家1名。省粮食局和省财政厅各派1名监督员，组成评审小组，组长1名，由全体评审专家选举产生。

2. 评审要求

按照本评审办法规定，对企业申报的项目材料进行审查，评价是否符合申报条件。

3. 评审结果

根据评审情况，评审小组提出拟支持的项目单位名单，并提出每个项目建设智能化粮库类型的建议，评审结论由全体专家签字。省粮食局对拟支持的项目单位名单公示后下达。

（四）评审纪律

项目评审实行回避制度，专家对与自己有利害关系的评审项目应主动提出回避，不得同任何与评审结果有利害关系的人或单位进行私下接触，不得收受项目申报单位、中介人、其他利害关系人的财物或者其他好处，不得对外透露与评审有关的情况。任何单位和个人不得干扰专家评审工作。

三、评分标准

（一）企业基础条件 25 分。其中，企业概况 5 分；仓容情况 5 分；智能化现况 5 分；安全和守法情况 5 分；资金筹措情况 5 分；详见豫粮文〔2015〕129 号文件。

（二）粮食收储情况 10 分。依据 2015 年 10 月底粮油库存情况计分。

（三）维修工作情况 10 分。按照 2014～2015 年危仓老库维修改造补助资金使用及筹措、工程完成情况计分。

（四）方案可行性 25 分。按照建设方案可行分析、工程量估算等情况计分。

（五）资金预算情况 10 分。按照项目建设资金预算情况计分。

（六）工作重视程度 10 分。根据项目所市、县政府对仓储智能化升级改造工作重视情况计分。

（七）材料报送情况 10 分。根据是否按时报送申请材料，材料是否真实、完整、规范等情况计分。

附件：1. "粮安工程"仓储智能化升级改造项目评分标准
      2. "粮安工程"仓储智能化升级改造项目评审表

附件 1

粮安工程仓储智能化升级改造项目评分标准

指标	分值	评分标准
企业基础条件	25 分	完全符合项目申报指南规定的 5 项基础条件 25 分，一项不符合扣 5 分，此项分值扣完为止。
粮食收储情况	10 分	2015 年 10 月底库存粮油数量 1000 吨（含）以下 1 分，每增加 1000 吨加 1 分，此项加够 10 分为止。
维修工作情况	10 分	依据粮安工程危仓老库维修改造补助资金使用规范情况计 1～3 分；视自筹资金到位数额计 1～3 分；视工程完成情况计 1～4 分。
方案可行性	25 分	视工程量估算与实际相符合程度计 1～10 分；视建设方案可行性计 1～15 分。
资金预算情况	10 分	资金预算应详细到软件和硬件；工程造价是否符合实际，以全省申报项目投资估算平均数为标准，资金估算与全省平均数差 10% 以内的 10 分，差 10%～20% 的计 7～9 分，差 20%～30% 的 5～6 分，差 30%～40% 的 3～4 分，差 40%～50% 的 1～2 分。
工作重视程度	10 分	根据项目所在地市县政府对仓储智能化升级改造工作重视程度，政府牵头协调仓储智能化升级改造工作，成立协调小组，保障措施是否详细等计 1～10 分。
材料报送情况	10 分	根据是否按时报送申请材料，材料是否真实、完整、规范等情况计分，按时报送材料 2 分，材料真实 5 分，材料完整 2 分，装订规范 1 分。

附件 2

粮安工程仓储智能化升级改造项目评审表

被评单位名称：

指标	分值	得分	专家签名	评审意见及建议
企业基础条件	25 分			
粮食收储情况	10 分			
维修工作情况	10 分			
方案可行性	25 分			
资金预算情况	10 分			
工作重视程度	10 分			
材料报送情况	10 分			
合计	100 分			

评审组是否支持该项目：　　　　　　　　　　申请建设智能化粮库类型：

评审组建议建设智能化粮库类型：

评审组长签字：　　　　　　　　　　　　　监督员签字：

2015～2016年河南省"粮安工程"
智能化粮库升级项目名单

根据《河南省粮食局 河南省财政厅关于加强"粮安工程"粮库智能化升级改造专项资金管理的通知》（豫粮文〔2015〕109号）和《河南省粮食局 河南省财政厅关于印发"粮安工程"仓储智能化升级改造项目评审办法的通知》（豫粮文〔2015〕151号）规定，按照公开、公平、公正的原则，省粮食局、省财政厅随机抽取，并组织相关专家，对2015～2016年"粮安工程"智能化粮库升级项目进行了评审，有关纪检、监察负责同志全程监督。依据专家评审结果，并经公示无异议，现将2015～2016年"粮安工程"智能化粮库升级项目名单印发给你们。请按国家和省粮食、财政部门有关要求，抓紧启动粮库智能化升级项目建设，力争早日完成"粮安工程"粮库智能化升级任务。

附件：2015～2016年"粮安工程"智能化粮库升级项目名单

附件

2015～2016年"粮安工程"智能化粮库升级项目名单

序号	企业名称	建设类型
	郑州市	
	市直	
1	河南郑州中原国家粮食储备库	2
2	河南郑州兴隆国家粮食储备库	1
	中牟县	
3	中牟县金盛粮油购销有限公司	3
4	中牟县0132河南省粮食储备库	4
	开封市	
	市直	
5	河南开封城东国家粮食储备有限公司	2
6	河南开封城南国家粮食储备有限公司	2
7	开封城北国家粮油储备有限责任公司	3
	祥符区	
8	开封〇二〇二粮油储备有限公司	3
9	开封〇二〇八粮油储备有限公司	2
	尉氏县	
10	尉氏永达国家粮食储备库	2
11	尉氏县鑫海粮食储备有限公司	3
12	尉氏鑫丰河南省粮食储备有限公司	4
13	尉氏鑫诚粮油购销有限公司	4
14	尉氏鑫兴河南省粮食储备有限公司	3
	通许县	
15	通许县天仓粮油购销有限公司大岗李分公司	4
16	通许县天仓粮油购销有限公司城东分公司	4
17	通许县天仓粮油购销有限公司城北分公司	3
	洛阳市	
	市直	
18	洛阳洛粮粮食有限公司	2
	偃师市	
19	偃师〇三〇一河南省粮食储备库	3

续表 2015～2016 年"粮安工程"智能化粮库升级项目名单

序号	企业名称	建设类型
	孟津县	
20	河南孟津国家粮食储备库	3
	伊川县	
21	河南伊川国家粮食储备库	2
	汝阳县	
22	河南汝阳国家粮食储备库	3
23	汝阳瑞丰粮食仓库	4
24	汝阳县宏丰粮食仓库	4
	嵩县	
25	嵩县国家粮食储备库	3
	栾川县	
26	栾川 0315 河南省粮食储备库	4
	新安县	
27	新安○三一二河南省粮食储备库	4
28	新安○三二○河南省粮食储备库	4
29	新安○三二一河南省粮食储备库	4
	平顶山市	
	市直	
30	平顶山城郊国家粮食储备有限公司	2
	宝丰县	
31	河南宝丰国家粮食储备库	4
	安阳市	
	安阳县	
32	安阳县永丰粮油公司	4
	内黄县	
33	内黄县田粮粮油购销有限公司	3
	林州市	
34	林州市大山陵阳粮油购销有限公司	4
35	林州市红旗渠姚村粮油有限公司	3
	市直	
36	安阳○五○二河南省粮食储备库	3

续表　2015～2016 年"粮安工程"智能化粮库升级项目名单

序号	企业名称	建设类型
37	安阳〇五一九河南省粮食储备库	3
38	河南安阳国家粮食储备库	3
39	安林国家粮食储备库	2
	鹤壁市	
	市直	
40	河南鹤壁国家粮食储备库	2
41	鹤壁市粮食局第二粮库	2
42	鹤壁市瑞丰粮食储备库	4
43	鹤壁市粮食局大赉店粮食储备库	4
	淇县	
44	淇县茂源粮油购销有限公司北阳库点	3
45	淇县茂源粮油购销有限公司西岗库点	4
	浚县	
46	浚县粮油总公司卫贤分公司	3
47	浚县粮油总公司巨桥分公司	3
48	浚县粮油总公司王庄分公司	4
49	浚县粮油总公司善堂分公司	4
50	浚县粮油总公司新镇分公司	4
	新乡市	
	市直	
51	河南新乡北站国家粮食储备库	3
52	新乡市新丰粮油仓库关堤库区	3
53	河南新乡铁西国家粮食储备库	4
	辉县	
54	河南辉县国家粮食储备库	3
	获嘉县	
55	河南获嘉国家粮食储备库	3
56	获嘉县嘉禾粮油购销有限公司	4
57	河南获嘉国家粮食储备库丁村分库	4
58	获嘉县嘉利粮油购销有限公司太山粮所	4

续表　2015～2016年"粮安工程"智能化粮库升级项目名单

序号	企业名称	建设类型
	延津县	
59	新乡市惠丰粮食储备有限公司	2
	封丘县	
60	河南封丘国家粮食储备库	2
61	封丘县直属粮库有限公司	3
62	封丘县第一粮库有限公司	3
	卫辉市	
63	卫辉市惠农粮食储备库	3
64	卫辉市亚丰粮油购销有限责任公司	4
	新乡县	
65	河南新乡翟坡国家粮食储备库有限公司	2
	原阳县	
66	河南原阳国家粮食储备库	4
67	原阳县官厂粮食购销有限公司	4
	焦作市	
	市直	
68	焦作隆丰粮食储备有限公司	2
69	焦作穗丰粮食储备有限公司	4
70	焦作国家粮食储备有限公司	3
71	焦作华丰粮食储备有限公司	4
	孟州市	
72	孟州市国家粮食储备有限责任公司罗状库点	4
73	孟州市粮油购销有限责任公司城伯分公司库点	4
	沁阳市	
74	沁阳市粮食局王占粮库	4
	修武县	
75	修武县粮食局直属库	3
	博爱县	
76	博爱县鸿昌粮油购销有限公司孝敬分公司	4
	武陟县	
77	河南武陟国家粮食储备库	3

续表　2015～2016 年"粮安工程"智能化粮库升级项目名单

序号	企业名称	建设类型
78	武陟县三阳乡程祥粮油购销有限公司	3
	温县	
79	河南温县国家粮食储备库	4
	濮阳市	
	市直	
80	河南濮阳国家粮食储备库	2
81	河南濮阳皇甫国家粮食储备库	2
82	濮阳市粮食储备库	3
83	濮阳市粮油购销中心	4
	清丰县	
84	清丰〇八〇三河南省粮食储备库	3
	范县	
85	范县粮食局粮油储备库	3
86	范县乐土粮油购销有限公司第三分公司	4
	濮阳县	
87	濮阳县粮油购销有限责任公司柳屯分公司	3
88	濮阳县粮油购销有限责任公司子岸分公司	4
89	濮阳县粮油购销有限责任公司鲁河分公司	4
	南乐县	
90	南乐县粮油贸易总公司杨村购销中心	4
91	南乐县粮油贸易总公司千口购销中心	4
92	南乐县金源粮油购销有限公司	3
	许昌市	
	市直	
93	河南许昌新兴国家粮食储备管理有限公司	2
94	河南许昌五里岗国家粮食储备管理有限公司	3
95	河南许昌0901省粮食储备管理有限公司	3
	长葛县	
96	河南长葛0911省粮食储备库有限责任公司	3
	鄢陵县	
97	鄢陵东方粮油仓储有限公司	3

续表 2015～2016 年"粮安工程"智能化粮库升级项目名单

序号	企业名称	建设类型
	禹州市	
98	禹州市 0918 河南省粮食储备库	4
99	禹州零九一零河南省粮食储备库	4
	许昌县	
100	许昌县许丰粮油收储有限公司	3
101	许昌县金谷源粮油收储有限公司	3
	漯河市	
	临颍县	
102	临颍县台陈粮油贸易有限公司	3
103	临颍县城关粮油贸易有限公司	3
	舞阳县	
104	舞阳县舞泉第二粮库	3
105	舞阳县马北粮库	3
	直属分局	
106	漯河乐良粮食有限责任公司	2
	市直	
107	漯河市天宇油脂有限责任公司	3
108	漯河市军粮粮食储备有限公司	2
	三门峡市	
	市直	
109	三门峡市粮食局直属仓库	4
110	三门峡市粮食局第二仓库（三门峡大岭国家粮食储备库）	3
111	三门峡张村国家粮食储备库	4
	义马市	
112	义马市粮油购销有限责任公司	4
	渑池县	
113	渑池县裕丰粮油购销有限公司	4
114	渑池县裕丰粮油购销有限责任公司西村库区	4
115	渑池县裕丰粮油购销有限公司张村库区	4
	陕县	
116	陕县新鑫粮油购销有限责任公司张茅粮库	4

续表　2015～2016 年"粮安工程"智能化粮库升级项目名单

序号	企业名称	建设类型
	灵宝市	
117	河南灵宝国家粮食储备库	3
118	灵宝 1104 河南省粮食储备库	4
	卢氏县	
119	卢氏县为民粮油储备储运有限公司 1111 库新库区	2
120	卢氏县为民粮油储备储运公司石龙头库区	4
	南阳市	
	市直	
121	河南省南阳建设路国家粮食储备库	2
122	河南省南阳市油脂集团公司	4
123	南召欣冠粮油购销有限公司	4
124	南阳一六五九河南省粮食储备库	3
	方城县	
125	河南方城国家粮食储备库	2
126	方城县清河凯瑞粮油购销有限公司	3
127	方城县独树金宇粮油购销有限公司	4
128	方城县城关金粮粮油购销有限公司	4
129	方城县赵河金龙粮油购销有限公司	4
	西峡县	
130	西峡县正隆粮油购销有限责任公司	4
131	西峡县永鑫粮油购销有限责任公司	4
	宛城区	
132	河南南阳宛城国家粮食储备库	3
	镇平县	
133	河南镇平国家粮食储备库	2
134	镇平中祥粮油购销有限责任公司	3
135	镇平县东腾粮油购销有限责任公司	4
136	镇平县永康粮油购销有限责任公司	4
137	镇平县园丰粮油购销有限责任公司	4
	内乡	
138	内乡惠粮公司灌涨库点	4

续表　2015～2016 年"粮安工程"智能化粮库升级项目名单

序号	企业名称	建设类型
139	内乡惠粮公司王店库点	4
140	内乡惠粮公司师岗库点	4
141	内乡惠粮公司赵店库点	4
142	内乡惠粮公司瓦亭库点	4
	淅川县	
143	淅川一六二四河南省粮食储备库	2
144	淅川一六四零河南省粮食储备库	3
145	淅川县城区粮油有限责任公司	4
146	淅川县渠首粮油有限责任公司	4
147	淅川一六二五河南省粮食储备库	4
	社旗县	
148	社旗县太和粮油购销有限公司	4
149	社旗县城郊粮油购销有限公司	4
150	社旗县朱集粮油购销有限公司	4
151	社旗县李店粮油购销有限公司	4
152	社旗县唐庄粮油购销有限公司	4
	桐柏县	
153	桐柏县太白粮油购销有限责任公司	3
154	桐柏县太白粮油购销有限公司	4
	唐河县	
155	河南唐河国家粮食储备库	2
156	唐河县粮食局直属二库	3
157	唐河县郭滩镇粮食管理所	3
158	唐河县上屯镇粮食管理所	4
159	唐河一六〇三河南省粮食储备库	4
	卧龙区	
160	卧龙区英庄粮食管理所	4
161	卧龙区安皋粮管所	4
162	卧龙区青华粮管所	4
	商丘市	
	睢县	
163	睢县 1355 河南省粮食储备库	3

续表　2015～2016年"粮安工程"智能化粮库升级项目名单

序号	企业名称	建设类型
164	睢县金谷粮油购销有限责任公司	4
165	睢县尚屯粮油购销有限责任公司	4
166	睢县范洼粮油购销有限责任公司	4
	民权县	
167	河南民权国家粮食储备库	2
168	民权县金茂粮食购销有限公司	3
169	民权县顺丰粮食有限公司	4
170	民权县鑫源粮食购销有限公司	4
	睢阳区	
171	商丘市睢阳区恒业粮油购销有限公司	4
172	商丘市睢阳区金益粮油购销有限公司	4
173	商丘市睢阳区惠隆粮油购销有限公司	4
	市直	
174	河南商丘国家粮食储备库	3
175	河南商丘陇南国家粮食储备库	3
176	商丘市粮食中转储备库	3
177	河南商丘国家油脂储备库	3
	梁园区	
178	商丘市金鼎粮油购销有限公司	3
179	商丘市军粮供应站	4
180	商丘市益民粮油购销有限公司	4
	宁陵县	
181	宁陵一三〇七河南省粮食储备库	3
182	宁陵1306河南省粮食储备库	3
183	宁陵县赵村佳丰粮油购销有限公司	4
184	宁陵县张弓金兴粮油购销有限公司	4
	虞城县	
185	虞城县融源粮食贸易有限公司	3
186	河南虞城国家粮食储备库	3
	夏邑县	
187	夏邑县胡桥粮食购销有限责任公司	3
188	夏邑县马头粮食购销有限责任公司	3

续表 2015～2016年"粮安工程"智能化粮库升级项目名单

序号	企业名称	建设类型
	信阳市	
	市直	
189	河南信阳平桥国家粮食储备库	1
190	信阳一七六八河南省粮食储备库	3
191	信阳金牛粮油储备库	3
	浉河区	
192	河南信阳浉河国家粮食储备库	2
193	信阳市浉河区东双河粮食购销有限责任公司	4
	平桥区	
194	河南信阳明港国家粮食储备库	3
195	信阳市平桥区永丰粮油有限公司	3
196	信阳市平桥区兰店金兰粮油有限公司	4
197	信阳市平桥区禾丰粮油购销有限责任公司	4
198	信阳市平桥区金田粮油购销有限责任公司	4
	罗山县	
199	河南信阳罗山国家粮食储备库	3
200	罗山县粮食物流中心	3
201	罗山粮油购销有限公司尤店分公司	4
202	罗山粮油购销有限公司青山分公司	4
203	罗山县粮油购销有限公司东铺分公司	4
	息县	
204	息县1702省粮食储备库	3
205	息县项店粮油贸易有限责任公司	3
	淮滨县	
206	淮滨台头国家粮食储备库	2
207	淮滨县防胡金粮粮油购销有限责任公司	3
208	淮滨县地方粮食储备库	4
209	淮滨县粮油购销总公司固城库点	4
210	淮滨县金谷粮油购销有限责任公司	4
	光山县	
211	河南光山国家粮食储备库	2
212	光山县马畈康丰粮油购销有限责任公司	3

续表　2015～2016年"粮安工程"智能化粮库升级项目名单

序号	企业名称	建设类型
213	光山县南向店同丰粮油购销有限责任公司	4
214	光山县槐店巨丰粮油购销有限责任公司	4
215	光山县砖桥丰粮油购销有限责任公司	4
	商城县	
216	河南商城国家粮食储备库	3
217	商城县永丰粮油购销有限公司	2
218	商城县丰谷粮油购销有限责任公司	4
219	商城县千叶春粮油购销有限责任公司	4
220	商城县富源粮油购销有限责任公司	4
	新县	
221	新县泗店国库	2
222	新县一七二四河南省粮食储备库	4
	潢川县	
223	潢川一七〇四河南省粮食储备库	2
224	潢川一七二六河南省粮食储备库	3
225	河南黄淮集团传流店粮油有限公司	4
226	河南黄淮集团上油岗粮油有限公司	4
227	河南黄淮集团张集粮油有限公司	4
	周口市	
	扶沟县	
228	扶沟县固城粮油贸易有限公司	4
229	扶沟县柴岗粮油贸易有限公司	4
230	扶沟县练寺粮油贸易有限公司	4
231	扶沟县汴岗粮油贸易有限公司	4
232	扶沟县大李庄粮油贸易有限公司	4
	西华县	
233	西华县址坊粮油有限公司	4
234	西华县艾岗粮油有限公司	4
235	西华县红花粮油有限公司	4
236	西华县西华营粮油有限公司	4
	商水县	
237	商水县张庄粮食购销有限公司	3

续表　2015~2016年"粮安工程"智能化粮库升级项目名单

序号	企业名称	建设类型
238	商水县金凯粮食购销有限公司	3
	太康县	
239	太康县高朗粮油购销有限公司	3
240	太康县大许寨粮油购销有限公司	3
241	太康县张集粮油购销有限公司	4
242	太康县清集粮油购销有限公司	4
243	太康县符草楼粮油购销有限公司	4
	郸城县	
244	郸城县双楼兴粮粮油有限公司	4
245	郸城县宜路永信粮油有限公司	4
	沈丘县	
246	沈丘金粮有限责任公司	2
247	沈丘槐店金麦粮油购销有限公司	3
248	沈丘杨海营金麦粮油购销有限责任公司	4
249	沈丘老城金麦粮油购销有限责任公司	4
250	沈丘北杨集金麦粮油购销有限责任公司	4
	川汇区	
251	周口一四〇六河南省粮食储备库	4
252	河南周口庆丰国家粮食储备库（新库区）	3
253	周口金谷粮油购销有限责任公司	4
	泛区	
254	周口市泛区恒丰国家粮食储备库粮食购销有限公司	4
	市直	
255	周口一四四〇河南省粮食储备库	4
256	河南省周口市军粮供应站鹿邑收储库	3
257	河南周口东郊国家粮食储备库	3
	淮阳县	
258	淮阳县黄集谷馨粮油购销有限公司	4
	驻马店市	
	遂平县	
259	遂平一五二五河南省粮食储备库	3
260	河南遂平国家粮食储备库	3

续表 2015～2016年"粮安工程"智能化粮库升级项目名单

序号	企业名称	建设类型
261	遂平裕达集团金益粮油有限公司	4
262	遂平裕达集团金丰粮油有限公司	4
263	遂平一五〇一河南省粮食储备库	4
	西平县	
264	西平金粒粮食购销集团车站库有限公司	2
265	西平顺达粮油购销有限公司	3
266	西平焦庄粮油购销有限公司	4
267	西平权寨粮油购销有限公司	4
268	西平吕店粮油购销有限公司	4
	上蔡县	
269	上蔡县朱里粮油公司	4
270	上蔡县东洪粮油公司	3
271	上蔡县韩丰粮贸有限公司	4
272	上蔡县无量寺粮油购销有限责任公司	3
273	上蔡县东岸粮油购销有限责任公司	4
	汝南县	
274	汝南一五一三河南省粮食储备库	3
275	汝南县嘉禾粮油有限责任公司	3
	平舆县	
276	驻马店平舆宏升粮油购销有限公司	3
277	平舆县鑫桥粮油购销有限公司	3
278	平舆县金丰粮油购销有限责任公司	3
279	平舆县东风粮油购销有限责任公司	4
280	平舆县路通粮油购销有限公司	4
	正阳县	
281	正阳一五一一河南省粮食储备库	3
282	正阳县金弘粮油购销有限责任公司	3
283	正阳县万隆粮油购销有限责任公司	4
284	正阳县金凯粮油购销有限责任公司	4
285	正阳县万祥粮油购销有限责任公司	4
	确山县	
286	确山县金禾粮油购销有限公司	3

续表 2015~2016 年"粮安工程"智能化粮库升级项目名单

序号	企业名称	建设类型
287	确山县昌源粮油购销有限公司	3
	泌阳县	
288	泌阳县春水粮油购销有限责任公司	3
289	泌阳县马谷田粮油购销有限责任公司	3
290	泌阳县沙河店粮油购销有限责任公司	4
291	泌阳县郭集粮油购销有限责任公司	4
292	泌阳县付庄粮油购销有限责任公司	4
	驿城区	
293	驻马店市风光粮食购销有限公司	3
294	驻马店市古城粮油购销有限公司	3
295	驻马店市金丰粮油购销有限公司	4
296	驻马店市嘉山粮食购销有限公司	4
297	驻马店市乐丰粮食购销有限公司	4
	市直	
298	驻马店市丰盈粮油有限公司	2
299	驻马店市华生粮油物流有限公司	2
300	驻马店市南海粮油有限公司	3
301	驻马店市东方粮油集团有限公司	3
	济源市	
302	河南济源国家粮食储备库	2
303	济源市粮业有限公司	3
304	济源市南方粮业有限公司	3
	兰考县	
305	兰考县谷营粮油贸易有限公司	4
306	兰考县红庙粮油贸易有限公司	3
307	兰考县固阳粮油贸易有限公司	4
308	兰考县小宋粮油贸易有限公司	4
309	兰考县葡萄架粮油贸易有限公司	4
310	兰考县鑫茂粮食储备有限公司	2
	汝州市	
311	汝州市戎庄粮食储备库	4
312	汝州零四——河南省粮食储备库	4

续表　2015～2016 年"粮安工程"智能化粮库升级项目名单

序号	企业名称	建设类型
313	汝州市宇冠粮食购销有限公司	4
314	汝州市鑫瑞粮食购销有限公司	4
	滑县	
315	滑县白道口镇丰硕粮油购销有限公司	3
316	滑县粮食局鸭固直属粮库	2
317	滑县半坡店乡丰泽粮油购销有限公司	3
318	滑县八里营乡丰泰粮油购销有限公司	4
319	滑县王庄镇丰华粮油购销有限公司	4
	长垣县	
320	河南长垣国家粮食储备库	2
321	长垣县丁栾粮油有限责任公司	4
	邓州市	
322	邓州市彭桥粮油有限责任公司	3
323	河南邓州国家粮食储备库	2
324	邓州市穰东粮油有限责任公司	3
325	邓州市构林国家粮食储备库有限公司	4
326	邓州市孟楼粮油有限责任公司	4
	永城市	
327	永城市东方公司李寨公司	2
328	永城市东方公司裴桥公司	3
	固始县	
329	固始县粮油（集团）公司	2
330	固始县盛仁粮油有限责任公司	3
331	固始县广远粮油有限责任公司	4
332	固始县鸿翔粮油有限责任公司	4
333	固始县兆丰粮油有限责任公司	4
	鹿邑县	
334	鹿邑县辛集粮油有限责任公司	2
335	鹿邑县马铺粮油有限责任公司	3
336	鹿邑县玄武粮油有限责任公司	4
337	鹿邑县涡北粮油有限责任公司	4
338	鹿邑县试量粮油有限责任公司	4

续表　2015～2016年"粮安工程"智能化粮库升级项目名单

序号	企业名称	建设类型
	新蔡县	
339	河南新蔡国家粮食储备库	2
340	河南新蔡国家粮食储备库陈店分库	3
341	河南新蔡国家粮食储备库余店分库	4
342	河南新蔡国家粮食储备库练村分库	4
343	河南新蔡国家粮食储备库栎城分库	4
	省直	
344	河南豫粮物流有限公司	2
345	河南省谷物储贸有限公司（扶沟库）	2
346	河南省谷物储贸有限公司商水库	3
347	河南国家粮食储备库（新野库）	2
348	河南金地粮食集团有限公司	2
349	河南省粮食局浚县直属粮库	2
350	河南省恒盛粮业有限公司	3
	豫粮集团	
351	河南省豫粮粮食集团有限公司（固始库）	2
352	河南省豫粮粮食集团有限公司长葛库	3
353	河南省豫粮粮食集团有限公司尉氏库	3
354	河南世通谷物有限公司（夏邑直属库）	2
355	河南世通谷物有限公司直属库	3
356	河南世通谷物有限公司长葛第二直属库	3
357	河南省粮油对外贸易有限公司	2
358	河南省粮油对外贸易有限公司薛店储备库	3
359	河南国家油脂储备库有限公司	3
360	卫辉市豫祥粮油储贸有限公司	2
361	河南省粮油工业有限公司	3
362	河南省粮工粮食储备库有限公司	3
363	河南省军粮储备库有限公司	2
364	河南省粮食购销有限公司	3
365	河南嘉鑫国际贸易有限公司	3
366	豫粮集团襄城县粮食产业有限公司（襄城国库）	2
367	豫粮集团襄城县粮食产业有限公司（0402库）	3

续表　2015~2016 年"粮安工程"智能化粮库升级项目名单

序号	企业名称	建设类型
368	襄城县颖阳粮油购销有限公司	3
369	襄城县范湖粮油购销有限公司	4
370	襄城县紫云粮油购销有限公司	4
371	河南豫粮种业有限公司长葛库	3

河南省财政厅预拨专项资金

根据《河南省财政厅 河南省粮食局关于加强"粮安工程"粮库智能化升级改造专项资金管理的通知》（豫财贸〔2015〕109号）和《河南省粮食局 河南省财政厅关于加强"粮安工程"粮库智能化升级改造项目申报指南的通知》（豫粮文〔2015〕129号）规定和要求，现将预拨2015～2016年度"粮安工程"仓库智能化升级改造专项资金的有关事项通知如下：

一、预拨你市、县（单位）2015～2016年度"粮安工程"危仓老库维修改造专项资金　　　万元，其中：

（一）"粮安工程"粮库智能化升级改造专项资金　　　万元，列入"2220499——其他粮油储备支出"科目，相应追加你市、县（市、公司）2015年"其他粮油储备支出"预算科目。

（二）商品量大省奖励资金　　　万元，列入"产粮（油）大县奖励资金收入"（科目编号：1100225），支出时列"2220499——其他粮油储备支出"科目。

二、你市、县（市，单位）财政收到资金后，会同粮食主管部门，结合企业实际情况，分配拨付到经省评审确定的维修改造库点，具体名单由粮食局另文下达。

三、市、县粮食和财政部门及省直粮食企业要切实做好粮食仓库智能化升级改造工作，确保在2016年秋粮上市前全面完成升级改造任务。

河南省财政厅拨付"粮安工程"粮库智能化升级改造专项资金

　　根据《河南省粮食局　河南省财政厅关于印发河南省"粮安工程"仓储智能化升级改造项目申报指南的通知》（豫粮文〔2015〕129号）、《河南省财政厅　河南省粮食局关于加强"粮安工程"粮库智能化升级改造专项资金管理的通知》（豫财贸〔2015〕109号）和《河南省粮食局　河南省财政厅关于补充申报河南省"粮安工程"粮库智能化升级项目的通知》（豫粮文〔2016〕88号）规定和要求，现将拨付"粮安工程"粮库智能化升级改造专项资金的有关事项通知如下：

　　一、拨付你市、县（单位）"粮安工程"粮库智能化升级改造专项资金　　万元，其中：2015年《河南省财政厅关于预拨危仓老库维修改造专项资金的通知》（豫财贸〔2015〕147号）已提前预拨资金　　万元，此次拨付　　万元。

　　二、"粮安工程"危仓老库维修改造专项资金指标，列入"2220499——其他粮油储备支出"科目；商品粮大省奖励资金指标，收入列"1100225——产粮（油）大县奖励资金收入"科目，支出列"2220499——其他粮油储备支出"科目。

　　三、市、县财政局收到资金后，会同粮食主管部门，结合企业实际情况，按照规定将资金拨付到经省评审确定的智能化升级改造库点，具体名单由省粮食局另文下达。

　　四、市、县粮食和财政部门及省直粮食企业要切实做好粮食仓库智能化升级改造工作，确保在2016年秋粮上市前全面完成升级改造任务。

　　五、市、县财政局要加强资金管理，做到专款专用，符合招投标规定的，实行政府采购；对弄虚作假、挪用或挤占的，按国务院《财政违法行为处罚处分条例》规定严肃处理。

统一使用河南省仓储智能卡

目前，河南省仓储智能化升级工作已全面进入实施阶段。为使全省粮库出入库系统使用的智能卡统一样式，省粮食局经广泛征求意见，确定"河南粮安工程仓储智能卡"，现将卡片样式、标识等印发给你们。请各地各单位切实按照本通知要求，统一粮库出入库系统智能卡片。

　　附件：1. 河南粮安工程仓储智能卡矢量图
　　　　　2. 河南粮安工程仓储智能卡编码规则

附件1

河南粮安工程仓储智能卡正面

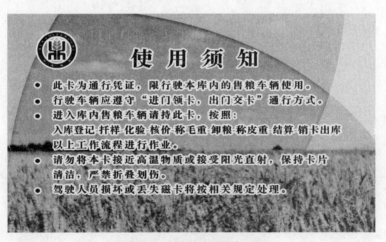

河南粮安工程仓储智能卡反面

附件2

河南粮安工程仓储智能卡编码规则

　　河南粮安工程仓储智能卡正面右下角号码是参照身份证号码编制规则进行编制的。号码共计12位，前两位数字"41"为河南省代码，第3、4位数字为省辖市代码，第5、6位数字为县（市、区）代码，第7、8位数字为粮库代码（此代码由各县粮食局根据粮库情况自行排序编制），最后四位为预留粮库卡片编码，从"0001～9999"依次编写。例如：卡片号码"410181050001"，"41"代表河南省，"01"代表郑州市，"81"代表巩义市，"05"代表巩义市＊＊粮库，"0001"代表巩义市＊＊粮库1号卡片。

河南省"粮安工程"仓储智能化
升级改造项目验收办法

第一条　为做好河南省"粮安工程"粮库智能化升级改造项目（以下简称智能化升级项目）验收工作，加强项目管理，保证质量安全，特制定本办法。

第二条　凡使用"粮安工程"粮库智能化升级改造专项资金的智能化升级项目，建成完工后，应及时组织竣工验收。国有粮食企业使用自有资金建设的智能化升级项目，适用本办法。

第三条　智能化升级项目验收的依据是：国家和省现行有关规定、技术标准和施工验收规范等要求（附件1），项目资金申请报告及实施方案、批准文件、投资计划、资金管理、设计方案、招投标文件、工程合同、施工图纸、设计变更（签证）文件及资料等。

第四条　各省辖市、省直管县（市）智能化升级项目初验由县级粮食主管部门组织，省直粮食企业智能化升级项目初验由各省直集团组织，项目单位、监理、建设等单位参加，初验发现的问题应在正式竣工验收前解决。项目正式验收由各省辖市（含纳入共同招标的省直管县、市）粮食局、财政局统一组织，以省辖市为单位进行验收；省直粮食企业项目正式验收由省粮食局和省财政厅负责；省粮食局、省财政厅组织专家对各地项目验收情况抽查检验。

第五条　智能化升级项目应具备以下条件方可竣工验收。

（1）项目已按报备的实施方案全部完工；

（2）软硬件安装完毕，能够正常运行，测定记录和技术指标数据完整；

（3）初步验收所发现的问题已基本处理完毕，遗留问题已有处理方案；

（4）项目质量达到合格标准；

（5）操作、维护、管理人员数量和素质能适应投入使用初期的需要；

（6）项目资金已按省下达的投资计划和支出预算足额到位，企业自筹资金也全部到位，编制完成竣工财务决算报告；

（7）有完整的项目档案和实施管理资料，已按《建设工程文件归档整理规范》（GB/T 50328）规定整理完毕；

（8）项目运行能够与省局"粮安工程"智能化管理平台联通。不联通视为项目不合格，不具备验收条件，不得予以验收。

第六条 智能化升级项目单位应在项目竣工后一周内提出验收申请。

第七条 智能化升级项目验收内容及必要程序：

对具备正式验收条件的项目，要按规定程序，对照合同和实施方案，及时组织仓储智能化、粮食储藏、粮食质检、财务等专家，开展验收工作。

（1）审查项目实施的各个环节是否按批复或报备的方案内容进行；

（2）听取该单位的项目总结报告，审阅实施档案资料，实地察验项目工程和设备安装情况，项目单位、项目供应商和监理单位接受验收人员的质询；

（3）审查竣工财务决算；

（4）综合评价项目，对合格项目签发验收报告，形成会议纪要等；

（5）不合格的项目，不予验收，对发现的问题，提出具体解决意见，限期整改，形成会议纪要；待整改合格后再及时予以验收。

第八条 智能化升级项目正式验收后，项目单位应及时整理项目档案资料一式三套，一套交当地档案部门或上级主管部门，两套单位自留存档。

第九条 智能化升级项目正式验收后，各省辖市、省直管县（市）、省直粮食企业要及时汇总相关工程资料，包括竣工验收报告、现场验收表等，并于2018年2月28日前上报省粮食局、省财政厅备案。

第十条 本办法未尽事宜，各市县粮食、财政部门可结合当地实际，制定实施细则，并报省粮食局、省财政厅备案。

第十一条 本办法由省粮食局、省财政厅负责解释。

第十二条 本办法自印发之日起施行。

附件：1. 国家、行业及省相关规划意见和标准规范

2. "粮安工程"粮库智能化升级改造项目竣工验收报告

3. "粮安工程"粮库智能化升级改造项目档案整理大纲

4. "粮安工程"粮库智能化升级改造项目竣工验收上报主管部门资料

5. "粮安工程"粮库智能化升级改造项目竣工财务决算报告

附件 1

国家、行业及省相关规划意见
和标准规范

国家相关规划意见：

《粮食行业"十三五"发展规划纲要》

《粮食行业信息化"十三五"发展规划》

《国家粮食局关于规范粮食行业信息化建设的意见》（国粮财〔2016〕
74 号）

《粮食行业信息化发展指导意见》

粮食行业标准：

《粮食信息术语仓储》（LS/T 1801—2016）

《粮食仓储业务数据元》（LS/T 1802—2016）

《粮食数据采集技术规范政策性粮食收购》（LS/T 1805—2016）

《粮食信息系统网络设计规范》（LS/T 1806—2017）

《粮食信息安全技术规范》（LS/T 1807—2017）

《粮食信息术语　通用》（LS/T 1808—2017）

《粮油储藏　粮情测控通用技术要求》（LS/T 1809—2017）

《粮油储藏　粮情测控分机技术要求》（LS/T 1810—2017）

《粮油储藏　粮情测控软件技术要求》（LS/T 1811—2017）

《粮油储藏　粮情测控信息交换接口协议技术要求》（LS/T 1812—
2017）

《粮油储藏　粮情测控数字测温电缆技术要求》（LS/T 1813—2017）

《粮食信息分类与编码　粮食属性分类与代码》（LS/T 1702—2017）

《粮食信息分类与编码　粮食及加工产品分类与代码》（LS/T 1703—
2017）

《粮食信息分类与编码　粮食设施分类与代码》（LS/T 1705—2017）

《粮食信息分类与编码　粮食设备分类与代码》（LS/T 1706—2017）

《粮食信息分类与编码　粮食仓储第 1 部分：仓储作业分类与代码》

（LS/T 1707. 1—2017）

《粮食信息分类与编码 粮食仓储第 2 部分：粮情检测分类与代码》（LS/T 1707. 2—2017）

《粮食信息分类与编码 粮食仓储第 3 部分：器材分类与代码》（LS/T 1707. 3—2017）

河南省相关规划意见及标准规范：

《河南省粮食行业"十三五"发展规划》（豫粮文〔2017〕43 号）

《河南省粮食行业信息化建设"十三五"发展规划》（豫粮文〔2017〕53 号）

《河南省"粮安工程"粮库智能化升级暨行业信息化建设指导意见》（豫粮文〔2016〕146 号）

《河南省粮库智能化建设技术规范（试行）》

《河南省粮食仓储业务数据接口建设要求（试行）》

《河南省粮食仓储业务数据元标准（试行）》

《河南省粮食出入库业务信息系统技术规范（试行）》

《河南省多功能粮情测控系统技术规范（试行）》

《河南省智能通风技术规范（试行）》

附件2

"粮安工程"粮库智能化升级改造项目
竣工验收报告

一、封面例样

> ### "粮安工程"粮库智能化升级改造项目
> ### 竣工验收报告
>
>
> _____"粮安工程"粮库智能化升级改造项目
> 竣工验收委员会
> 年　　月

二、扉页格式

验收主持单位：
项目法人：
监理单位：
设计单位：
施工单位：
主管单位：
竣工验收日期：　　　　年　　月　　日　至　　　　年　　月　　日
竣工验收地点：

三、"粮安工程"粮库智能化升级项目竣工验收鉴定书内容

前言（简述竣工验收主持单位、参加时间、时间、地点等）。

（一）工程概括

1. 工程名称及位置（多个库区应分别叙述）。

2. 工程主要建设内容。

包括项目基本情况、项目批准机关及文号、计划调整文件（不存在调整的可不提供）、建设类型、建设功能主要内容及技术要求，建设工期、工程总投资、投资来源等（多个库区应分别叙述）。

3. 工程建设过程。

包括项目设计情况、项目招投标情况、工程开工日期及完工日期、施工主要节点时间，施工中发现的主要问题及处理情况等。

4. 工程完成情况和主要工程量。

包括竣工验收时工程形象面貌，实际完成工程量与设计方案、建设方案工程量对比等。

（二）专项资金管理、建设计划执行情况及分析

包括专项资金下达及自筹资金到位情况，专项资金管理、建设计划执行、概算及调整、竣工决算、竣工审计等情况等。

（三）项目竣工验收、工程移交和使用情况

包括硬件设备采购安装与调试、计算机信息集成、系统调试情况、与省局智能化管理平台互联互通情况，项目初验时间、主持参与初验单位、初验发现问题及整改情况，遗留问题处理，项目移交单位、时间，项目投入试运行及使用情况等。

（四）工程质量鉴定

系统和子系统是否符合国家和省现行有关规定、技术标准，是否达到设计标准，项目总体质量鉴定等级。

（五）存在的主要问题及处理意见

包括竣工验收遗留问题处理责任单位、完成时间、处理建议，对项目经营管理的建议等。

（六）验收结论

包括对项目规模、工期、质量、投资控制、能否按正常投入使用，以及工程档案资料整理等做出明确的结论（对工期使用控制使用合理、基本合理、不合理，对工程建设规模使用全部完成、基本完成、部分完成等明确术

语）。

（七）验收委员会委员签字表

（八）被验收单位代表签字表

（九）附件

1. 分发验收委员会委员的资料目录。

2. 保留意见（应由本人签字）。

四、"粮安工程"粮库智能化升级项目验收委员会会员签字表

"粮安工程"粮库智能化升级项目验收委员会会员签字表

	姓名	单位（全称）	职务	职称	签字	备注
主任委员						
副主任委员						
副主任委员						
委员						
委员						
委员						
委员						

五、"粮安工程"粮库智能化升级项目被验收单位代表签字表

"粮安工程"粮库智能化升级项目被验收单位代表签字表

姓名	单位（全称）	职务	职称	签字	备注
	建设单位				
	监理单位				
	设计单位				
	施工单位				

附件 3

"粮安工程" 粮库智能化升级改造项目
档案整理大纲

仓储智能化升级项目的建设档案，应在从项目建设开始即进行收集，宜设专职或兼职资料员负责此项工作。建设档案要求是：全面、完整、准确、系统，要按照《建设工程文件归档整理规范》（GB/T 50328）的规定，并做到立卷规范，宜设工程准备阶段的文件、监理文件、施工文件、竣工验收文件 4 大部分（但不局限于以下内容）。

一、工程准备阶段文件（项目单位整理归档）

1. 有关项目申报、批复和调整文件（不存在调整的可不提供）；
2. 设计方案和实施方案；
3. 工程招标投标文件、评审报告、中标通知书及合同；
4. 施工中图像音像文字资料；
5. 系统调试、试运行、运行资料；
6. 工程业务联系单，包括工程协调会会议纪要等；
7. 其他必要资料，包括培训、责任制、工程大事记等。

二、监理文件（由监理单位向项目单位移交）

1. 项目监理规划及实施细则；
2. 开工申请、开工令；
3. 监理月报；
4. 监理例会和专题会议纪要；
5. 设备报验、机电安装、信息集成等中间验收资料；
6. 质量事故的处理资料；
7. 造价、质量、进度、安全等控制资料和合同管理资料；
8. 监理通知；
9. 施工方回复监理通知单；

10. 施工图像资料；

11. 监理人员情况及监理工作总结；

12. 工程质量评估报告；

13. 验收申请、验收报告；

14. 其他必要资料。

三、施工资料（由施工单位向项目单位移交）

1. 开工申请，包括工程概况及系统功能简介，设备清单，系统拓扑图、点位图、路线图、文字说明等，软件系统开发计划，工程进度计划，施工组织计划，培训计划，售后服务计划等；

2. 设备、材料报验单，包括名称、型号、产地、技术参数、单位、数量等：

（1）工程材料报验单附件，包括材料检验报告、合格证等质量证明文件；

（2）工程设备报验单附件，主要设备需提供下货清单、质保和服务承诺书、设备出厂质保书（证明文件）、检测报告、产品使用说明书、技术资料、保修单或保修证明文件、合格证、电气试验报告、其它质量证明文件；

3. 隐蔽工程和分项、分部工程验收，包括施工图片等；

4. 软件开发情况，包括需求分析阶段、概要设计阶段、详细设计阶段、数据库设计、编码规范等；

5. 安装调试记录或报告，包括设备安装清单、加电测试、调试记录等情况说明（截图、照片及说明、网络测试、软件安装配置截图等）；

6. 工程竣工图纸，包括设备编号编码、布线路由、管线规格、设备连接、设备供电取电等；

7. 合同变更情况；

8. 合同与实际实施对照表，包括设备清单比对和功能要求比对，软件功能性检验等；

9. 系统培训情况，包括培训手册、培训记录、培训签到表等；

10. 售后维护措施承诺；

11. 系统阶段试运行报告，包括试运行时间段运行记录、运行中问题及解决方案；

12. 资料移交情况，包括工程第三方检测报告（根据项目情况而定）、产品抽检报告（第三方检测报告）；

13. 竣工总结报告；

14. 承建方验收申请；

15. 初验、终验报告；

16. 项目决算；

17. 其他必要资料。

四、竣工验收文件（业主整理归档）

1. 项目初步验收资料及会议纪要；

2. 项目竣工验收资料及验收报告，资金绩效评价等；

3. 财务档案，包括专项资金拨付、自筹资金到位；工程支付凭证及施工结算资料；工程竣工财务决算报告和审计报告。

附件 4

"粮安工程"粮库智能化升级改造项目
竣工验收上报主管部门资料

项目单位上报主管部门工程竣工验收资料主要包括以下内容：

1. 项目计划批复及调整文件；

2. 项目基本情况介绍；

3. 项目初步验收报告；

4. 项目初步验收会议纪要；

5. 系统和子系统调试、试运行及运行有关资料；

6. 项目竣工验收申请报告；

7. 工程财务支付凭证、决算和审核、审计报告；

8. 建设单位的建设总结报告；

9. 监理单位的工程质量评估报告；

10. 设计单位的质量检查报告；

11. 施工单位的施工自评报告和工程竣工报告；

12. 工程档案资料自检报告；

13. 项目竣工验收报告；

14. 其他必要资料。

附件5

"粮安工程"粮库智能化升级改造项目竣工财务决算报告

一、项目概况

二、项目概算与投资计划

三、专项资金到位、自筹资金筹措情况

四、项目工程实际完成、资金实际使用情况

五、交付使用资产情况

六、招投标文件及合同执行情况

七、项目资金管理及制度建立情况

八、其他需要说明的事项

开展 2016 年度"粮安工程"危仓老库
维修专项资金重点绩效自评工作

根据财政部《关于印发〈2016 年度"粮安工程"危仓老库维修专项资金重点绩效评价工作实施方案〉的通知》（财建便函〔2017〕11 号）的要求，为做好绩效评价工作，现将"粮安工程"危仓老库维修专项资金重点绩效自评工作有关事项通知如下：

一、绩效自评对象和内容

（一）绩效自评对象

对我省 2016 年"粮安工程"危仓老库维修专项资金使用情况开展绩效自评。

（二）绩效自评内容

具体自评内容包括：一是项目决策。包括是否根据需要制定相关资金管理办法、分配结果是否合理。二是项目管理。包括资金是否及时到位、资金使用是否合规、财务管理制度是否健全、是否建立健全项目管理制度等。三是项目绩效。包括库点维修改造数量是否达到项目申报时的数量、库点维修改造成本是否控制在申报投资额范围内及粮库维修改造是否产生积极的经济、社会、环境效益等。

二、绩效自评标准

从投入、过程、产出、效果四个方面对"粮安工程"危仓老库维修专项资金 2016 年度的计划执行、资金使用管理、综合效益等内容进行评价。绩效评价等级设置为优（成效显著）、良（成效明显）、中（成效一般）、差（成效较差）四级；大于或等于 90 分的为优；80 分（含）~90 分的为良；65 分（含）~80 分的为中；小于 65 分的为差。

三、绩效自评工作依据

1.《财政支出绩效评价管理暂行办法》(财预〔2011〕285号);

2.《中央对地方专项转移支付绩效目标管理暂行办法》(财预〔2015〕163号);

3.《中央对地方专项转移支付管理办法》(财预〔2015〕230号);

4.《财政部关于下达2016年"粮安工程"危仓老库维修专项资金及绩效目标的通知》(财建〔2016〕342号);

5.《财政部国家粮食局关于印发〈"粮安工程"危仓老库维修专项资金管理暂行办法〉的通知》(财建〔2016〕872号);

6.《河南省财政厅 河南省粮食局关于加强"粮安工程"粮库智能化升级改造专项资金管理的通知》(豫财贸〔2015〕109号);

7. 河南省"粮安工程"危仓老库维修专项资金管理的相关配套政策文件、资料;

8. 其他相关材料。

四、实施步骤及时间安排

(一)各市、县财政局、粮食局以及省直粮食企业集团公司要成立绩效自评工作小组,负责本辖区内或本单位绩效自评组织工作。

(二)项目实施单位自评。2017年7月25日前,各项目实施单位根据项目实施情况、专项资金管理使用情况、项目建设管理情况、阶段性项目绩效情况等,对照绩效自评指标及评分标准进行自评打分,形成绩效自评报告,提交同级财政局、粮食局。

(三)市县和省直企业汇总。7月31日前,各县(市、区)财政局、粮食局完成对各项目实施单位自评情况初审汇总,将绩效自评报告和项目实施单位自评资料报送省辖市财政局、粮食局。8月4日前,各省辖市、省直管县(市)财政局、粮食局完成对各项目实施单位自评情况的审核汇总,形成本市、县绩效自评报告,并连同相关佐证材料上报省财政厅和省粮食局。7月31日前,省直粮食企业集团将绩效自评报告和项目实施单位自评资料上报省财政厅和省粮食局。

(四)省财政厅和省粮食局将随机对市、县及省直企业绩效自评情况进行抽查复核,汇总编写全省绩效自评报告,上报财政部和国家粮食局。

五、有关要求

（一）请各项目实施单位按要求认真完成绩效自评工作，形成自评价报告，并加盖单位公章。各项目实施单位需对报送材料的真实性、准确性负责。

（二）请各省辖市、省直管县（市）财政局、粮食局和省直粮食企业集团公司按时报送加盖公章的绩效自评报告及相关材料，一式三份分别报送省财政厅、省粮食局，电子版发送至电子邮箱。同时，做好财政部驻河南省财政监察专员办事处实地抽查复核的准备工作。

（三）财政部驻河南省财政监察专员办事处将对自评材料进行现场抽核，如发现上报材料不实或不按规定使用专项资金的，按照相关规定对项目单位进行处理，并追究相关人员责任。

附件：1.“粮安工程”危仓老库维修专项资金重点绩效自评指标表
　　　2.“粮安工程”危仓老库维修专项资金重点绩效自评报告

附件 1

"粮安工程"危仓老库维修专项资金重点绩效自评指标表

一级指标	分值	二级指标	分值	三级指标	分值	指标解释	评价标准	得分
项目决策	16	资金分配	16	分配办法	10	是否根据需要制定相关资金管理办法,并在管理办法中明确资金分配办法;资金分配因素是否全面、合理	办法健全、规范得 5 分,否则酌情扣分;因素选择全面、合理得 5 分,否则酌情扣分。	
				分配结果	6	资金分配是否符合相关管理办法;分配结果是否合理	项目符合相关分配办法得 2 分,否则不得分;资金分配合理得 4 分,否则得 0 分。	
		资金到位	8	到位率	5	实际到位/计划到位×100%	得分 = 项目实际到位资金/计划到位资金×5 分。	
				到位时效	3	资金是否及时到位;若未及时到位,是否影响项目进度	及时到位(3 分),未及时到位但未影响项目进度(2 分),未及时到位并影响项目进度(0 分)。	
项目管理	24	资金管理	8	资金使用	5	是否存在支出依据不合规,虚列项目支出的情况;是否存在截留、挤占、挪用项目资金情况;是否存在超标准开支情况	虚列(套取)扣 4~5 分,支出依据不合规扣 1 分,截留、挤占、挪用扣 3~5 分,超标准开支扣 2~5 分。	
				财务管理	3	资金管理、费用支出等制度是否健全,是否严格核算执行;会计核算是否规范	财务制度健全得 1 分,严格执行制度得 1 分,会计核算规范得 1 分,否则不得分。	

续表 "粮安工程"危仓老库维修专项资金重点绩效自评指标表

一级指标	分值	二级指标	分值	三级指标	分值	指标解释	评价标准	得分
项目管理	24	组织实施	8	组织机构	2	机构是否健全，分工是否明确	机构健全，分工明确各得1分，否则，不得分。	
				管理制度	6	是否建立健全项目管理制度；是否严格执行相关项目管理制度	项目管理制度建立健全得2分；严格执行相关项目管理制度得4分；否则酌情扣1～6分。	
项目产出	60	产出数量	40	库点维修改造数量	15	库点维修改造数量是否达到项目申报时的库点数量	得分=15分×库点维修改造数量/项目申报规划维修改造库点数量。	
		产出质量		库点维修改造质量	15	库点维修改造质量是否达到规定的标准	得分=15分*维修改造达标库点数量/项目申报规划维修改造库点数量。	
		产出时效		库点维修改造进度	5	库点维修改造项目进展是否符合项目申报时的进度安排	截至2017年8月底完工率≥80%(5分)，80%>完工率≥75%(4分)，75%>完工率≥70%(3分)，70%>完工率≥65%(2分)，65%>完工率≥60%(1分)，完工率<60%(不得分)。	
		产出成本		库点维修改造成本	5	库点维修改造成本是否控制在申报投资额范围内	库点维修改造成本控制在申报投资额范围内得5分，否则不得分。	

续表　"粮安工程"危仓老库维修专项资金重点绩效自评指标表

一级指标	分值	二级指标	分值	三级指标	分值	指标解释	评价标准	得分
项目效果	60	经济效益		改造仓房宜存率	5	库点维修改造后仓房宜存率是否较上年提高	宜存率较上年提高（5分），宜存率持平（3分），宜存率下降不得分。	
		社会效益		库存监管智能化水平或仓容	5	粮库智能管智能化改造后是否促进粮食库存监管智能化水平提升；改策性应急仓储设施维修改造后是否促进进仓容提升	库存监管智能化水平有效提升或仓容明显提升得5分，否则酌情扣分，智能化系统未运行或仓容无变化不得分。	
		环境效益	20	粮情监测环境或库存粮食保鲜度	3	智能化升级改造后是否形成更加有利于粮情监测的环境；改策性应急仓储设施维修改造后是否延长了库存粮食保鲜度	粮情监测环境或粮食保鲜度优得3分，良2分，一般得1分，其他不得分。	
		可持续影响		粮食收储能力或应急保障能力	2	库点维修改造后是否有效提升粮食收储能力或应急保障能力。	粮食收储能力或应急保障能力明显提升得2分，一般提升1分；否则不得分。	
		服务对象满意度	100	售粮农民满意度	5	库点维修改造后是否更加方便农民卖粮	抽样调查售粮农民满意度≥90%（5分），90%＞满意度≥80%（4分），80%＞满意度≥70%（3分），70%＞满意度≥60%（2分），满意度＜60%（不得分）。	
总分	100		100		100			

附件 2

"粮安工程"危仓老库维修专项资金重点绩效自评报告

一、项目基本情况

（一）项目概况

（二）项目绩效目标

1. 项目绩效总目标。

2. 项目绩效阶段性目标。

二、项目单位绩效自评情况

绩效评价工作过程。

1. 前期准备。

2. 组织实施。

3. 分析评价。

三、绩效自评指标分析情况

（一）项目资金情况分析

1. 项目资金到位情况分析。

2. 项目资金使用情况分析。

3. 项目资金管理情况分析。

（二）项目实施情况分析

1. 项目组织情况分析。

2. 项目管理情况分析。

（三）项目绩效情况分析

1. 项目经济性分析

（1）项目成本（预算）控制情况。

（2）项目成本（预算）节约情况。

2. 项目的效率性分析

（1）项目的实施进度。

（2）项目完成质量。

3. 项目的效益性分析

（1）项目预期目标完成程度。

（2）项目实施对经济和社会等领域影响。

四、综合评价情况及评价结论（附相关评分表）

五、主要经验及做法、存在的问题和建议

六、其他需说明的问题

标准与规范

河南省粮库智能化建设技术规范（试行）

1 范 围

本标准规定了粮库智能化建设的体系框架、建设内容、系统功能、硬件规范、软件规范、信息安全、数据接口、业务流程等方面的内容。

本标准适用于河南省国有粮库维修改造和新（扩）建粮库智能化的建设、运行和维护等工作，其他粮库可参照本标准执行。粮库智能化工程设计时，应根据粮库的规模和业务需求等实际情况，选择配置相应的系统。

2 规范性引用文件

下列文件中的条款通过本标准的引用而成为本标准的条款。凡是注日期的引用文件，其随后所有的修改单（不包括勘误的内容）或修订版均不适用于本部分。然而，鼓励根据本标准达成协议的各方研究是否可使用这些文件的最新版本。凡是不注日期的引用文件，其最新版本适用于本部分。

GB/T 26882.1—2011 粮油储藏 粮情测控系统 第1部分：通则

GB/T 26882.2—2011 粮油储藏 粮情测控系统 第2部分：分机

GB/T 26882.3—2011 粮油储藏 粮情测控系统 第3部分：软件

GB/T 26882.4—2011 粮油储藏 粮情测控系统 第4部分：信息交换接口协议

GB/T 14258—2003 信息技术 自动识别与数据采集技术条码符号印刷质量的检验

GB/T 26632—2011 粮油名词术语 粮油仓储设备与设施

GB 50174—2008 电子信息系统机房设计规范

GB 50348—2004 安全防范工程技术规范

GB 50395 视频安防监控系统工程设计规范

GB 50343—2004 建筑物电子信息系统防雷技术规范

GB/T 20001.1 标准编写规则　第 1 部分：术语
GB/T 20001.2 标准编写规则　第 2 部分：符号
GB/T 19488.4 电子政务标准化指南
LS/T 1700～1702—2004 粮食信息分类与编码
LS/T 1211—2008 粮油储藏技术规范
LS/T 1802—2016 粮食仓储业务数据元
粮油仓储管理办法（2009）
国家粮油仓储信息化建设指南（2012）

3　术语和定义

下列术语和定义适用于本标准。

3.1　粮库智能化

综合运用传感器技术、物联网技术、计算机网络技术、自动控制技术、智能识别技术、科学储粮新技术等，实现粮食储存数量精准化、粮情监测实时化、仓储监管智能化、库区作业自动化和日常管理可视化。保证粮库仓储数量安全、质量安全、信息安全和作业安全。

3.2　业务管理系统

以粮库智能化设施系统为基础，由信息设备与应用软件等组成，能对粮库业务管理信息进行采集、处理和存储的系统。

3.3　安防系统

为维护粮库安全，综合运用现代科学技术，整合现有软硬件，主动防范和积极应对危害粮库安全的各类突发事件而构建的技术防范系统。

3.4　多功能粮情测控系统

利用现代计算机和电子技术对温度、湿度、害虫及气体等粮情进行检测、数据存储与分析，对储粮设施进行适时控制的系统。

4　功能框架

4.1　基础层

基础层包括传感器、网关、网络、服务器、存储备份等一系列硬件设施和操作系统、数据库、中间件等一系列软件设施，是平台正常运行的物理基础设施。

信息安全保障体系	决策层	专家辅助决策与分析系统			标准规范体系
	业务层	粮库数据中心			
		多功能粮情测控系统	智能通风系统	智能气调系统	
		智能出入库系统	业务管理系统	智能安防系统	
		三维管控	移动办公	远程监管接口	
		数据交换平台			
	基础层	服务器和网络存储系统			
		网络层			
		设备层			

4.2 业务层

业务层包括数据交换平台、粮库数据中心以及多功能粮情测控系统、智能通风系统、智能气调系统、智能出入库系统、业务管理系统、智能安防系统、三维管控、移动办公和远程监管接口等应用系统。

4.3 决策层

决策层有粮情预警、智能通风、粮库应急预案管理和应急粮源调度等决策功能。

4.4 标准规范体系

应符合包括本技术规范在内的一系列标准规范和法规制度，以保障粮库智能化建设和应用。

4.5 信息安全支撑体系

信息安全支撑体系包括一系列安全规范、指南和评估体系，以保障平台的网络、硬件、信息和应用安全。

5 系统功能

5.1 多功能粮情测控系统

5.1.1　应符合 GB/T 26882 的规定

多功能粮情测控系统是在配备粮情测控系统的基础上，通过智能测控终端将粮情测控系统、气体浓度检测系统、虫情采集检测系统等物联网设备集成，采用统一的软件平台，实现仓内气体浓度、虫情等信息的实时采集、显示与监测报警，并完成对相关设备智能控制。

5.1.2　智能测控终端

是多功能粮情测控系统的核心部件，可集成多功能粮情测控系统、智能通风控制系统、智能气调控制系统、传感器协议转换、测控数据通信，可集成多种异质异构粮情检测专用传感器，应具有统一通信、匹配协议、集中监控、简化部署复杂度、数据本地存储等功能，应配置 RS485、RS232、RJ45等多种外部接口。

5.1.3　气体浓度检测系统

实时检测仓内气体浓度，检测气体种类应包括磷化氢，二氧化碳、氧气等。

（1）布点：

1）用于指导安全生产用途的传感器布点按《磷化氢环流熏蒸技术规程》（LS/T 1201）中规定的气体取样点执行。

2）用于粮情监测用途的传感器布点根据检测目的，参考《粮情测控系统》（LS/T 1203）标准执行。

（2）气体检测应不低于以下指标：

1）磷化氢（PH_3）：$0 \sim 1000$ ppm。

2）氧气（O_2）：$0 \sim 30\%$ VOL。

3）二氧化碳（CO_2）：$0 \sim 50000$ ppm。

4）检测误差：$\leqslant \pm 5\%$ F. S。

5.1.4　虫情采集检测系统

利用仓外害虫检测技术，检测仓内害虫密度，实现储粮害虫的预测预报，可与气体浓度检测系统集成。害虫密度检测周期、扦样点设置、害虫密度确定和虫粮等级判定应遵从《粮油储藏技术规范》（GB/T 29890）标准执行。

5.2　智能通风系统

5.2.1　智能通风控制系统

宜与多功能粮情测控系统集成，根据粮情测控系统所采集的粮温、粮湿、仓温、仓湿、外温、外湿及气体、虫害等实时数据，能自主分析判断通风条件，实现对通风设备、设施的自动开启或关停。

5.2.2 智能通风控制器

宜提供计算机自动控制、手动操作、条件启动及仓房现场手动控制功能，所配置的通风设备、设施应遵从《粮油储藏 通风自动控制系统基本要求》（GB/T 26881）和《储粮机械通风技术规程》（LS/T 1202—2002）标准的有关规定执行。

5.2.3 智能通风控制系统软件

应与专家分析与决策系统结合智能完成通风作业、自动存储通风作业记录，实时监测通风设备、设施的状态与能耗，支持用户自定义通风条件、监测频率等操作，提供状态预警、异常报警等功能。

5.3 智能气调系统

5.3.1 智能气调系统宜与多功能粮情测控系统集成，可根据仓内实时气体浓度支持对气调作业设备、设施的的远程控制。

5.3.2 智能气调系统所选用的气调作业设备、设施应符合国家及行业有关标准、规范的要求。

5.3.3 智能气调系统软件应自动存储气调作业记录，以图像显示方式反映气调系统运行状态，实时显示作业设备、设施的工作参数及状态，实时检测粮堆内和仓内气体浓度及仓房气密性，应支持多仓作业及废氮利用，预警报警等。

5.4 智能出入库系统

5.4.1 出入库登记

出入库登记模块具备下列功能：

a）对车船、人员、粮食信息进行登记并制卡；

b）作业完毕，销卡并放行；

c）对卡片丢失、损坏等异常进行补卡操作；

d）对已登记的信息查询、维护；

e）宜自动识别各类运输车辆的车牌号；

f）自动读取二代身份证。

5.4.2 扦样管理

扦样管理模块具备下列功能：

a）根据身份识别卡核对车船信息，进行扦样控制，形成样品标识码；

b）适应对主要装载方式的扦样；

c）宜自动识别扦样车辆信息；

d）宜随机地选择扦样点，自动收集样品；

e）打印样品标识码。

5.4.3　检验管理

检验管理模块具备下列功能：

a）依据样品标识码，录入粮食各检验项目的检验结果，判定粮食品质，确定扣量扣价信息；

b）宜实行封闭检验，在录入检验结果时，扫描或读取样品的识别卡，自动识别样品的信息；

c）根据样品的信息，显示需要该品种的检验项目；

d）根据规则，自动判断检验指标的符合程度和质量等级等信息并进行扣量扣价；

e）根据需要打印检验单据；

f）检验合格的可进行继续入库，不合格的则须终止入库；

g）对某一时间段内的所有检验记录进行查询分析。

5.4.4　计量管理

计量管理模块分为检斤称重管理和流量计量管理两个子模块。

5.4.4.1　检斤称重管理

检斤称重子模块具备下列功能：

a）读取身份识别卡，核对车辆、粮食、检验信息，获取汽车衡的计量值，确定车辆的毛重、皮重；

b）宜通过车辆识别设备自动识别、核对车牌号；

c）通过语音提示或屏幕显示等方式，引导车辆上磅执行称重作业；

d）对上磅的车辆称重过程进行人为监督或采用道闸、车辆红外分离器等设备，防止称重作业人为作弊，宜使用视频监控设备对车辆及场地的关键部位进行拍照录像；

e）对称重的结果通过语音播报或屏幕显示；

f）依据质检、称重、值仓结果，自动计算扣量，确定净重；

g）根据需要打印检斤单据；

h）能够查询称重记录。

5.4.4.2　流量计量管理

流量计量子模块应具备以下内容：

a）通过读取识别卡信息，核对车船、人员、粮食信息及检验信息，获取散粮秤的计量值，确定车船粮食的总重；

b）记录每次计量数据，显示汇总数据和计划量数据，临近超量提醒功能；

c）依据质检、称重结果，自动计算扣量，确定净重；

d）根据需要打印计量单据；

e）能够查询计量记录。

5.4.5 值仓管理

值仓管理模块具备下列功能：

a）通过身份识别卡核对车辆、人员、检验、出入库仓号等信息；

b）根据现场粮食品质情况，提出复检请求；

c）装卸完成或中止作业后，通过读取身份识别卡，完成值仓确认；

d）能够查询值仓记录。

5.4.6 结算管理

结算管理模块具备下列功能：

a）根据出入库作业过程中各环节的数据，形成同批次粮食的结算单据，生成结算数量、金额；

b）根据需要打印结算单据、发票；

c）支持现金支付、银行转账等多种结算方式；

d）能够查询、维护结算记录。

5.4.7 统计分析

统计分析模块具备下列功能：

a）查询粮食出入库作业各环节的业务信息；

b）按需提取数据生成各类报表。

5.5 智能安防

5.5.1 视频监控

视频监控系统应具有以下功能：

a）点位覆盖全面：摄像头要覆盖粮油仓储企业内的主要进出通道、主要作业点及药品库、器械库等重要场所；对于重要的仓房，可以考虑在仓内安装摄像头。

b）系统集成：可以与视频监控、门禁、自动报警、动力环境等系统整合集成，支持配置报警联动预案，联动动作有：客户端联动、录像联动、云台联动、告警输出、告警上墙、短信联动、抓图联动，接口符合国家相关标准。

c）录像数据保存一个月以上。摄像头监控视频应录像并存储一个月以上。

d）支持定时录像、报警录像等录像模式，不同类型录像以不同颜色进行区分。

e）支持大屏拼接、开窗、漫游、预览上墙、回放上墙、报警联动录像上墙、支持在客户端上查看屏上的实时画面，并查看监控点名称、分辨率、码率、帧率等参数。

f）支持对监控点的在线率、录像状况、视频异常数量、视频质量诊断等数据进行统计并可生成报表。

g）支持接收温/湿度、风速、UPS、烟雾探测器等传感器采集的数据，并对采集数据进行阈值设定，超过设定阈值将触发报警。

h）支持以某出入口或区域为单位进行客流数据统计，并以图形化方式展示。

i）支持对监控点、报警器、环境量等设备进行报警配置并产生联动。支持对实时和历史报警警信息进行排序、过滤显示，并对查看的联动录像、报警详情；可导出查询结果。

j）远程访问：为粮食行政管理部门或上级单位提供远程、实时视频访问服务。

k）系统应符合 GB 50395 和 GB 50348 的要求。

5.5.2　自动报警

自动报警系统应具有以下功能：

a）覆盖范围：应覆盖药品库、财务室、重要办公场所等重点区域。

b）有效报警：应能准确及时地探测入侵行为、发出报警信号；对入侵报警信号、防拆报警信号、故障信号的来源应有清楚和明显的指示。自动报警系统不允许有遗漏报警。自动报警条件在一定的授权下可做调整。

c）非法开门、非法周界入侵触发报警时，可联动录像、抓图、上传中心以及报警输出等功能。

d）支持查询过滤历史告警，用户可以根据检索到的报警信息，查看相关的联动录像、报警详情；支持导出查询结果。

e）系统应符合 GB 50348 的要求。

5.6　业务管理系统

5.6.1　经营管理

经营管理模块应具有以下功能：

a）经营管理：为企业经营管理部门提供市场动态、交易过程等数据支持。

b）计划管理：为企业相关部门提供计划下达、计划执行等数据支持。包括粮油收购计划、销售计划、轮换计划等。系统能够接收主管部门下达的计划，能够对计划执行情况进行跟踪和监督，并将计划执行情况定时或实时上传给上级单位或粮食行政管理部门。

c）合同管理：为企业相关部门提供合同签订、执行和结算等数据支持。系统能够对合同执行情况进行跟踪，并对合同执行产生的各类单据进行管理。

d）客户管理：建立客户数据库，对粮油仓储企业的客户信息进行分类管理。

e）统计管理：为粮油仓储企业的数据统计管理提供报表服务，将繁杂、大量的业务数据进行梳理分析，汇总计算后按照一定的模板格式形成电子化的统计图表。

f）财务管理：企业业务管理系统要预留数据接口，与企业财务管理软件进行对接。

5.6.2　仓储管理

仓储管理模块应具有以下功能：

a）粮油保管账：对粮油出入库记录、冲补账记录进行管理，对粮油仓储的保管账、统计账进行电子化管理。

b）仓储作业管理：对粮油仓储过程中的粮情（温度、水分、湿度、虫害等）、通风、熏蒸等作业记录进行管理。

c）仓储设施管理：对粮油仓储企业的仓房、油罐、烘干塔、汽车衡等仓储设施进行管理，包括仓储设施的基本信息、状态信息和当前存粮信息等。

d）作业调度管理：作业调度管理模块为粮油仓储企业内的作业调度安排提供信息化支撑。包括作业任务管理、作业调度安排、作业进度跟踪、作业记录查询等功能。粮油仓储企业内的作业包括粮油出入库、倒仓、中转等业务种类，涉及到入库、合同审查、质量检验、称重、筒仓作业等多个环节。作业调度管理可以与自动化作业系统进行对接，实现作业过程自动化。

e）药剂及包装物管理：实现储粮化学药剂的购买计划、入库、提货、退回、货位卡管理、销毁审批等流程管理。

f）智能报表管理：包括库存总账、明细账，待转储备粮油库存报表，不同储备性质的粮油月报表，仓储基础设施报表。

5.6.3　质量管理

质量管理模块应具有以下功能：

a）检验任务管理：对检验任务及检验过程进行管理。包括检验任务的启动，检验完成时在系统中填写检验单。粮油仓储企业可以将粮油检验设备与计算机连接，或采用具有网络功能的检测仪器和设备，实现检验结果的自动录入。

b）检验单管理：对检验单据内容进行管理、查询和统计。可提供每一批次粮油从入库、仓储保管到出库全过程中的检验和质量检查记录查询，实现粮油质量安全的全程跟踪、追溯。

c）扦样及样品管理：通过条形码、二维码或电子标签对扦样样品进行标识和管理。

d）检验结果的自动判定：将检验结果与检测标准进行自动比对，判定质量是否合格，评估储存品质，提出是否轮换的建议。

5.6.4　储备粮业务管理

储备粮业务管理系统应具有以下功能：

a）计划管理：下达储备粮收购、销售和轮换计划并对计划执行情况进行跟踪和远程监管。

b）仓储管理：对企业承储储备粮的仓储管理情况进行远程监管。包括储备粮的品种、数量、质量、出入库时间，并通过远程启动粮情测控系统获取储备粮的实时粮情信息，以及通过远程视频监控系统对储备粮的仓储管理和作业现场进行监控。

c）统计管理：对各粮油仓储企业上报的储备粮数据进行处理，并自动统计产生各类储备粮统计报表。

5.6.5　远程视频监控

远程视频监控系统应具备以下功能：

a）能够实时监控、定期报备、主动抽查、自动报警。各粮油仓储企业在已经完成本库视频监控系统建设的基础上，通过向粮食行政管理部门或上级单位开放硬盘录像机远程服务或架设流媒体服务器的方式，提供库内所有（或必须接受远程监管的部分）摄像头的远程视频服务。

b）粮食行政管理部门或上级单位可以不受干扰和限制地实时、远程查看各承储企业的监控视频，并对其中的摄像头进行方向、焦距缩放等远程控制，对监控画面进行录像、拍照等操作。

c）能够通过手机客户端实现视频预览、云台控制、录像回放、电子地图、环境量监控、查看报警信息等功能。

d）能够实现车辆查询功能，支持按车牌号、抓拍摄像机、时间段、车身颜色、车型查询粮油仓储企业进出车辆记录，车辆信息包括车牌号码、车辆颜色、车辆类型、车牌图片和车身图片。

5.6.6 远程监控可视化管理

利用企业的有关数据，应用 GIS 地理信息系统、三维建模等技术对储备粮承储企业的地理位置分布、储粮品种及数量分布等信息进行直观、可视化地展示。

5.7 三维可视化管理系统

5.7.1 三维可视化管理系统是使用虚拟现实技术和地理信息系统技术相结合，对粮库基础设施进行建模仿真，结合综合管理平台和业务管理系统，实现虚拟环境中信息查询及部分操控功能。

5.7.2 三维可视化管理系统应支持对粮库场景内的平房仓、机械库等仓储设施及办公楼、地磅、港池等进行三维立体建模，构建与粮库实际场景完全相同的虚拟空间。应支持与综合管理平台和粮库业务管理系统、视频监控系统、DCS 自动控制系统等实际业务系统集成。应具有对粮库进行俯视、平视，以及第一视角漫游等功能，令使用者具有身处地的查看真实的粮食仓储信息及粮情、各科室的业务信息、各作业环节的作业信息和摄像头实时视频监控信息、DCS 自动控制系统控制信息的功能，并支持在虚拟场景中实现部分操控功能。

5.8 移动办公

移动终端软件系统应基于 Android 系统设计开发，适用于在手机、平板电脑上使用。系统应与综合管理平台和粮库业务管理系统、粮情测控系统、安防监控系统等进行集成。应支持在手机、平板电脑上实现仓储管理、信息查询等操作。

5.9 远程监管接口

5.9.1 远程监管接口的功能

远程监管接口是上级粮食主管部门（企业）为确保其管辖库点粮食数量真实、质量良好和储存安全构建的实时数据交换平台，包括计划监管、仓储监管和数据统计等功能。

5.9.2 远程监管接口的标准

远程监管接口应能满足粮食仓储企业与其主管部门的实时数据交换需求，应配备安全、通畅的网络线路，网络带宽不宜低于2M，采用远程视频监管功能其网络带宽不宜低于10M。网络安全应符合现行国家及行业安全标准、规范。

5.9.3　计划监管

下达储备粮油收购、销售和轮换计划，并对计划执行情况进行跟踪和远程监管。

5.9.4　仓储监管

对企业仓储管理情况进行远程监管，包括库存信息（品种、数量、质量、仓号或货位、出入库时间等）、实物台账、粮情信息、作业现场和库区安全等。采用远程视频监管的上级粮食主管部门（企业）应能实时、远程查看各承储企业的监控视频，并可对摄像头进行方向、焦距缩放等远程控制，对监控画面进行录像、拍照等操作。

5.9.5　数据统计

能自动统计产生各类库存粮油统计报表。

5.10　专家决策与分析系统

根据多功能粮情提供的大数据，利用专家知识，结合专家推理分析机理，代替人类专家对粮情数据进行预测、报警；对仓储问题进行远程诊断；对智能通风模式、通风时机进行专家决策，指导智能通风；对智能气调模式、智能气调时机进行专家决策，指导智能气调。

5.11　信息化基础设施

信息化基础设施宜包括管道通路子系统、线缆布放子系统、机房工程子系统和粮库网络子系统。

5.11.1　管道通路子系统

管道通路子系统具备下列功能：

a）结合粮库规划，库区主干道路下应建设信息管路，管路末端与平房仓同类引出管路互联互通，并与库区外市政管道相接，形成完整通路；

b）库区办公楼内应布放信息线缆专用的通道管路和线缆竖井；

c）平房仓各廒间之间的管线、散粮秤信息点具体位置及其他廒间连线以竣工图纸和现场实际情况为准。

5.11.2　线缆布放子系统

线缆布放子系统具备下列功能：

a）网络主干线采用光缆，预埋管敷设，主干线预埋管径和数量的设计，应满足增加光缆根数的；

b）终端管线采用6芯以上，网络和视频监控各用2芯，备用2芯；

c）粮仓、库区出入口、地磅等处用于信息化部分的光缆应不少于 2 芯；

d）平房仓前端设备智能采集设备放置在仓房的避阳面，宜做防雷击措施；

e）在发电厂、变电站等强电磁场附近时，布线系统应做电磁屏蔽措施；

f）办公楼内敷设音频电缆和超五类以上双绞线缆应符合 GB/T 50311—2007 的规定。

5.11.3　机房工程子系统

机房工程子系统具备下列功能：

a）有条件的粮库根据实际需要有选择地建设机房工程，其范围包括信息中心设备机房、数字程换机系统设备机房、通信系统总配线设备机房、安防监控中心机房、智能化系统设备总控室、接入系统设备机房、有线电视前端设备机房、弱电间（电信间）及其他数字化系统的设备机房；

b）通信系统总配线设备机房宜设于建筑（单体或群体建筑）的中心位置，并应与信息中心设备及数字程控用户交换机设备机房规划时综合考虑；弱电间（电信间）应独立设置，并在符合布输距离要求情况下，宜设置于建筑平面中心的位置，楼层弱电间（电信间）上下位置宜垂直对齐；

c）与信息化系统无关的管线不得从机房穿越；

d）机房面积应根据各系统设备机柜（机架）的数量及布局要求确定，并宜预留发展空间；

e）机房工程应符合 GB 50174 中的规定；

f）防雷接地应符合 GB 50343 中的规定。

5.11.4　粮库网络子系统

粮库网络子系统具备下列功能：

a）满足粮库业务管理信息化及仓储监管智能化的需要，库内局域网覆盖办公楼各业务科室、库内主要作业点，以及物流设施的关键位置等；管线应考虑扩展需要，进行适度预留；关键服务器应备有 UPS 不间断电源；

b）自动计量设备、控制器、传感器、检测器和识别终端等设施旁均设置设备节点，作为物联网信息采集点，接入物联网，实现物联设备统一监控；

c）每幢平房仓物联网设备节点统一接入智能采集设备，平房仓外设备节点接入就近平房仓智能采集设备，智能采集设备统一接入综合配线柜（箱）内物联网接入交换机；

　　d）具备网络接口的物联设备接入配线柜（箱）内物联网接入交换机；

　　e）物联网接入交换机统一汇接至库区管控中心，实现数据的上传互通；

　　f）粮库局域网应划分独立的 IP 地址号段；

　　g）粮库局域网对外出口必须设置防火墙，相关服务器上应配置必要的安全软件。

6　硬件规范

　　以下各表中所列设备为粮库智能化建设中主要设备，应根据粮库的规模和业务需求等实际情况，选择配备相应设备，并在选型时应不低于列表中标准。

6.1　多功能粮情测控系统

　　多功能粮情测控系统参数应符合 GB/T 26882 的规定，并提供数字接口。主要硬件的功能要求见表 1。

表 1　多功能粮情测控系统主要硬件的功能要求

序号	硬件名称	功能要求
1	数字测温电缆	应符合 GB/T 26882.1 的规定
2	粮虫诱捕器	预埋粮堆不同位置，诱捕仓内粮虫（气体采集点）
3	测量管道	PUΦ8×5，捕虫陷阱与通道选择器连接管道，抽虫、抽气管路
4	通道选通器	与仓外分机连接，与仓内陷阱连接，自动旋转装置
5	智能测控终端	含温湿虫气检测功能，智能通风控制功能，智能气调控制功能，智能监控、通讯网关、光端机、网络交换机等通信系统，应符合 GB/T 26882.2 的规定

6.2　智能出入库

　　智能出入库主要硬件的功能要求见表 2。

6.3　智能通风

　　采用智能控制技术，远程手动或自动控制轴流风机、通风口、通风窗等粮仓通风设备粮仓门窗的开关启闭，依据《储粮机械通风技术规程》和中储粮总公司《智能通风技术规范》对粮仓进行通风，达到降温通风、降水通风和调质通风的功能，提高通风效率、降低通风能耗，有效控制粮仓的储粮环境和粮食品质，从而实现安全储粮的目标。智能通风主要硬件的功能要求件表3。

表2　智能出入库主要硬件的功能要求

序号	硬件名称	功能要求
1	身份证阅读器	自动读取二代身份证信息
2	条码扫描器	识别一维、二维码
3	车牌识别设备	EVU－2XYZ－TKM自动识别标准车辆的号牌： 车辆捕获率：白天≥99%，夜间≥99%； 车牌识别率：白天≥98%，夜间≥95%； 支持车身颜色识别，车标识别，车辆子品牌识别； 支持7种常见车型识别，包括轿车、客车、面包车、大货车、小货车、中型车、SUV/MPV； 支持11种常见车身颜色识别，包括红、黄、蓝、绿、紫、粉、棕、白、黑、银（灰）、青； 支持90种常见车标类型识别； 支持黑白名单上传功能：可通过IE浏览器或客户端软件将黑白名单上传； 支持H.264/MJPEG码流输出； 识别黑白名单控制功能：可根据存储的黑白名单自动控制外接道闸的开/关。
4	监控设备	简易类出入库系统实现检斤过程的拍照，标准类出入库系统实现拍照和录像： 1. 图像分辨率：不低于2048×1536，红外距离可达100m； 2. 变倍变焦：不低于2.8~12mm； 3. 最低照度：彩色：0.005Lux，黑白：0.0005Lux； 4. 支持H.264、H.265、MJPEG视频编码格式； 5. 需具备人脸检测、区域入侵检测、越界检测、进入区域、离开区域、徘徊、人员聚集、场景变更、虚焦检测、音频异常检测等智能功能； 6. 具有实时视频透雾、电子防抖、ROI感兴趣区域、视频水印等功能； 7. 需要有区域裁剪功能，且裁剪区域支持不小于7种分辨率显示； 8. 同一静止场景相同图像质量下，设备在H.265编码方式时，开启智能编码功能和不开启智能编码相比，码率节约1/2； 9. 具备较好防护性能，不低于IP67防护等级。

续表 2

序号	硬件名称	功能要求
5	车辆限位设备	能够检测车辆停放是否规范
6	移动手持设备	能够读写身份识别卡，录入、查询值仓信息
7	打印机	用作条形码打印时，打印的条形码质量标准符合 GB/T 14258 中的一般要求
8	车辆管理终端	采用无风扇设计； TPE100X，硬盘：1T/2T/4T 可选； 通信接口：具有 4 个百兆网口和 2 个千兆网口，2 个 RS – 232 接口，2 个 RS – 485 接口，1 个 VGA 接口，1 个 HDMI 接口，4 个 USB 接口，具备 2 报警输入和 4 个报警输出接口，1 个 SATA 接口，1 个电源接口，4 个状态指示灯，1 个接地端子

表 3 智能通风主要硬件的功能要求

序号	硬件名称	功能要求
1	风机	一般情况下，降温通风单位风量见 Q/ZCL T 2—2007 第 5.1.1 条； 排积热通风单位风量宜在仓内空间空气置换效率 4 ~ 8 次/h 之间； 风机数量根据储粮生态条件宜为 2 ~ 4 台。
2	自动通风窗	执行机构传动方式为气动、液压、电动或绳式牵引等； 开启和关闭能及时到位，并有限位保护和信号反馈装置； 开启角度不小于 80°； 自动开启或关闭的时间不大于 30 s； 单仓自动窗户的数量一般不少于 4 扇； 隔热密闭。
3	自动通风口	执行机构传动方式为气动、液压或电动； 开启和关闭能及时到位，并有限位保护和信号反馈装置； 开启时通风口能全部打开； 自动开启或关闭的时间不大于 30 s； 智能通风降粮温的仓，每个通风口均能自动开关； 隔热密闭。

续表3

序号	硬件名称	功能要求
4	电气控制柜	应符合 GB/T 4793.1 规定的安全要求； 可采用现场集中控制或现场分散型控制； 应有通风设备与设施运行状态指示； 应有手动与自动转换按钮； 应有设备过压、过流、过热、漏电保护装置。
5	测控模块	为智能通风控制软件提供统一的控制硬件接口，统一的通讯协议标准； 可为智能通风控制软件提供准确的仓温仓湿、外温外湿实时数据； 输出或输入响应时间不大于 1 s； 输出、输入控制点数应满足控制需要可扩展； 通讯接口为 RS232、RS485 或为其它现场总线； 具有信号互锁、顺序输出、延时控制等可编程功能。

6.4　库区安全防范主要设备

库区根据实际需求，可在库区大门、仓房门等处加装门禁及报警系统；可在库区配备电子巡更系统等。库区安全防范主要硬件的功能要求件表4。

表4　库区安全防范主要硬件的功能要求

名称	安装原则	选型
全景球型摄像机	库区出入口处可安装 1 个	1. 视频输出：不低于 2048 × 1536，红外距离可达 240 m； 2. 变倍变焦：不低于 20 倍光学变焦； 3. 智能分析：支持区域入侵、越界入侵、徘徊、物品移除、物品遗留、人脸侦测，并联动报警； 4. 支持透雾、强光抑制、电子防抖、数字降噪、防红外过曝功能； 5. 支持水平手控速度不小于 400°/s，垂直手控速度不小于 120°/s； 6. 水平旋转围为 360° 连续旋转，垂直旋转范围为 −20° ~ 90°； 7. 支持定时抓图、报警联动抓图上传 ftp 功能；

续表 4

名称	安装原则	选型
全景球型摄像机	库区出入口处可安装 1 个	8. 支持采用 H.265、H.264 视频编码标准，H.264 编码支持 Baseline/Main/High Profile； 9. 具备较强的网络自适应能力，在丢包率为 5% 的网络环境下，仍可正常显示监视画面； 10. 网络传输能力满足发送 1000 个数据包，重复测试 3 次，每次丢包数不大于 2 个； 11. 具备较好防护性能，不低于 IP67 防护等级。
枪型摄像机	库区主通道口可各装 1 个	1. 图像分辨率：不低于 2048×1536，红外距离可达 100 m； 2. 变倍变焦：不低于 2.8～12 mm； 3. 最低照度:彩色:0.005 Lux,黑白:0.0005 Lux； 4. 支持 H.264、H.265、MJPEG 视频编码格式； 5. 需具备人脸检测、区域入侵检测、越界检测、进入区域、离开区域、徘徊、人员聚集、场景变更、虚焦检测、音频异常检测等智能功能； 6. 具有实时视频透雾、电子防抖、ROI 感兴趣区域、视频水印等功能； 7. 需要有区域裁剪功能，且裁剪区域支持不小于 7 种分辨率显示； 8. 同一静止场景相同图像质量下，设备在 H.265 编码方式时，开启智能编码功能和不开启智能编码相比，码率节约 1/2； 9. 具备较好防护性能，不低于 IP67 防护等级。
防熏蒸球机	仓房内安装	1. 设备结构防熏蒸设计，保证能适应有磷化氢气体，腐蚀铜气体的密封熏蒸环境； 2. 图像分辨率：不低于 1920×1080； 3. 采用高效白光阵列，80 m 白光照射距离，自动感应打开球机的白光灯阵列进行补光； 4. 支持 20 倍光学变焦； 5. 支持区域入侵、越界入侵、物品移除、物品

续表4

名称	安装原则	选型
防熏蒸球机	仓房内安装	遗留、人脸侦测，并联动报警； 6. 支持 3D 定位，可通过鼠标框选目标以实现目标的快速定位与捕捉； 7. 支持水平手控速度不小于450°/s，垂直手控速度不小于120°/s； 8. 水平旋转范围为360°连续旋转，垂直旋转范围为 −20°～90°； 9. 支持定时抓图、报警联动抓图上传 ftp 功能； 10. 支持采用 H.265、H.264 视频编码标准，H.264 编码支持 Baseline/Main/High Profile； 11. 具备较好防护性能，不低于 IP67 防护等级。
存储管理设备	库区机房内，用于存储摄像机录像	1. 可接入总带宽不小于 400 Mbps 的 64 路 H.265 编码、1 080P 格式的视频图像； 2. 支持 1/8、1/4、1/2、1、2、4、8、16、32、64、128、256 等倍速回放录像，支持录像回放的剪辑和回放截图功能； 3. 支持 16 个 SATA 接口，2 个 USB 接口；支持 16 路报警输入，8 路报警输出接口； 4. 支持 4 屏显示输出视频图像，2 路 HDMI 或 2 路 VGA 接口直接可异源输出视频图像，并可分别进行预览、回放、配置等操作； 5. 支持浓缩播放功能，录像回放中，有移动侦测、外部输入报警、智能侦测等事件发生时，视频按正常速度播放，其他视频自动按高倍速播放； 6. 支持将不同时间段的多个目标叠加在一个背景上同时回放； 7. 支持秒级回放功能，可回放断电、断网前一秒的录像； 8. 可同时正放或倒放 16 路 H.265 编码、1080P 格式的视频图像； 9. 支持触控式面板，通过面板按键可进行预览、回放、参数配置等操作；

续表 4

名称	安装原则	选型
存储管理设备	库区机房内，用于存储摄像机录像	10. 可自适应接入 H. 265、H. 264、MPEG4、SVAC 编码格式的网络视频； 11. 支持 RAID0、RAID1、RAID5、RAID6 和 RAID10，可指定某一块硬盘为热备盘；可设置未进行读写操作的硬盘、Raid 组自动处于休眠状态； 12. 支持系统备份功能，检测到一个系统异常时，可从另一个系统启动，并恢复异常系统； 13. 可对视频画面叠加 8 行字符，每行可输入 22 个汉字。
液晶显示屏	库区监控中心，用于显示本地监控图像	1. 55 寸或 46 寸超窄边液晶屏； 2. 物理分辨率：1920×1080； 3. 物理拼缝≤3.5 mm，响应时间≤8 ms； 4. 亮度≥700 cd/m^2； 5. 输入接口：VGA、DVI、BNC、YPbPr、USB 各 1 个； 6. 输出接口：VGA、DVIX1、BNC 各 1 个； 7. 支持 U 盘点播，内置 MPEG、JPEG 和 Real-Media 解码器，方便用户播放视频文件； 8. 支持 3D 降噪和空间降噪相结合，实现保证帧内图像平滑，运动图像前后帧之间图像平滑，有效降低噪声对图像质量的影响。
大屏拼接控制器	库区机房内，用于摄像机图像解码拼控	1. 19 英寸标准机箱，B20 – XYZ，5 槽位机箱，单电源、单主控板； 2. 具备多种接口类型的输入板，可支持 DVI、VGA、HDMI 等接口输入，单板≥8 路。可支持 VGA、DVI、HDMI 等接口输出，单板≥8 路； 3. 支持解码不低于 48 路 1080P，或 96 路 720P，或 192 路 4CIF 以下分辨率； 4. 支持不低于 16 块屏幕组合拼接，支持 1/4/6/8/9/16 画面分割显示、支持画面漫游，单屏最大支持 16 个漫游窗口； 5. 支持外围云台设备控制，可实现 8 个方向、

续表 4

名称	安装原则	选型
大屏拼接控制器	库区机房内，用于摄像机图像解码拼控	自动转动、镜头拉伸、预置点、巡航、电子放大、3D 定位控制； 　6. 支持无缝切换功能，支持滚动字符叠加功能，可跨屏幕、跨图像滚动显示并可设置相关参数。
周界电子防护设备	沿库区周界封闭设置（库区出入口除外）	应能在监控中心通过粮库电子地图或模拟地形图显示周界报警的具体位置，应有声、光指示，应具备防拆和断路报警。

7　软件规范

7.1　要求

a）操作系统软件既要与所选硬件系统相匹配，又要支持所应用的数据库系统、办公软件和业务管理软件。数据库软件应具备管理海量粮库数据的能力和数据备份与恢复的功能。

b）应用软件应满足现行的粮库管理规范并应支持与企业管理通用软件的数据交换。软件编制应考虑到业务更新和发展的需要，留有相应的扩展接口。

7.2　数据元

数据元引用 LS/T 1802—2016《粮食仓储业务数据元》。

7.3　信息分类

信息分类引用 LS/T 1700～1712 中的粮食信息分类与编码。

8　粮库智能化建设步骤

8.1　方式

粮库智能化建设应根据粮库自身的仓储智能化基础选择"分步实施""全面实施"或"滚动实施"等三种方式进行。

a）分步实施：仓储智能化程度较低的粮库宜采用"分步实施"方式实施建设。在总体规划的指导下，先解决仓储智能化管理中的主要问题，实施有关模块，再逐步拓展，或与其它系统的连接或集成。

b）全面实施：具有一定仓储智能化工作基础的粮库宜采用"全面实施"方式实施建设。根据总体规划全面做好设计，整体推行；用新的企业软件替换现存运行的系统。

c）滚动实施：具有垂直组织结构管理的粮库宜采用"滚动实施"方式实施建设。企业应首先在一个或几个地方创建实施模型，然后推广到其他地方。

8.2　过程

粮库智能化粮库智能化粮库智能化建设中需要立项招投标的项目宜分为项目准备和立项、招投标、项目实施三个阶段。如不需要进行招投标，则跳过第二阶段。

a）项目准备和立项阶段：包括确定仓储智能化项目建设的具体目标，投资测算，编写项目建议书和可行性报告；

b）招投标阶段：包括选择和确定招标单位和招标方案，投标单位投标方案的比选和确定，签订正式合同；

c）项目实施阶段：包括进一步的需求调研，网络的设计，硬件的选购，软件的采购、开发或二次开发，软硬件的上线实施。

8.2.1　项目管理

粮库智能化粮库智能化粮库智能化建设中网络系统集成工程项目的管理要求：

a）建立项目管理组织结构：领导决策组、总体质量监督组、系统集成执行组、对外协调组和工程管理与评审鉴定组。

b）工程实施的文档资料管理。需要规范化管理的资料包括：设计图纸、技术档案、施工档案、隐蔽工程验收单、施工日志、签证单、设备材料进场验收单、竣工图纸、预算、决算等。

c）工程测试与质量管理

•综合布线系统的管理。每个数据 I/O 干线距离不能超过 90M。各配线间应遵循 EIA/TIA－568B、EIA/TIA－569 的标准和参考粮库实际信息点位置进行系统构建、系统划分和设备配置。

•网络设备的清点与验收。应以设备厂商提供的验收单和购买合同对照实物进行验收。除了对关键设备（如核心交换机等）进行性能检测外，还应注意对质保及售后服务的检查。

•各子系统的测试。按照标准规范，对个子系统进行设备验收、功能验收、性能验收、技术资料验收。

　　●系统试运行。整体网络系统在试运行期间不间断地连续运行时间不应少于两个月。试运行由系统集成厂商代表负责，用户和设备厂商应密切协调配合。

8.2.2　软件管理

　　粮库智能化粮库智能化粮库智能化建设中应用软件项目的管理要求：

　　a）软件项目进度的管理。粮库在进行项目招投标时，应要求软件供应商提供项目开展的里程碑计划，包括 7 个重要的里程碑节点，即：

　　●需求分析阶段：通过深入需求调研，制定具体的技术方案，筛选予以确定。

　　●合同签订阶段：签订合同书，并注意对开发目标的共同理解和确认。

　　●系统结构设计：概要和详细设计说明书。

　　●具体编码过程：源程序代码，使用手册等的编制。

　　●软件测试阶段：测试方案、测试报告。

　　●上线实施阶段：试运行。

　　●项目验收：验收报告。

　　粮库必须认真参与其他阶段的工作，对进度计划、交付成果和风险控制进行严格的管理和考核，及时发现问题和解决问题。

　　b）具体功能模块的确认。对于定制开发的软件项目，粮库与软件供应商在签订合同时要认真审定技术方案中的具体功能模块的描述，确保项目需求分析的全面性、准确性和理解的一致性，并应成为合同的附件，任何一方提出变更都需要得到对方的认可，否则将承担相关的责任。

　　c）组建粮库智能化粮库智能化粮库智能化软件项目小组和组建项目管理委员会。

　　d）软件项目风险的管理。粮库管理者应通过组建和控制系统实施队伍和系统实施全程控制等手段规避项目风险。

　　e）应用软件系统的实施采取与原有系统并行运行的方式，一般需 6 个月的时间。

　　f）软件系统验收的内容应包括基础数据验收和应用系统验收两个方面。

　　●基础数据应按照粮库部门对数据编码及数据格式的规定进行验收。

　　●应用系统验收应包括各个子系统的功能验收、性能验收及开发文档验收等。

9　信息安全

9.1　网络要求

粮库的网络部署应在满足仓储智能化需求的前提下，并应符合相关网络管理制度。

9.2　安全体系设计

a）应符合 GB/T 22239、GB/T 25070 和 GB/T 25058 中第二级的要求。

b）应根据 GB/T 20984 和 GB/T 22239 进行风险评估与等级测评。

c）应根据各子系统功能、地域、信息属性的不同进行分域保护。

9.3　安全支撑

所有进入粮库智能化粮库智能化粮库智能化系统或使用系统提供的服务的用户都应进行身份认证，系统根据用户角色的不同分派不同的权限。当用户进入重要的服务器或以具有高级权限的身份登录到系统时，应使用基于数字证书的认证方式。

9.4　安全防护

应符合 GB/T 22239 中第二级的要求。

9.5　安全管理体系

应符合 GB/T 22239 中第二级的要求。

河南省粮食仓储业务数据接口
建设要求（试行）

1 建设要求

为了满足河南省粮食局"粮安工程"智能化管理省级平台与各粮库智能化粮库管理平台之间的网络传输及数据集成要求，项目需要建设三部分内容：一是基础网络传输线路建设；二是智能化粮库配置数据采集硬件设备（前置机）。通过以上几个方面内容的建设，将省级平台与各智能化粮库之间建设为完整的项目体系，建立高速的信息通道，以规范、科学的方法规划、管理"粮安工程"省级平台与各智能化粮库之间的数据交换与传输。

1.1 基础网络传输线路

为充分保障数据传输的效率和安全，要求各智能化粮库与省级平台之间采用专用网络线路的方式传输，主干网络带宽在10M及以上。

1.2 硬件采集设备

为保证数据交换的方式统一，要求各智能化粮库配置前置机作为采集终端进行数据存储和采集，前置终端机（以下简称前置机）硬件采用标准的工控机。

1.3 前置机内嵌数据交换采集系统

在前置机上安装数据交换系统及数据管理系统等软件模块，按照事先约定的规则定期、定时进行数据的采集和交换，通过数据交换系统按照河南省粮食局制定的通讯协议及相关数据格式上传到省级平台数据中心，并通过省级平台数据交换中心对智能化粮库平台上传的数据等进行识别认证和校验。

2 接口定义

2.1 接口描述

本接口主要是针对河南省粮食局"粮安工程"智能化管理省级平台向

智能化粮库管理平台提供数据上传标准接口，以完成智能化粮库管理平台向省级管理平台及时、安全的上传各种业务数据的功能。

2.2　适用范围

适用范围主要为河南省粮食局"粮安工程"智能化管理省级平台与各智能化粮库管理平台之间的数据交换，并适用于粮安工程项目需要与其他信息系统进行数据交互的相关各子系统。

2.3　接口内容

本接口的数据内容主要规定了河南省粮食局智能化粮库管理平台需要向"粮安工程"智能化管理省级平台上传的标准数据内容，包括仓储基本信息、粮情测控、油情测控、智能出入库、智能安防以及其他数据等信息。

1）仓储基本信息。仓储业务相关的数据集合，包括仓房基本信息、仓房智能化配置信息、储粮专卡信息、分仓实物保管帐、仓储作业记录信息等数据集合。

2）粮情测控数据。仓房粮情测温测湿的相关数据集合，包括仓房线缆信息、仓房测温数据、仓房层测温数据、测温点状态数据、测温拍照图片、测温设备报备等数据集合。

3）油情测控数据。油灌测控相关数据集合，包括油罐基本信息、油罐流量信息、油罐液位数据信息、油罐温度数据信息、油罐温度明细数据信息等数据集合。

4）出入库数据。库点仓房出入库数据，包括出入库记录数据、出入库质检结果、出入库业务结算数据等数据集合（作为实时粮食账目数量变化的重要补充，出入库数据提供粮食变化数量的重要数据支撑）。

5）智能安防数据。库点所有监控设备的数据信息，包括硬盘录像机数据、视频监控设备数据、拍照上传信息数据、监控报警信息数据、监控点布局数据等数据集合。

6）其他系统数据。随着河南省粮食局粮安工程业务不断增加，子系统不继完善，可以扩展其他系统业务数据接口，如智能通风、熏蒸作业数据等。

河南省粮食局"粮安工程"智能化管理省级平台的具体内容及传送过程见图1。

2.4　数据上传频率

本协议标准规定所有数据至少每日上传一次，重要业务数据尽量做到可以及时上传。

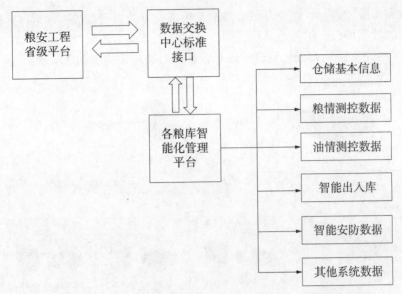

图1 "粮安工程"智能化管理省级平台的具体内容及传送过程图

2.5 验证规则约定

1) 对接口传递数据双方的身份验证，通过授权码进行，事先约定授权码生成规则，通过授权码进行身份验证，验证通过后可以进行交互。

2) 对提取接口的验证，包括对接口的传输数据的时效性、准确性、安全性等方面的验证。通过双向交互机制进行验证，保证数据真实有效。

3) 对接口的运行速度及效率进行验证，与当前系统的兼容性等验证。

3 接口架构设计

粮库智能化管理平台与"粮安工程"省级平台之间主要是通过数据交换中心进行数据通信，通过数据交换中心向省级平台数据中心上传业务数据。

1) 省级平台数据交换中心负责公布标准的数据接口，所以粮库智能化管理平台必须按照统一的数据标准协议向省级平台数据交换中心上传数据。

2) 省级平台数据交换中心负责对各粮库智能化管理平台上传的数据指令进行验证，数据加密解密码，所有不符合的标准或未通过验证的数据传数指令将不处理，返回处理失败的标识。

3) 省级平台数据交换中心负责按照数据中心的格式保存数据到数据中

心数据库服务器，数据中心负责对所上传的业务数据进行统一分析，并提供公共的数据接口，供其他系统访问。

"粮安工程"智能化管理省级平台的接口通信架构如图2所示。

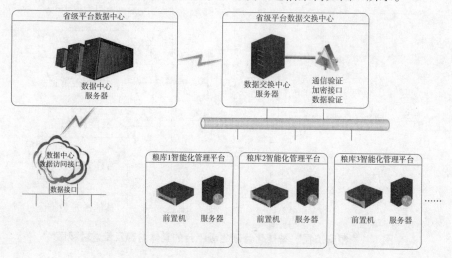

图2　"粮安工程"智能化管理省级平台接口通信架构

4　接口设计

4.1　约束及约定

要求所有对接到河南省粮食局"粮安工程"智能化管理省级平台的业务数据必须符合本通讯协议规范，否则将发生数据对接验证失败，导致数据无法上传。

4.2　通信协议数据格式

4.2.1　粮库平台请求上传命令的头部信息格式

通信协议格式要素见表1。

表1　通信协议格式要素

索引	要素名称	英文名称	是否可以为空	元素类型	备注
1	报文标识	ID	否	GUID	确保唯一性
2	报文版本号	VER	否	String	如：1.0
3	命令名称	Name	否	String	如：Storehouse

续表1

索引	要素名称	英文名称	是否可以为空	元素类型	备注
4	发送命令的单位编码	OrgNo	否	String	如：LA0100440000002
5	发送命令的单位名称	OrgName	否	String	如：河南郑州中原国家粮食储备库
6	命令发起时间	SendTime	否	String	长日期格式精确到毫秒
7	命令类型	Type	是	String	查询为 S、添加为 I、修改为 U、删除为 D，本接口默认为 I
8	命令数据主体内容	Body	否	Json 格式数据，参考 4.2.2 粮库平台请求上传命令的数据主体格式	数据主体字段内容必须参考《省级平台与智能化粮库数据交换数据元标准》中的数据元标识符
9	摘要1	Digest1	是	String	

Eg: {
    "ID":"9caaa29a-7297-4195-89ee-b7bbefccc9cc",
    "VER":"1.0",
    "Name":"LA_StoreHouse",
    "OrgNo":"LA0100440000002",
    "OrgName":"河南郑州中原国家粮食储备库",
    "SendTime":"2016-09-2817:05:51",
    "Type":"I",
    "Body":[
    {
        "Code":"LA01004400000002001",
        "Name":"1 号仓",
        "OrgCode":"LA0100440000002",
        "OrgName":"河南郑州中原国家粮食储备库",
        "GTMATypeCode":"001",
        "GTMATypeName":"平房仓",

续表 1

索引	要素名称	英文名称	是否可以为空	元素类型	备注

```
        "SubmitDate" :"2003-08-29" ,
        "Wall" :"砖" ,
        "Roof" :"砖" ,
        "Structure" :"砖 " ,
        "Ground" :"砖 " ,
        "DesignCapacity" :5000 ,
        "ConfirmCapacity" :5000 ,
        "OutLength" :20 ,
        "OutWidth" :20 ,
        "OutEavesHeight" :20 ,
        "OutRoofHeight" :20 ,
        "OutDiameter" :20 ,
        "OutWallArea" :20 ,
        "InLength" :20 ,
        "InWidth" :20 ,
        "InEavesHeight" :20 ,
        "InStoreHeight" :20 ,
        "InDiameter" :20 ,
        "InVolume" :20 ,
        "DoorNumber" :10 ,
        "DoorHeight" :10 ,
        "DoorWidth" :10 ,
        "Memo" :"1 号仓"
    },
    {
        "Code" :"LA0100440000002002" ,
        "Name" :"2 号仓" ,
        "OrgCode" :"LA0100440000002" ,
        "OrgName" :"河南郑州中原国家粮食储备库" ,
        "GTMATypeCode" :"001" ,
        "GTMATypeName" :"平房仓" ,
        "SubmitDate" :"2003-08-29" ,
        "Wall" :"砖" ,
```

续表1

索引	要素名称	英文名称	是否可以为空	元素类型	备注
	"Roof":"砖",				
	"Structure":"砖",				
	"Ground":"砖",				
	"DesignCapacity":5000,				
	"ConfirmCapacity":5000,				
	"OutLength":20,				
	"OutWidth":20,				
	"OutEavesHeight":20,				
	"OutRoofHeight":20,				
	"OutDiameter":20,				
	"OutWallArea":20,				
	"InLength":20,				
	"InWidth":20,				
	"InEavesHeight":20,				
	"InStoreHeight":20,				
	"InDiameter":20,				
	"InVolume":20,				
	"DoorNumber":10,				
	"DoorHeight":10,				
	"DoorWidth":10,				
	"Memo":"2号仓"				
	}				
	],				
	"Digest1":"上传仓房基本信息数据"				
	}				

4.2.2　粮库平台请求上传命令的数据主体格式

格式要求：严格根据《省级平台与智能化粮库数据交换数据元标准》中的数据元标识符组成Josn格式的数组字符串，否则接口验证将无法识别。如：仓房基本信息数据格式（见表2）。

表 2　仓房基本信息数据格式

索引	要素名称	英文名称 （标识符）	是否可 以为空	元素类型	备注
1	仓房编号	Code	否	String	
2	仓房名称	Name	否	String	
3	所属单位编码	OrgCode	否	String	
4	所属单位名称	OrgName	否	String	
5	仓房类型编码	GTMATypeCode	否	aString	
6	仓房类型名称	GTMATypeName	否	String	
7	交付使用日期	SubmitDate	否	String	
8	墙体结构	Wall	是	String	
9	房顶结构	Roof	是	String	
10	房架结构	Structure	是	String	
11	地面结构	Ground	是	String	
12	设计仓容	DesignCapacity	否	decimal	
13	实际仓容	ConfirmCapacity	否	decimal	
14	仓外长	OutLength	是	decimal	
15	仓外宽	OutWidth	是	decimal	
16	仓外檐高	OutEavesHeight	是	decimal	
17	仓外顶高	OutRoofHeight	是	decimal	
18	仓外筒仓外径	OutDiameter	是	decimal	
19	仓外外墙面积	OutWallArea	是	decimal	
20	仓内长	InLength	是	decimal	
21	仓内宽	InWidth	是	decimal	
22	仓内檐高	InEavesHeight	是	decimal	
23	仓内装粮线高	InStoreHeight	是	decimal	
24	实际装粮线高	InStoreHeightDesign	是	decimal	
25	仓内筒仓内径	InDiameter	是	decimal	
26	仓内体积	InVolume	否	decimal	
27	粮堆体积	GrainVolume	是	decimal	
28	仓门数量	DoorNumber	否	decimal	
29	仓门位置	DoorPosition	否	String	
30	仓门高度	DoorHeight	否	decimal	
31	仓门宽度	DoorWidth	否	decimal	

续表 2

索引	要素名称	英文名称 （标识符）	是否可 以为空	元素类型	备注
32	通风方式	VentilationType	否	String	
33	隔热措施	HeatInsulationType	否	String	
34	备注	Memo	是	String	

Eq: [

   {

```
"Code" :"LA0100440000002001",
"Name" :"1 号仓",
"OrgCode" :"LA0100440000002",
"OrgName" :"河南郑州中原国家粮食储备库",
"GTMATypeCode" :"001",
"GTMATypeName" :"平房仓",
"SubmitDate" :"2003-08-29",
"Wall" :"砖",
"Roof" :"砖",
"Structure" :"砖",
"Ground" :"砖",
"DesignCapacity" ;5000,
"ConfirmCapacity" :5000,
"OutLength" :20,
"OutWidth" :20,
"OutEavesHeight" :20,
"OutRoofHeight" :20,
"OutDiameter" :20,
"OutWallArea" :20,
"InLength" :20,
"InWidth" :20,
"InEavesHeight" :20,
"InStoreHeight" :20,
"InDiameter" :20,
"InVolume" :20,
"DoorNumber" :10,
"DoorHeight" :10,
"DoorWidth" :10,
```

续表 2

索引	要素名称	英文名称（标识符）	是否可以为空	元素类型	备注

```
        "Memo" : "1 号仓"
    } ,
    {
        "Code" : "LA0100440000002002" ,
        "Name" : "2 号仓" ,
        "OrgCode" : "LA0100440000002" ,
        "OrgName" : "河南郑州中原国家粮食储备库" ,
        "GTMATypeCode" : "001" ,
        "GTMATypeName" : "平房仓" ,
        "SubmitDate" : "2003-08-29" ,
        "Wall" : "砖" ,
        "Roof" : "砖" ,
        "Structure" : "砖" ,
        "Ground" : "砖" ,
        "DesignCapacity" : 5000 ,
        "ConfirmCapacity" : 5000 ,
        "OutLength" : 20 ,
        "OutWidth" : 20 ,
        "OutEavesHeight" : 20 ,
        "OutRoofHeight" : 20 ,
        "OutDiameter" : 20 ,
        "OutWallArea" : 20 ,
        "InLength" : 20 ,
        "InWidth" : 20 ,
        "InEavesHeight" : 20 ,
        "InStoreHeight" : 20 ,
        "InDiameter" : 20 ,
        "InVolume" : 20 ,
        "DoorNumber" : 10 ,
        "DoorHeight" : 10 ,
        "DoorWidth" : 10 ,
        "Memo" : "2 号仓"
    }
]
```

4.2.3 省级平台接口应答命令的头部信息格式

省级平台接口应答命令的协议格式要素见表3。

表3 省级平台接口应答命令的协议格式要素

索引	要素名称	英文名称	是否可以为空	元素类型	备注
1	报文标识	ID	否	GUID	和发送协议格式保持一致
2	报文版本号	VER	否	String	如：1.0
3	命令发起时间	SendTime	否	String	长日期格式精确到秒
4	命令类型	Type	否	String	INT，BOOL，OTHER
5	请求命令影响的行数	Rows	否	String	
6	执行消息内容	MsgBody	否	Json，参考4.1.3省级平台应答执行消息内容主体格式	

```
Eg：{
        "ID"："9caaa29a-7297-4195-89ee-b7bbefccc9cc"，
        "VER"："1.0"，
        "SendTime"："2016-09-21 17：05：51"，
        "Type"："I"，
        "Rows"："2"，
        "MsgBody"：{
            "Code"："100"，
            "VER"："处理成功!"
        }
    }
```

4.2.4 省级平台应答执行消息内容主体格式

省级平台应答执行消息内容主体格式的协议格式要素见表4。

4.3 数据的抽取与解析方式

1）Url 地址格式，http：//＊.interface.com/api？ ver＝1.0&t＝1&k＝KeyID，传参 ver 为接口版本号，t 为接口类型，k 为授权认证码。

2）调用接口的公共 Url，传递系统之间约定的授权认证码进行验证，通过双方系统验证后，传递 json 数据进行交互，接口接收到数据后对数据格式进行验证，格式校验无误后，对获取数据解析并将处理结果反馈给对方系统进行使用，对方接收到 json 数据后进行格式校验，数据内容校验，通过校验后进入系统内部解析使用。

表 4　协议格式要素

索引	要素名称	英文名称	是否可以为空	元素类型	备注
1	消息编码	Code	否	String	
2	消息内容	Text	否	String	

Eg：{
　　　　"Code"："100"，
　　　　"VER"："处理成功!"
　　　}

3）关于接口一的服务调用方式，通过 Web Service /WCF 通讯方式，采用 HTTP 通讯协议调用接口提供的方法。

4）数据推送方式为实时主动推送，各业务系统按照各自系统功能使用以及数据使用需求进行数据的实时主动推送。

本次接口设计采用主动推送的方式，最大限度的保证系统与系统之间，系统与平台之间的数据实时性，保证智能化粮库各子系统之间的数据交互和无缝对接。

4.4　数据缓存与日志记录

对接口传递的数据进行缓存，以及记录接口交互的日志。

河南省粮食仓储业务数据元标准（试行）

1　应用范围

本标准规定了《河南省粮食局粮安工程智能化管理平台》与《智能化粮库管理平台》之间数据交换的数据元标准，定义每个数据元的标识符、中文名称、短名、数据格式、值域、数据类型、说明等信息。

本标准适用于河南省各粮库的《智能化粮库管理平台》建设，以及《河南省粮食局粮安工程智能化管理平台》粮食仓储管理业务的统计、监管和管理，包括数据的交换和处理等。

2　规范性引用文件

下列文件对于本文件的应用是必不可少的。凡是注日期的引用文件，仅所注日期的版本适用于本文件。凡是不注日期的引用文件，其最新版本（包括所有的修改单）适用于本文件。

GB/T 7408—2005 数据元和交换格式　信息交换　日期和时间表示法

GB/T 17295—2008 国际贸易计量单位代码

GB/T 2260 中华人民共和国行政区划代码

GB 11714 全国组织机构代码编制规则

GB/T 12402 经济类型分类与代码

GB/T 19488.1 电子政务数据元　第1部分：设计和管理规范

GB 32100 法人和其他组织统一社会信用代码编码规则

GB 50320 粮食平房仓设计规范

LS/T 1705 粮食信息分类与编码　粮食设施分类与代码

LS/T 1713 库存识别代码

LS/T 1801 粮食信息术语　仓储

3　术语与定义

LS/T 1801—2016 定义的术语适用于本标准。

3.1　元数据 data element

通过定义、标识、表示、和允许值等一系列描述的一个数据单元。

［GB/T 19488.1—2004，定义 3.2］

3.2　廒间 separate space in grain warehouse

粮食平房仓中独立的存储空间。根据实际需要，单栋平房仓可作为一个单独的廒间，也可分隔成多个廒间。

［GB 50320—2014，定义 2.1.16］

3.3　货位 cargo

识别粮食存储量的单元。

［LS/T 1713，定义 3.2］

4　数据元表示方法

4.1　数据元描述规则

本标准通过标识符、中文名称、短名、值域、数据类型、数据格式、版本、说明 8 个属性描述智能化粮库基本系统建设及与省级平台数据交换的数据元，通过代码表述和规定取值代码等信息。数据元属性见表 1。

表 1　数据元属性列表

序号	属性名称
1	标识符
2	中文名称
3	短名
4	值域
5	数据类型
6	数据格式
7	版本
8	说明

4.2　数据元属性描述规则

数据元属性描述规则说明如下。

1）标识符

唯一识别一个数据元的标识，该标识包括3段8位数字组成。其中，第一段代表所属大类分类，为2位阿拉伯数字；第二段代表数据源所属小类分类，为2位阿拉伯数字；第三段代表该数据元在分类中的序号，为4位阿拉伯数字。

2）中文名称

数据元"中文名称"应当是唯一的，并且以字母、汉字、字符串形式表示。

数据元的命名应使用一定的逻辑结构和通用的术语。

完整的数据元形成包括限定类术语、对象类术语、特性类术语以及表示类术语。其中：

——限定类术语由专业领域给定，限定类术语是可选的。

——数据元需要有一个且仅有一个对象类术语。在粮食仓储业务数据元若对象类术语为"本人"，则可酌情省略；但当对象不易辨别或容易产生混淆时，对象类词不得省略。

——数据元需要有一个且仅有一个特性类术语。特性类术语是任何一个数据源名称所必须的成分，在数据元概念可以完整、准确、无歧义表达的情况下，其他术语可以酌情简略。

——数据元需要有一个且仅有一个表示类术语。当表示类术语与特性类术语有重复或部分重复时，可从名称中奖冗余词汇删除。通用表示类术语见表2。

表2　通用表示类术语

表示词	含义
名称	表示一个对象称谓的一个词或短语
代码	替代某一特定信息的一个有内在规则的字符串（字母、数字、符号）
说明	表示描述对象信息的一段文字
金额	以货币为表示单位的数量，通常与计量单位有关
数量	非货币单位数量，通常与计量单位有关
日期	以公元纪年方式表达的年、月、日的组合
时间	以24小时制计时方式表达一天中的小时、分、秒的组合
日期时间	完整时间表达格式，即DT15，YYYYMMDDThhmmss的格式，其中"T"可省略
百分比	具有相同计量单位的两个值之间的百分数形式的比率

续表 2

表示词	含义
比率	一个计量的量或金额与另一个计量的量或金额的比
标志	又称指示符，两个且只有两个表明条件的值，如：是/否、有/无等
时长	两个时间点的时间长度

3）短名

数据元中文名称（忽略符号）的汉语拼音首字母缩写。

4）值域

由数据格式决定的，数据允许值的集合。

5）数据类型

表示数据元的符号、字符或其他。数据元的数据类型见表 3。

表 3　数据元的数据类型

数据类型	说明
字符型	通过字符形式表达的值的类型
整数型	通过"0"到"9"数字表达的整数类型的值
浮点型	通过"0"到"9"数字表达的实数
日期型	通过 YYYYMMDD 的形式表达的值的类型，符合 GB/T 7480 要求
日期时间型	通过 YYYYMMDDThhmmss 的形式表达的值的类型，符合 GB/T 7480 要求
布尔型	两个且只有两个表明条件的值，True/False
二进制	上述类型无法表示的其他数据类型，比如图像、音频等

6）数据格式

从业务角度规定的数据元值得数据格式需求，包括所允许的最大和/或最小字符长度、数据元值得数据格式等。数据元的数据格式中使用的字符含义见表 4。

表 4　数据元数据格式中字符的含义

数据格式	说明
..ul	长度不确定的文本
.	长度确定的文本，后面附加固定长度
..	从最小长度到最大长度，前面附加最小长度，后面附加最大长度
YYYY-MM-DD hh：mm：ss	"YYYY"表示年份，"MM"表示月份，"DD"表示日期，"hh"表示小时，"mm"表示分钟，"ss"表示秒，可以视实际情况组合使用

数据格式	说明
a	表示字母
n	表示数字
an	表示字母、数字字符

7）版本

一套数据元规范中的一个数据元发布的标识。当对数据元的属性进行了更新，且这种更新满足新版本的维护规则时，则该数据元的版本号发生相应的更新。

8）说明

该数据元的上述属性未能描述的进一步补充说明等内容。

5 数据元细目

5.1 基础数据元

基础数据元主要是对粮库基础设备及基础数据信息进行记录的数据元。

根据省级平台需要，这里需要粮库提供一张详细的《库区平面图》，并标注主要建筑设施的位置及名称。

1）粮库基本信息数据元

说明：记录粮库的基本信息。

命令名称：LA_ Storage

命令类型：I（新增）、U（修改）、D（删除）

标识符	中文名称	短名	值域	数据类型	数据格式	版本	说明
OrgCode	粮库编号	lkbm	自由文本	字符型	an. . 20	V1.0	参考国家标准
OrgName	粮库名称	lkmc	自由文本	字符型	an. . 100	V1.0	粮库名称
OrgAbbreviation	粮库简称	lkjc	自由文本	字符型	an. . 20	V1.0	粮库简称
EnterpriseNature	企业性质	qyxz	自由文本	字符型	an. . 20	V1.0	企业性质
OrgType	粮库类别	lklb	自由文本	字符型	an. . 20	V1.0	粮库类别
LegalRepresentative	法人代表	frdb	自由文本	字符型	an. . 100	V1.0	法人代表
BuildDate	建成日期	jcrq	自由文本	日期型	YYYY-MM-DD	V1.0	建成日期
PostCode	邮政编码	yzbm	自由文本	字符型	an. . 10	V1.0	邮政编码
DesignCapacity	设计仓容	sjcr	数值文本	数值型	nn. . 8	V1.0	设计仓容

续表

标识符	中文名称	短名	值域	数据类型	数据格式	版本	说明
Telephone	电话号码	dhhm	自由文本	字符型	an. . 15	V1. 0	电话号码
Fax	传真号码	czhm	自由文本	字符型	an. . 20	V1. 0	传真号码
OrgStaffNumber	粮库人数	lkrs	数值文本	数值型	n. . 5	V1. 0	粮库人数
OrgArea	粮库面积	lkmj	数值文本	数值型	n. . 8	V1. 0	粮库面积
OrgAddress	地址	dz	自由文本	字符型	an. . 100	V1. 0	地址
Memo	备注	bz	自由文本	字符型	an. . 1000	V1. 0	备注

2）仓房基本信息数据元

说明：记录库区仓房基本信息，仓房编号参考国家统一标准。

命令名称：LA_ StoreHouse

命令类型：I（新增）、U（修改）、D（删除）

标识符	中文名称	短名	值域	数据类型	数据格式	版本	说明
HouseCode	仓房编号	cfbh	自由文本	字符型	an. . 50	V1. 0	参考国家标准
HouseName	仓房名称	cfmc	自由文本	字符型	an. . 50	V1. 0	仓房名称
OrgCode	所属单位编码	ssdwbm	自由文本	字符型	an. . 50	V1. 0	参考国家标准
OrgName	所属单位名称	ssdwmc	自由文本	字符型	an. . 50	V1. 0	所属单位名称
TypeNo	仓房类型编码	cflxbm	参考国家标准	字符型	an. . 50	V1. 0	仓房类型编码
TypeName	仓房类型名称	cflxmc	参考国家标准	字符型	an. . 50	V1. 0	仓房类型名称
SubmitDate	交付使用日期	jfsyrq	自由文本	字符型	an. . 50	V1. 0	交付使用日期
Wall	墙体结构	qtjg	自由文本	字符型	an. . 50	V1. 0	墙体结构
Roof	房顶结构	qtjg	自由文本	字符型	an. . 50	V1. 0	房顶结构
Structure	房架结构	fjjg	自由文本	字符型	an. . 50	V1. 0	房架结构
Ground	地面结构	dmjg	自由文本	字符型	an. . 50	V1. 0	地面结构
DesignCapacity	设计仓容	sjcr	数值文本	数值型	n. . 6	V1. 0	设计仓容
ConfirmCapacity	实际仓容	sjcr	数值文本	数值型	n. . 6	V1. 0	实际仓容
OutLength	仓外长	cwc	数值文本	数值型	n. . 6	V1. 0	仓外长
OutWidth	仓外宽	cwk	数值文本	数值型	n. . 6	V1. 0	仓外宽
OutEavesHeight	仓外檐高	cwyg	数值文本	数值型	n. . 6	V1. 0	仓外檐高
OutRoofHeight	仓外顶高	cwdg	数值文本	数值型	n. . 6	V1. 0	仓外顶高

续表

标识符	中文名称	短名	值域	数据类型	数据格式	版本	说明
OutDiameter	仓外筒仓外径	cwtc	数值文本	数值型	n..6	V1.0	仓外筒仓外径
OutWallArea	仓外外墙面积	cwwqmj	数值文本	数值型	n..6	V1.0	仓外外墙面积
InLength	仓内长	cnc	数值文本	数值型	n..6	V1.0	仓内长
InWidth	仓内宽	cnk	数值文本	数值型	n..6	V1.0	仓内宽
InEavesHeight	仓内檐高	cnyg	数值文本	数值型	n..6	V1.0	仓内檐高
InStoreHeight	仓内装粮线高	cnzlxg	数值文本	数值型	n..6	V1.0	仓内装粮线高
InStoreHeightDesign	实际装粮线高	sjzlxg	数值文本	数值型	n..6	V1.0	实际装粮线高
InDiameter	仓内筒仓内径	cntcnj	数值文本	数值型	n..6	V1.0	仓内筒仓内径
InVolume	仓内体积	cntj	数值文本	数值型	n..6	V1.0	仓内体积
GrainVolume	粮堆体积	ldtj	数值文本	数值型	n..6	V1.0	粮堆体积
DoorNumber	仓门数量	cmsl	数值文本	数值型	n..6	V1.0	仓门数量
DoorPosition	仓门位置	cmwz	自由文本	字符型	an..50	V1.0	仓门位置
DoorHeight	仓门高度	cmgd	数值文本	数值型	n..6	V1.0	仓门高度
DoorWidth	仓门宽度	cmkd	数值文本	数值型	n..6	V1.0	仓门宽度
VentilationType	通风方式	tffs	自由文本	字符型	an..50	V1.0	通风方式
HeatInsulationType	隔热措施	grcs	自由文本	字符型	an..100	V1.0	隔热措施
Memo	备注	bz	自由文本	字符型	an..1000	V1.0	备注

3）油罐基本信息数据元

说明：记录粮库油罐基本信息。

命令名称：LA_ OilTank

命令类型：I（新增）、U（修改）、D（删除）

标识符	中文名称	短名	值域	数据类型	数据格式	版本	说明
OrgCode	所属单位编码	ssdwbm	自由文本	字符型	an..50	V1.0	参考国家标准
OrgName	所属单位名称	ssdwmc	自由文本	字符型	an..500	V1.0	所属单位名称
OilTankID	油罐编号	ygbh	自由文本	字符型	an..32	V1.0	油罐编号
OilTankName	油罐名称	ygmc	自由文本	字符型	an..50	V1.0	油罐名称
OilTankTypeID	油罐类型	yglx	自由文本	字符型	an..32	V1.0	油罐类型
Capacity	核定罐容	hdgr	数值文本	数值型	n..8	V1.0	核定罐容
RealCapacity	库存数量	kcsl	数值文本	数值型	n..8	V1.0	库存数量
InDiameter	油罐内径	ygnj	数值文本	数值型	n..8	V1.0	油罐内径
Memo	备注	bz	自由文本	字符型	an..1000	V1.0	备注

4）廒间基本信息数据元

说明：记录库区仓房廒间基本信息，廒间编号参考国家统一标准。

命令名称：LA_ Granary

命令类型：I（新增）、U（修改）、D（删除）

标识符	中文名称	短名	值域	数据类型	数据格式	版本	说明
GranaryCode	廒间编号	ajbh	自由文本	字符型	an..50	V1.0	参考国家标准
GranaryName	廒间名称	ajmc	自由文本	字符型	an..50	V1.0	廒间名称
HouseCode	仓房编号	cfbh	自由文本	字符型	an..50	V1.0	参考国家标准
HouseName	仓房名称	cfmc	自由文本	字符型	an..50	V1.0	仓房名称
GranaryLength	廒间长度	ajcd	数值文本	数值型	n..8	V1.0	廒间长度
GranaryWidth	廒间宽度	ajkd	数值文本	数值型	n..8	V1.0	廒间宽度
GranaryHeight	廒间高度	ajgd	数值文本	数值型	n..8	V1.0	廒间高度
GranaryDesignCapacity	廒间设计仓容	ajsjcr	数值文本	数值型	n..10,2	V1.0	廒间设计仓容
GranaryActualCapacity	廒间实际仓容	ajsjcr	数值文本	数值型	n..10,2	V1.0	廒间实际仓容
GranaryTel	廒间联系电话	ajlxdh	自由文本	字符型	an..50	V1.0	廒间联系电话
GranaryLongitude	廒间经度	ajjd	自由文本	字符型	an..50	V1.0	廒间经度
GranaryLatitude	廒间纬度	ajwd	自由文本	字符型	an..50	V1.0	廒间纬度
GranaryEnableDate	廒间启用日期	ajqyrq	自由文本	字符型	an..50	V1.0	廒间启用日期
GranaryStatus	廒间状态	ajzt	自由文本	字符型	an..50	V1.0	廒间状态
GranaryUseStatus	廒间使用状态	ajsyzt	自由文本	字符型	an..50	V1.0	廒间使用状态
Memo	备注	bz	自由文本	字符型	an..1000	V1.0	备注

5）货位基本信息数据元

说明：记录货位基本信息，货位编号参考国家统一标准。

命令名称：LA_ Location

命令类型：I（新增）、U（修改）、D（删除）

标识符	中文名称	短名	值域	数据类型	数据格式	版本	说明
Location Code	货位编号	hwbh	自由文本	字符型	an..50	V1.0	参考国家标准
Location Name	货位名称	hwmc	自由文本	字符型	an..50	V1.0	仓房名称
GranaryCode	廒间编号	ajbh	自由文本	字符型	an..50	V1.0	参考国家标准
GranaryName	廒间名称	ajmc	自由文本	字符型	an..50	V1.0	廒间名称
HouseCode	仓房编号	cfbh	自由文本	字符型	an..50	V1.0	参考国家标准
HouseName	仓房名称	cfmc	自由文本	字符型	an..50	V1.0	仓房名称

续表

标识符	中文名称	短名	值域	数据类型	数据格式	版本	说明
LocationEnableDate	货位启用日期	hwqyrq	参考国家标准	字符型	an..50	V1.0	货位启用日期
LocationStatus	货位状态	hwzt	参考国家标准	字符型	an..50	V1.0	货位状态
StorageType	储粮方式	clfs	自由文本	字符型	an..50	V1.0	储粮方式
LocationCapacity	货位容量	hwrl	数值文本	数值型	n..10, 2	V1.0	货位容量
Memo	备注	bz	自由文本	字符型	an..1000	V1.0	备注

6）仓房储粮配置数据元

说明：记录库区仓房各种储粮措施及储粮设备情况，如智能通风、智能空调、环流熏蒸等储粮措施。

命令名称：LA_ StorageAllocation

命令类型：I（新增）、U（修改）、D（删除）

标识符	中文名称	短名	值域	数据类型	数据格式	版本	说明
StorehouseID	仓房编码	cfbm	自由文本	字符型	an..50	V1.0	参考国家标准
StorehouseName	仓房名称	cfmc	自由文本	字符型	an..50	V1.0	仓房名称
ConfigType	配置类型	pzlx	自由文本	字符型	an..50	V1.0	智能通风、环流熏蒸、智能空调等储粮措施
ConfigMark	配置简介	pzjj	自由文本	字符型	an..1000	V1.0	配置简介
DeviceFactory	设备厂商名称	sbcsmc	自由文本	字符型	an..100	V1.0	设备厂商名称
BuildYear	建设年份	jsnf	数字文本	字符型	n..4	V1.0	建设年份
FactoryContacts	厂商联系人	cslxr	自由文本	字符型	an..50	V1.0	厂商联系人
FactoryPhone	厂商联系电话	cslxdh	自由文本	字符型	an..50	V1.0	厂商联系电话
FactoryAddress	厂商地址	csdz	自由文本	字符型	an..500	V1.0	厂商地址
OrgCode	所属单位编码	ssdwbm	自由文本	字符型	an..50	V1.0	参考国家标准
OrgName	所属单位名称	ssdwmc	自由文本	字符型	an..500	V1.0	所属单位名称
Memo	备注	bz	自由文本	字符型	an..5000	V1.0	备注

5.2　仓储信息数据元

仓储信息数据元主要是对粮库仓储相关的基本信息进行记录的数据元，包括仓房储粮档案、仓房作业情况等。

1）仓房储粮档案数据元

说明：记录库区仓房储粮档案的信息，主要是粮食入库完成后建立的档案数据。

命令名称：LA_ GrainArchives

命令类型：I（新增）、U（修改）、D（删除）

标识符	中文名称	短名	值域	数据类型	数据格式	版本	说明
No	档案编号	dabh	自由文本	字符型	an..50	V1.0	唯一编号
OrgCode	所属单位编码	ssdwbm	自由文本	字符型	an..50	V1.0	参考国家标准
OrgName	所属单位名称	ssdwmc	自由文本	字符型	an..50	V1.0	所属单位名称
StoreHouseCode	仓房编号	cfbh	自由文本	字符型	an..50	V1.0	参考国家标准
StoreHouseName	仓房名称	cfmc	自由文本	字符型	an..50	V1.0	仓房名称
TypeCode	仓房类型编码	cflxbm	参考国家标准	字符型	an..50	V1.0	仓房类型编码
TypeName	仓房类型名称	cflxmc	参考国家标准	字符型	an..50	V1.0	仓房类型名称
DesignCapacity	设计仓容	sjcr	数值文本	数值型	n..6	V1.0	设计仓容
GrainProperty	储粮性质	clxz	自由文本	字符型	an..50	V1.0	最低收购价、临时储备等
VarietyCode	品种编码	pzbm	参考国家标准	字符型	an..50	V1.0	品种编码
VarietyName	储粮品种	clpz	参考国家标准	字符型	an..50	V1.0	大豆、小麦等
RealNum	实际数量	sjsl	数值文本	数值型	n..6	V1.0	实际数量
StandardNum	折合标准数量	zhbzsl	数值文本	数值型	n..6	V1.0	折合标准数量
GradeCode	等级编码	djbm	参考国家标准	字符型	an..32	V1.0	等级编码
GradeName	等级名称	djmc	参考国家标准	字符型	an..50	V1.0	等级名称
Country	国别	gb	自由文本	字符型	an..50	V1.0	中国、美国等
ProdPlace	产地	cd	自由文本	字符型	an..50	V1.0	具体省份产地
WarehouseTime	入仓时间	rcsj	自由文本	日期型	YYYY-MM-DD HH：mm：ss	V1.0	粮食入库时间
StorageLocation	储存地点	ccdd	自由文本	字符型	an..100	V1.0	储存具体粮库地点
Year	收获年度	shnd	数值文本	数值型	n..4	V1.0	粮食收获的日期
Water	入仓水分	rcsf	数值文本	数值型	n..6	V1.0	入仓初验结果

续表

标识符	中文名称	短名	值域	数据类型	数据格式	版本	说明
Impurity	杂质	zz	数值文本	数值型	n..6	V1.0	入仓初验结果
ImperfectGrain	不完善粒	bwsl	数值文本	数值型	n..6	V1.0	入仓初验结果
BulkDensity	容重	rz	数值文本	数值型	n..6	V1.0	入仓初验结果
GrainSize	粮食体积	lstj	数值文本	数值型	n..6	V1.0	粮食体积
StoreTypeCode	保管方式	bgfs	自由文本	字符型	an..50	V1.0	保管方式
StoreTypeName	保管员名称	bgymc	自由文本	字符型	an..50	V1.0	保管员名称
BuildTime	建卡日期	jkrq	自由文本	日期型	YYYY-MM-DD	V1.0	建卡日期
IsFile	是否归档	sfgd	Y/N	字符型	a..1	V1.0	是否归档
FileTime	归档日期	gdrq	自由文本	日期型	YYYY-MM-DD	V1.0	归档日期
Memo	备注	bz	自由文本	字符型	an..5000	V1.0	备注

2）仓房储粮检测记录数据元

说明：记录库区仓房储粮过程中每个储粮档案对应的质量检测数据。

命令名称：LA_ QualityInspection

命令类型：I（新增）、U（修改）、D（删除）

标识符	中文名称	短名	值域	数据类型	数据格式	版本	说明
No	检测编号	jcbh	自由文本	字符型	an..50	V1.0	检测唯一编号
StoreHouseCode	仓房编号	cfbh	自由文本	字符型	an..50	V1.0	参考国家标准
StoreHouseName	仓房名称	cfmc	自由文本	字符型	an..50	V1.0	仓房名称
ArchivesNo	储粮档案编号	cldabh	自由文本	字符型	an..50	V1.0	储粮档案编号
InspectionTime	检测时间	jcsj	自由文本	日期型	YYYY-MM-DD HH：mm：ss	V1.0	检测时间
Water	水分	sf	数值文本	数值型	n..6	V1.0	水分
FattyAcid	脂肪酸值	zfsz	数值文本	数值型	n..6	V1.0	脂肪酸值
ProteinSolubility	蛋白质溶解比率	dbzrjbl	数值文本	数值型	n..6	V1.0	蛋白质溶解比率
WaterAbsorption	面筋吸水量	mjxsl	数值文本	数值型	n..6	V1.0	面筋吸水量
TasteScore	品尝评分值	pcpfz	数值文本	数值型	n..6	V1.0	品尝评分值

标识符	中文名称	短名	值域	数据类型	数据格式	版本	说明
Detail	检查详情	jcxq	自由文本	字符型	an..1000	V1.0	详情说明 检测结果
Inspector	检测人名称	jcrmc	自由文本	字符型	an..50	V1:0	检测人名称
Memo	备注	bz	自由文本	字符型	an..5000	V1.0	备注

3）仓房储粮检测明细数据元

说明：记录粮食存储过程中质检记录数据，主要包括各质检指标的化验结果。

命令名称：LA_ QualityInspectionDetail

命令类型：I（新增）、U（修改）、D（删除）

标识符	中文名称	短名	值域	数据类型	数据格式	版本	说明
BusNo	检测编号	jcbh	自由文本	字符型	an..50	V1.0	仓房储粮检测编号
QualityId	参数编码	csbm	自由文本	字符型	an..32	V1.0	质检参数编码
QualityName	参数名称	csmc	自由文本	字符型	an..32	V1.0	质检参数名称
QValue	质检结果	zjjg	自由文本	字符型	an..32	V1.0	质检结果
Memo	备注	bz	自由文本	字符型	an..1000	V1.0	备注

4）分仓实物保管帐数据元

说明：记录库区各仓库粮食进出库情况，及时显示仓库最新库存数量及数量变化过程。

命令名称：LA_ CustodyAccount

命令类型：I（新增）、U（修改）、D（删除）

标识符	中文名称	短名	值域	数据类型	数据格式	版本	说明
ID	流水码	lsm	自由文本	字符型	an..50	V1.0	流水码
StoreHouseCode	仓房编码	cfbm	自由文本	字符型	an..50	V1.0	参考国家标准
StoreHouseName	仓房名称	cfmc	自由文本	字符型	an..50	V1.0	仓房名称
ArchivesNo	储粮档案编号	cldabh	自由文本	字符型	an..50	V1.0	储粮档案编号
VarietyCode	品种编码	pzbm	参考国家标准	字符型	an..50	V1.0	品种编码
VarietyName	品种名称	pzmc	参考国家标准	字符型	an..50	V1.0	品种名称
GradeName	等级编码	djbm	参考国家标准	字符型	an..50	V1.0	等级编码

续表

标识符	中文名称	短名	值域	数据类型	数据格式	版本	说明
GradeName	等级名称	djmc	参考国家标准	字符型	an..50	V1.0	等级名称
BillDate	记账日期	jzrq	自由文本	日期型	YYYY-MM-DD HH：mm：ss	V1.0	记账日期
PlanNo	计划文件号	jhwjh	自由文本	字符型	an..100	V1.0	计划文件号
DocNo	出入仓依据（单据号）	crcyj	自由文本	字符型	an..100	V1.0	出入仓依据（单据号）
Abstract	摘要	zy	自由文本	字符型	an..1000	V1.0	摘要
InNum	收入数量	srsl	数值文本	数值型	n..6	V1.0	收入数量
OutNum	支出数量	zcsl	数值文本	数值型	n..6	V1.0	支出数量
StoreNum	库存数量	kcsl	数值文本	数值型	n..6	V1.0	库存数量
GrainSD	粮食来源或去向	lslyhqx	自由文本	字符型	an..50	V1.0	粮食来源或去向
Keeper	保管员	bgy	自由文本	字符型	an..50	V1.0	保管员
ReportDate	填表日期	tbrq	自由文本	日期型	YYYY-MM-DD HH：mm：ss	V1.0	填表日期
OrgCode	所属单位编码	ssdwbm	自由文本	字符型	an..50	V1.0	所属单位编码
OrgName	所属单位名称	ssdwmc	自由文本	字符型	an..50	V1.0	所属单位名称
Memo	备注	bz	自由文本	字符型	an..1000	V1.0	备注

5）仓储作业记录信息数据元

说明：记录库区各仓房各种作业记录数据，包括通风记录、熏蒸记录、烘干记录、出入仓记录等。

命令名称：LA_ WarehouseOperation

命令类型：I（新增）、U（修改）、D（删除）

标识符	中文名称	短名	值域	数据类型	数据格式	版本	说明
StorehouseID	仓房编码	cfbm	自由文本	字符型	an..50	V1.0	参考国家标准
StorehouseName	仓房名称	cfmc	自由文本	字符型	an..50	V1.0	仓房名称
SpecialID	储粮档案号	cldah	自由文本	字符型	an..50	V1.0	储粮档案号
VarietyCode	品种编码	pzbm	参考国家标准	字符型	an..50	V1.0	品种编码
VarietyName	品种名称	pzmc	参考国家标准	字符型	an..50	V1.0	品种名称

续表

标识符	中文名称	短名	值域	数据类型	数据格式	版本	说明
WorkType	作业类型	zylx	自由文本	字符型	an..50	V1.0	通风、熏蒸、烘干、仓储检查等
StartTiime	作业起始时间	zyqssj	自由文本	日期型	YYYY-MM-DD HH：mm：ss	V1.0	作业起始时间
EndTime	作业终止时间	zyzzsj	自由文本	日期型	YYYY-MM-DD HH：mm：ss	V1.0	作业终止时间
Reason	作业原因	zyyy	自由文本	字符型	an..500	V1.0	作业原因
Content	作业内容	zynr	自由文本	字符型	an..500	V1.0	作业内容
Detail	作业详情	zyxq	自由文本	字符型	an..1000	V1.0	作业详情
OrgCode	所属单位编码	ssdwbm	自由文本	字符型	an..50	V1.0	参考国家标准
OrgName	所属单位名称	ssdwmc	自由文本	字符型	an..500	V1.0	所属单位名称
Memo	备注	bz	自由文本	字符型	an..1000	V1.0	备注

6）油罐储油档案数据元

说明：记录粮库油罐储油档案的基本信息。

命令名称：LA_ OilArchives

命令类型：I（新增）、U（修改）、D（删除）

标识符	中文名称	短名	值域	数据类型	数据格式	版本	说明
OrgCode	所属单位编码	ssdwbm	自由文本	字符型	an..50	V1.0	参考国家标准
OrgName	所属单位名称	ssdwmc	自由文本	字符型	an..500	V1.0	所属单位名称
OilTankID	油罐编号	ygbh	自由文本	字符型	an..32	V1.0	油罐编号
OilTankName	油罐名称	ygmc	自由文本	字符型	an..50	V1.0	油罐名称
StoreTypeID	储油性质编码	cyxzbm	自由文本	字符型	an..32	V1.0	储油性质编码
StoreTypeName	储油性质名称	cyxzmc	自由文本	字符型	an..32	V1.0	储油性质名称
VarietyID	品种编码	pzbm	参考国家标准	字符型	an..32	V1.0	品种编码
VarietyName	品种名称	pzmc	参考国家标准	字符型	an..32	V1.0	品种名称
Num	数量	sl	数值文本	数值型	n..8	V1.0	数量
Price	价格	jg	数值文本	数值型	n..8	V1.0	价格
ProcessTime	加工时间	jgsj	自由文本	日期型	YYYY-MM-DD HH：mm：ss	V1.0	加工时间
InTime	入库时间	rksj	自由文本	日期型	YYYY-MM-DD HH：mm：ss	V1.0	入库时间
StorePlace	保存地址	bcdz	自由文本	字符型	an..100	V1.0	保存地址

续表

标识符	中文名称	短名	值域	数据类型	数据格式	版本	说明
StoreTime	保存时间	bcsj	自由文本	日期型	YYYY-MM-DD HH：mm：ss	V1.0	保存时间
Moisture	水分	sf	数值文本	数值型	n..8	V1.0	水分
Insoluble	不溶性	brx	数值文本	数值型	n..8	V1.0	不溶性
PH	酸值	sz	数值文本	数值型	n..8	V1.0	酸值
Peroxide	过氧化氢	gyhq	数值文本	数值型	n..8	V1.0	过氧化氢
SolventValue	溶剂值	rjz	数值文本	数值型	n..8	V1.0	溶剂值
GradeID	等级编号	djbh	参考国家标准	字符型	an..32	V1.0	等级编号
GradeName	等级名称	djmc	参考国家标准	字符型	an..32	V1.0	等级名称
OilHeight	罐高	gg	数值文本	数值型	n..8	V1.0	罐高
Storekeeper	保管员	bgy	自由文本	字符型	an..32	V1.0	保管员
LevelHeight	打尺液位高度	dcywgd	数值文本	数值型	n..8	V1.0	打尺液位高度
IniPressure	初始压力	csyl	数值文本	数值型	n..8	V1.0	初始压力
Memo	备注	bz	自由文本	字符型	an..1000	V1.0	备注

7）油罐储油质量检测报告

说明：记录油罐储油质量检测报告详细数据。

命令名称：LA_ OilCheckReports

命令类型：I（新增）、U（修改）、D（删除）

标识符	中文名称	短名	值域	数据类型	数据格式	版本	说明
SerialNo	编号	bh	自由文本	字符型	an..32	V1.0	编号
SpecialCode	质检单号	zjdh	自由文本	字符型	an..32	V1.0	质检单号
GranaryID	填卡单位编码	tkdwbm	自由文本	字符型	an..50	V1.0	填卡单位编码
GranaryName	填卡单位名称	tkdwmc	自由文本	字符型	an..500	V1.0	填卡单位名称
Belongs	保管单位编码	bgdwbm	自由文本	字符型	an..50	V1.0	保管单位编码
BelongsName	保管单位名称	bgdwmc	自由文本	字符型	an..500	V1.0	保管单位名称
OilTankID	油罐编号	ygbh	自由文本	字符型	an..32	V1.0	油罐编号
OilTankName	油罐名称	ygmc	自由文本	字符型	an..50	V1.0	油罐名称
FreightSectionNo	货位编号	hwbh	自由文本	字符型	an..32	V1.0	货位编号
DesignCapacity	罐容	gr	自由文本	字符型	n..8	V1.0	罐容

续表

标识符	中文名称	短名	值域	数据类型	数据格式	版本	说明
StoreNum	储油数量	cysl	自由文本	字符型	n..8	V1.0	储油数量
StoreOilType	储油性质编号	cyxzbh	自由文本	字符型	an..32	V1.0	储油性质编号
StoreOilTypeName	储油性质名称	cyxzmc	自由文本	字符型	an..32	V1.0	储油性质名称
InDiameter	油罐内径	ygnj	自由文本	字符型	n..8	V1.0	油罐内径
VarityID	油脂品种编号	yzpzbh	自由文本	字符型	an..32	V1.0	油脂品种编号
VarityName	油脂品种名称	yzpzmc	自由文本	字符型	an..32	V1.0	油脂品种名称
Price	价位	jw	自由文本	字符型	n..8	V1.0	价位
ProductPlace	产地	cd	自由文本	字符型	an..100	V1.0	产地
ProcessTime	加工时间	jgsj	自由文本	日期型	YYYY-MM-DD HH：mm：ss	V1.0	加工时间
InDateTime	入罐时间	rgsj	自由文本	日期型	YYYY-MM-DD HH：mm：ss	V1.0	入罐时间
StorePlace	储存地点	ccdd	自由文本	字符型	an..100	V1.0	储存地点
Moisture	水分及挥发物	sfjhfw	自由文本	字符型	n..8	V1.0	水分及挥发物
Insoluble	不溶性杂质	brxzz	自由文本	字符型	n..8	V1.0	不溶性杂质
PH	酸值	sz	自由文本	字符型	n..8	V1.0	酸值
Peroxide	过氧化值	gyhz	自由文本	字符型	n..8	V1.0	过氧化值
SolventValue	溶剂残留量	rjcll	自由文本	字符型	n..8	V1.0	溶剂残留量
GradeCode	等级编号	djbh	自由文本	字符型	an..32	V1.0	等级编号
GradeName	等级名称	djmc	自由文本	字符型	an..32	V1.0	等级名称
OilHeight	装由高度	zygd	自由文本	字符型	n..8	V1.0	装由高度
StorageOperatorName	保管员	bgy	自由文本	字符型	an..50	V1.0	保管员
CreateDate	填卡日期	tkrq	自由文本	日期型	YYYY-MM-DD HH：mm：ss	V1.0	填卡日期
InputDateTime	填写时间	txsj	自由文本	日期型	YYYY-MM-DD HH：mm：ss	V1.0	填写时间

8）油罐储油质量检测记录

说明：记录油罐储油质量检测记录详细数据。

命令名称：LA_ OilQualityInspection

命令类型：I（新增）、U（修改）、D（删除）

标识符	中文名称	短名	值域	数据类型	数据格式	版本	说明
SerialNo	编号	bh	自由文本	字符型	an..32	V1.0	编号
SpecialCode	质检单号	zjdh	自由文本	字符型	an..32	V1.0	质检单号
CheckDate	检测日期	jcrq	自由文本	字符型	an..32	V1.0	检测日期
PH	酸值	sz	自由文本	字符型	n..8	V1.0	酸值
Peroxide	过氧化值	gyhz	自由文本	字符型	n..8	V1.0	过氧化值
CheckOperatorName	保管员	bgy	自由文本	字符型	an..50	V1.0	保管员
CreateDate	填卡日期	tkrq	自由文本	日期型	YYYY-MM-DD HH：mm：ss	V1.0	填卡日期
InputDateTime	填写时间	txsj	自由文本	日期型	YYYY-MM-DD HH：mm：ss	V1.0	填写时间

9）油罐作业记录

说明：油罐作业记录明细。

命令名称：LA_ OilOperation

命令类型：I（新增）、U（修改）、D（删除）

标识符	中文名称	短名	值域	数据类型	数据格式	版本	说明
WorkNo	编号	bh	自由文本	字符型	an..32	V1.0	编号
OrgCode	单位编号	dwbh	自由文本	字符型	an..32	V1.0	单位编号
OrgName	单位名称	dwmc	自由文本	字符型	an..32	V1.0	单位名称
OilTankID	油罐编号	ygbh	自由文本	字符型	n..8	V1.0	油罐编号
OilTankName	油罐名称	ygmc	自由文本	字符型	n..8	V1.0	油罐名称
WorkTypeID	作业类型编号	zylxbh	自由文本	字符型	an..32	V1.0	作业类型编号
WorkTypeName	作业类型名称	zylxmc	自由文本	字符型	an..32	V1.0	作业类型名称
ApprovalNO	批文编号	pwbh	自由文本	字符型	an..50	V1.0	批文编号
IOWorkSheetCode	出入库作业单编号	crkzydbh	自由文本	字符型	an..50	V1.0	出入库作业单编号
IOSheetCode	出入库通知单编号	crktzdbh	自由文本	字符型	an..50	V1.0	出入库通知单编号
BeginStockNum	作业前罐内储油数量	zyqgncysl	自由文本	字符型	n..8	V1.0	作业前罐内储油数量
IOOilNum	作业出入油数量	zycrysl	自由文本	字符型	n..8	V1.0	作业出入油数量
BeginLevelValue	作业前液位高度	zyqywgd	自由文本	字符型	n..8	V1.0	作业前液位高度

续表

标识符	中文名称	短名	值域	数据类型	数据格式	版本	说明
BeginHumPressure	作业前油罐压力	zyqygyl	自由文本	字符型	n．．8	V1.0	作业前油罐压力
BeginTime	作业开始时间	zykssj	自由文本	日期型	YYYY-MM-DD HH：mm：ss	V1.0	作业开始时间
ExpectEndTime	作业预计结束时间	zyyjjssj	自由文本	日期型	YYYY-MM-DD HH：mm：ss	V1.0	作业预计结束时间
EndTime	作业结束时间	zyjssj	自由文本	日期型	YYYY-MM-DD HH：mm：ss	V1.0	作业结束时间
ExpectLevelValue	预计液位高度	yjywgd	自由文本	字符型	n．．8	V1.0	预计液位高度
WarningLevelHeight	预警液位高度	yjywgd	自由文本	字符型	n．．8	V1.0	预警液位高度
EndStockNum	作业后罐内储油数量	zyhgncysl	自由文本	字符型	n．．8	V1.0	作业后罐内储油数量
EndLevelValue	作业后实际到达液位高度	zyhsjddywgd	自由文本	字符型	n．．8	V1.0	作业后实际到达液位高度
StatusID	作业状态	zyzt	自由文本	字符型	an．．32	V1.0	作业状态
StatusName	作业状态名称	zyztmc	自由文本	字符型	an．．32	V1.0	作业状态名称
CreateTime	创建时间	cjsj	自由文本	日期型	YYYY-MM-DD HH：mm：ss	V1.0	创建时间

5.3　出入库业务数据元

出入库业务数据元主要是对粮库出入库业务信息进行记录的数据元。

1）出入库记录数据元

说明：记录粮库出入库记录数据。

命令名称：LA_ OutOfStorage

命令类型：I（新增）、U（修改）、D（删除）

标识符	中文名称	短名	值域	数据类型	数据格式	版本	说明
BusNo	业务单号	ywdh	自由文本	字符型	an．．32	V1.0	出入库业务单号
IOTypeName	业务类型	ywlx	入库/出库	字符型	an．．32	V1.0	业务性质
BusDate	业务日期	ywrq	自由文本	日期型	YYYY-MM-DD HH：mm：ss	V1.0	出入库业务发生的日期

续表

标识符	中文名称	短名	值域	数据类型	数据格式	版本	说明
ContractNo	合同编号	htbh	自由文本	字符型	an..32	V1.0	产生业务所属的合同编码
CustomerName	商户名称	shmc	自由文本	字符型	an..32	V1.0	出入库对应的商户名称
Carrier	承运人	cyr	自由文本	字符型	an..32	V1.0	承运人名称
CellPhone	联系电话	lxdh	自由文本	字符型	an..32	V1.0	承运人联系电话
IdentityCard	身份证号	sfzh	自由文本	字符型	an..32	V1.0	承运人身份证号
FullAddress	详细地址	xxdz	自由文本	字符型	an..128	V1.0	承运人详细地址
Vehicle	运输工具	ysgj	自由文本	字符型	an..32	V1.0	汽车/火车/轮船
VehicleNo	车船号	cch	自由文本	字符型	an..32	V1.0	车牌号码、船号等
EntryTime	报岗时间	bgsj	自由文本	日期型	YYYY-MM-DD HH：mm：ss	V1.0	报岗时间
EntryOperatorName	门岗员名称	mgymc	自由文本	字符型	an..32	V1.0	门岗员名称
QualityNo	质检单号	zjdh	自由文本	字符型	an..32	V1.0	质检单号
VarietyCode	品种编码	pzbm	参考国家标准	字符型	an..50	V1.0	品种编码
VarietyName	品种名称	pzmc	参考国家标准	字符型	an..50	V1.0	品种名称
GradeName	等级编码	djbm	参考国家标准	字符型	an..50	V1.0	等级编码
GradeName	等级名称	djmc	参考国家标准	字符型	an..50	V1.0	等级名称
GrainYear	收获年度	shnd	自由文本	字符型	an..32	V1.0	收获年度
StorehouseCode	仓房编码	cfbm	自由文本	字符型	an..50	V1.0	参考国家标准
StorehouseName	仓房名称	cfmc	自由文本	字符型	an..50	V1.0	仓房名称
ProdPlace	产地	cd	自由文本	字符型	an..32	V1.0	粮食产地
Advise	检验结果	jyjg	自由文本	字符型	an..128	V1.0	检验结果
QualityCutWeight	质检扣量	zjkl	数值文本	数值型	n..18,4	V1.0	质检扣量
QYOperator	扦样员	qyy	自由文本	字符型	an..32	V1.0	扦样员
QYTime	扦样时间	qysj	自由文本	日期型	YYYY-MM-DD HH：mm：ss	V1.0	扦样时间

续表

标识符	中文名称	短名	值域	数据类型	数据格式	版本	说明
ZJOperator	检验员	jyy	自由文本	字符型	an. . 32	V1.0	检验员
ZJTime	质检时间	zjsj	自由文本	日期型	YYYY-MM-DD HH：mm：ss	V1.0	质检时间
GrossWeight	毛重	mz	数值文本	数值型	n. . 18, 4	V1.0	毛重
GrossLooker	毛重监磅员	mzjby	自由文本	字符型	an. . 32	V1.0	毛重监磅员
GrossTime	毛重称重时间	mzczsj	自由文本	日期型	YYYY-MM-DD HH：mm：ss	V1.0	毛重称重时间
GrossOperatorName	毛重称重员	mzczy	自由文本	字符型	an. . 32	V1.0	毛重称重员
Looker	监视员	jsy	自由文本	字符型	an. . 32	V1.0	监视员
StorekeeperCutType	保管员扣量方式	bgyklfs	扣量/扣价	字符型	an. . 32	V1.0	保管员扣量方式
StorekeeperCut	保管员扣量	bgykl	数值文本	数值型	n. . 18, 4	V1.0	保管员扣量
VerifyOperatorName	保管员名称	bgymc	自由文本	字符型	an. . 32	V1.0	保管员名称
VerifyTime	确认时间	qrsj	自由文本	日期型	YYYY-MM-DD HH：mm：ss	V1.0	确认时间
TareWeight	皮重	pz	数值文本	数值型	n. . 18, 4	V1.0	皮重
TareLooker	皮重监磅员	pzjby	自由文本	字符型	an. . 32	V1.0	皮重监磅员
TareTime	皮重称重时间	pzczsj	自由文本	日期型	YYYY-MM-DD HH：mm：ss	V1.0	皮重称重时间
TareOperatorName	皮重称重员名称	pzczymc	自由文本	字符型	an. . 32	V1.0	皮重称重员名称
CutWeight	现场扣量	xckl	数值文本	数值型	n. . 18, 4	V1.0	现场扣量
NetWeight	净重	jz	数值文本	数值型	n. . 18, 4	V1.0	净重
JSWeight	结算数量	jssl	数值文本	数值型	n. . 18, 4	V1.0	结算数量
JSPrice	结算价格	jsjg	数值文本	数值型	n. . 18, 4	V1.0	结算价格
JSMoney	结算金额	jsje	数值文本	数值型	n. . 18, 4	V1.0	结算金额
JSTime	结算时间	jssj	自由文本	日期型	YYYY-MM-DD HH：mm：ss	V1.0	结算时间
JSOperatorName	结算人员名称	jsrymc	自由文本	字符型	an. . 32	V1.0	结算人员名称
OutTime	出门时间	cmsj	自由文本	日期型	YYYY-MM-DD HH：mm：ss	V1.0	出门时间
OutOperatorName	门岗员名称	mgymc	自由文本	字符型	an. . 32	V1.0	门岗员名称
OrgCode	所属单位编码	ssdwbm	自由文本	字符型	an. . 50	V1.0	参考国家标准
OrgName	所属单位名称	ssdwmc	自由文本	字符型	an. . 500	V1.0	所属单位名称
Memo	备注	bz	自由文本	字符型	an. . 1000	V1.0	备注

2）出入库质检结果数据元

说明：记录出入库过程中质检记录数据，主要包括各质检指标的化验结果。

命令名称：LA_ QualityInspectionResult

命令类型：I（新增）、U（修改）、D（删除）

标识符	中文名称	短名	值域	数据类型	数据格式	版本	说明
BusNo	业务单号	ywdh	自由文本	字符型	an..32	V1.0	出入库业务单号
QualityId	参数编码	csbm	自由文本	字符型	an..32	V1.0	质检参数编码
QualityName	参数名称	csmc	自由文本	字符型	an..32	V1.0	质检参数名称
QValue	质检结果	zjjg	自由文本	字符型	an..32	V1.0	质检结果
CutValue	实际扣量	sjkl	数值文本	数值型	n..18,4	V1.0	入库过程中由于质检结果导致实际扣量
Memo	备注	bz	自由文本	字符型	an..1000	V1.0	备注

3）出入库业务图片数据元

说明：记录出入库过程中对应的拍照图片数据。

命令名称：LA_ WarehousingBusinessImage

命令类型：I（新增）、U（修改）、D（删除）

标识符	中文名称	短名	值域	数据类型	数据格式	版本	说明
BusNo	业务编号	ywbh	自由文本	字符型	an..32	V1.0	出入库业务编号
BusTypeCode	业务类型编码	ywlxbm	001/002/003/004/005/006/007/008/009	字符型	an..50	V1.0	业务类型编码
BusTypeName	业务类型名称	ywlxmc	报岗/扦样/质检/毛重/入仓/出仓/皮重/结算/出门	字符型	an..50	V1.0	业务类型名称
ImageName	图片名称	tpmc	自由文本	字符型	an..500	V1.0	图片名称
ImageAddress	图片地址	tpdz	自由文本	字符型	an..500	V1.0	图片地址
ImageContent	图片内容	tpnr	自由文本	字符型	an..1000	V1.0	图片内容
IsUpload	是否已上传	sfysc	Y/N	字符型	a..1	V1.0	标识该图片是否已经上传
Memo	备注	bz	自由文本	字符型	an..1000	V1.0	备注

5.4　粮情测控数据元

粮情测控数据元主要是根据粮库仓房粮情检测记录进行存储的数据元，包括测温、测湿、虫害、气体检测等数据。

需要粮库提供粮情测控接口，可以通过远程访问进行粮情的检测。

1）仓房线缆数据元

说明：记录粮库仓房测温线缆的基本布置数据，包括层数、行号、列号等。

命令名称：LA_ StoreHouseCable

命令类型：I（新增）、U（修改）、D（删除）

标识符	中文名称	短名	值域	数据类型	数据格式	版本	说明
OrgCode	所属单位编码	ssdwbm	自由文本	字符型	an..50	V1.0	参考国家标准
OrgName	所属单位名称	ssdwmc	自由文本	字符型	an..500	V1.0	所属单位名称
StorehouseCode	仓房编码	cfbm	自由文本	字符型	an..50	V1.0	参考国家标准
StorehouseName	仓房名称	cfmc	自由文本	字符型	an..50	V1.0	仓房名称
RowIndex	线缆行（圈）号	xlhh	数值文本	数值型	n..4	V1.0	线缆行（圈）号
ColIndex	线缆列号	xllh	数值文本	数值型	n..4	V1.0	线缆列号
CableNo	线缆编号	xlbh	数值文本	数值型	n..4	V1.0	线缆编号
LayerCount	线缆层数	xlcs	数值文本	数值型	n..4	V1.0	线缆层数
Memo	备注	bz	自由文本	字符型	an..1000	V1.0	备注

2）仓房粮情检测数据元

说明：记录粮库仓房测温记录及害虫检测记录。

命令名称：LA_ StoreHouseGrainInspection

命令类型：I（新增）、U（修改）、D（删除）

标识符	中文名称	短名	值域	数据类型	数据格式	版本	说明
SerialNO	测温编号	cwbh	自由文本	字符型	an..32	V1.0	测温编号
OrgCode	所属单位编码	ssdwbm	自由文本	字符型	an..50	V1.0	参考国家标准
OrgName	所属单位名称	ssdwmc	自由文本	字符型	an..500	V1.0	所属单位名称
StorehouseCode	仓房编码	cfbm	自由文本	字符型	an..50	V1.0	参考国家标准
StorehouseName	仓房名称	cfmc	自由文本	字符型	an..50	V1.0	仓房名称
ArchivesNo	储粮档案编号	cldabh	自由文本	字符型	an..50	V1.0	储粮档案编号

续表

标识符	中文名称	短名	值域	数据类型	数据格式	版本	说明
HT	测温点最高温度	cwdzgwd	数值文本	数值型	n. . 4	V1.0	测温点最高温度
LT	测温点最低温度	cwdzdwd	数值文本	数值型	n. . 4	V1.0	测温点最低温度
AT	测温点平均温度	cwdpjwd	数值文本	数值型	n. . 4	V1.0	测温点平均温度
HH	最高湿度	zgsd	数值文本	数值型	n. . 4	V1.0	最高湿度
LH	最低湿度	zdsd	数值文本	数值型	n. . 4	V1.0	最低湿度
AH	平均湿度	pjsd	数值文本	数值型	n. . 4	V1.0	平均湿度
InT	仓内空气温度	cnkqwd	数值文本	数值型	n. . 4	V1.0	仓内空气温度
InH	仓内空气湿度	cnkqsd	数值文本	数值型	n. . 4	V1.0	仓内空气湿度
OutT	仓外空气温度	cwkqwd	数值文本	数值型	n. . 4	V1.0	仓外空气温度
OutH	仓外空气湿度	cwkqsd	数值文本	数值型	n. . 4	V1.0	仓外空气湿度
TData	检测温度数据	jcwdsj	自由文本	字符型	an. . 8000	V1.0	检测湿度数据拼接字符串,体拼接规则请参考国家标准
HData	检测湿度数据	jcsdsj	自由文本	字符型	an. . 8000	V1.0	检测湿度数据拼接字符串,体拼接规则请参考国家标准
CheckTime	测温时间	cwsj	自由文本	日期型	YYYY-MM-DD HH:mm:ss	V1.0	测温时间
OperatorName	检测人名称	jcrmc	自由文本	字符型	an. . 50	V1.0	检测人名称
ResultCode	测温结果编码	cwjgbm	001/002/003	字符型	an. . 32	V1.0	测温结果编码
ResultName	测温结果名称	cwjgmc	测温成功/测温失败/测试异常	字符型	an. . 50	V1.0	测温结果名称
StatusCode	粮温分析结果编码	lwfxjgbm	001/002/003	字符型	an. . 32	V1.0	粮温分析结果编码

续表

标识符	中文名称	短名	值域	数据类型	数据格式	版本	说明
StatusName	粮温分析结果名称	lwfxjgmc	正常/高温/异常	字符型	an..50	V1.0	粮温分析结果名称
PestKind	害虫种类	hczl	自由文本	字符型	an..500	V1.0	害虫种类
PestDensity	害虫密度（头/公斤）	hcmd	数值文本	数值型	n..4	V1.0	害虫密度（头/公斤）
MainPestName	主要害虫名称	zyhcmc	自由文本	字符型	an..100	V1.0	主要害虫名称：玉米象、米象、谷蠹、大谷盗、绿豆象、豌豆象、蚕豆象、咖啡豆象、麦蛾、印度谷蛾
MainPestDensity	主要害虫密度（头/公斤）	zyhcmd	数值文本	数值型	n..4	V1.0	主要害虫密度（头/公斤）
PestGrainGrade	虫粮等级	cldj	自由文本	字符型	an..50	V1.0	虫粮等级：基本无虫粮、一般虫粮、严重虫粮、危险虫粮
OxygenConcentration	氧气浓度	yqnd	数值文本	数值型	n..4	V1.0	氧气浓度
PhosphineConcentration	磷化氢浓度	lhqnd	数值文本	数值型	n..4	V1.0	磷化氢浓度
NitrogenConcentration	氮气浓度	dqnd	数值文本	数值型	n..4	V1.0	氮气浓度
ReportNo	报备编号	bbbh	自由文本	字符型	an..32	V1.0	报备编号
Memo	备注	bz	自由文本	字符型	an..1000	V1.0	备注

3）粮情监测报备数据元

说明：当粮库仓房粮情监测设备无法进行粮情检测时，通过本数据元进行记录，说明无法检测的原因及开始结束时间。

命令名称：LA_ GrainFilingEquipment

命令类型：I（新增）、U（修改）、D（删除）

标识符	中文名称	短名	值域	数据类型	数据格式	版本	说明
SerialNo	报备编号	bbbh	自由文本	字符型	an..32	V1.0	报备编号
OrgCode	所属单位编码	ssdwbm	自由文本	字符型	an..50	V1.0	参考国家标准
OrgName	所属单位名称	ssdwmc	自由文本	字符型	an..500	V1.0	所属单位名称
StorehouseCode	仓房编码	cfbm	自由文本	字符型	an..50	V1.0	参考国家标准
StorehouseName	仓房名称	cfmc	自由文本	字符型	an..50	V1.0	仓房名称
ReportTypeID	报备类型编码	bblxbm	自由文本	字符型	an..32	V1.0	报备类型编码
ReportTypeName	报备类型名称	bblxmc	自由文本	字符型	an..50	V1.0	报备类型名称
Content	报备详情	bbxq	自由文本	字符型	an..1000	V1.0	无法测温的原因详细说明
StartTime	报备开始时间	bbkssj	自由文本	日期型	YYYY-MM-DD HH：mm：ss	V1.0	报备开始时间
EndTime	报备结束时间	bbjssj	自由文本	日期型	YYYY-MM-DD HH：mm：ss	V1.0	报备结束时间
OperaterCode	报备人编号	bbrbh	自由文本	字符型	an..32	V1.0	报备人编号
OperaterName	报备人名称	bbrmc	自由文本	字符型	an..50	V1.0	报备人名称
OperateTime	报备时间	bbsj	自由文本	日期型	YYYY-MM-DD HH：mm：ss	V1.0	报备时间
Memo	备注	bz	自由文本	字符型	an..1000	V1.0	备注

4）粮情监测图片数据元

说明：如仓内安装有监控设备，应在监测时记录当时仓房情景，使用该监控设备进行拍照记录。

命令名称：LA_ MonitoringPicture

命令类型：I（新增）、U（修改）、D（删除）

标识符	中文名称	短名	值域	数据类型	数据格式	版本	说明
CheckDataNo	测温编号	cwbh	自由文本	字符型	an..50	V1.0	测温编号
DeviceNo	监管设备编号	jgsbbh	自由文本	字符型	an..50	V1.0	监管设备编号
DvrNo	DVR 编号	dvrbh	自由文本	字符型	an..50	V1.0	DVR 编号
MonitorChannelNo	监控通道号	jktdh	自由文本	字符型	an..50	V1.0	监控通道号
ChannelName	通道名称	tdmc	自由文本	字符型	an..50	V1.0	通道名称
PicName	图片名称	tpmc	自由文本	字符型	an..50	V1.0	图片名称
PicPath	图片地址	tpdz	自由文本	字符型	an..500	V1.0	图片地址
IsUpload	是否已上传	sfysc	Y/N	字符型	a..1	V1.0	标识该图片是否已经上传
Memo	备注	bz	自由文本	字符型	an..5000	V1.0	备注

5.5　油情测控数据元

油情测控数据元主要是根据粮库油罐液位高度及温度的检测进行记录的数据元。

1）油罐液位数据元

说明：记录油罐液位的详细数据。

命令名称：LA_ TankLevel

命令类型：I（新增）、U（修改）、D（删除）

标识符	中文名称	短名	值域	数据类型	数据格式	版本	说明
SerialNo	液位编号	ywbh	自由文本	字符型	an. . 32	V1.0	液位编号
BatchSerialNo	液位批次编号	ywpcbh	自由文本	字符型	an. . 32	V1.0	液位批次编号
OrgCode	所属单位编码	ssdwbm	自由文本	字符型	an. . 50	V1.0	参考国家标准
OrgName	所属单位名称	ssdwmc	自由文本	字符型	an. . 500	V1.0	所属单位名称
OilTankId	油罐编号	ygbh	自由文本	字符型	an. . 32	V1.0	油罐编号
OilTankName	油罐名称	ygmc	自由文本	字符型	an. . 50	V1.0	油罐名称
Leval	液位	yw	数值文本	数值型	n. . 8	V1.0	液位
CheckTime	检测时间	jcsj	自由文本	日期型	YYYY-MM-DD HH：mm：ss	V1.0	检测时间
OperatorID	检测人	jcr	自由文本	字符型	an. . 32	V1.0	检测人
Memo	备注	bz	自由文本	字符型	an. . 1000	V1.0	备注

2）油罐温度数据元

说明：记录油罐温度的详细数据。

命令名称：LA_ TankTemperature

命令类型：I（新增）、U（修改）、D（删除）

标识符	中文名称	短名	值域	数据类型	数据格式	版本	说明
SerialNo	测温编号	cwbh	自由文本	字符型	an. . 32	V1.0	测温编号
OrgCode	所属单位编码	ssdwbm	自由文本	字符型	an. . 50	V1.0	参考国家标准
OrgName	所属单位名称	ssdwmc	自由文本	字符型	an. . 500	V1.0	所属单位名称
OilTankId	油罐编号	ygbh	自由文本	字符型	an. . 32	V1.0	油罐编号
OilTankName	油罐名称	ygmc	自由文本	字符型	an. . 50	V1.0	油罐名称
HT	最高温度	zgwd	数值文本	数值型	n. . 4	V1.0	最高温度
LT	最低温度	zdwd	数值文本	数值型	n. . 4	V1.0	最低温度
AT	平均温度	pjwd	数值文本	数值型	n. . 4	V1.0	平均温度
HH	最高湿度	zgsd	数值文本	数值型	n. . 4	V1.0	最高湿度
LH	最低湿度	zdsd	数值文本	数值型	n. . 4	V1.0	最低湿度

续表

标识符	中文名称	短名	值域	数据类型	数据格式	版本	说明
AH	平均湿度	pjsd	数值文本	数值型	n..4	V1.0	平均湿度
InT	罐内空气温度	gnkqwd	数值文本	数值型	n..4	V1.0	罐内空气温度
InH	罐内空气湿度	gnkqsd	数值文本	数值型	n..4	V1.0	罐内空气湿度
OutT	罐外空气温度	gwkqwd	数值文本	数值型	n..4	V1.0	罐外空气温度
OutH	罐外空气湿度	gwkqsd	数值文本	数值型	n..4	V1.0	罐外空气湿度
CheckTime	检测时间	jcsj	自由文本	日期型	YYYY-MM-DD HH：mm：ss	V1.0	检测时间
OperatorId	检测人	jcr	自由文本	字符型	an..32	V1.0	检测人
StandardLevel	标准液位高度	bzywgd	数值文本	数值型	n..8	V1.0	标准液位高度
Memo	备注	bz	自由文本	字符型	an..1000	V1.0	备注

3）油罐温度明细数据元

说明：记录油罐温度明细的详细数据。

命令名称：LA_ TankTemperatureDetail

命令类型：I（新增）、U（修改）、D（删除）

标识符	中文名称	短名	值域	数据类型	数据格式	版本	说明
SerialNo	测温编号	cwbh	自由文本	字符型	an..32	V1.0	测温编号
LayerID	层号	ch	数值文本	数值型	n..4	V1.0	层号
TData	温度	wd	自由文本	字符型	an..1000	V1.0	温度
HData	湿度	sd	自由文本	字符型	an..1000	V1.0	湿度
HT	最高温度	zgwd	数值文本	数值型	n..4	V1.0	最高温度
LT	最低温度	zdwd	数值文本	数值型	n..4	V1.0	最低温度
AT	平均温度	pjwd	数值文本	数值型	n..4	V1.0	平均温度
HH	最高湿度	zgsd	数值文本	数值型	n..4	V1.0	最高湿度
LH	最低湿度	zdsd	数值文本	数值型	n..4	V1.0	最低湿度
AH	平均湿度	pjsd	数值文本	数值型	n..4	V1.0	平均湿度
Time	检测时间	jcsj	自由文本	日期型	YYYY-MM-DD HH：mm：ss	V1.0	检测时间

5.6 智能安防数据元

智能安防数据元主要是根据粮库安防信息进行记录的数据元，包括硬盘录像机、监测摄像头等数据。

需要粮库提供库区监控摄像头的布局 CAD 图，图上应标识所有摄像头的具体位置坐标及标识，标识可以是名称、Ip 地址等。

1）硬盘录像机数据元

说明：记录粮库硬盘录像机的基本信息，包括 IP、端口、用户名、密码等数据。

命令名称：LA_ DVRInfo

命令类型：I（新增）、U（修改）、D（删除）

标识符	中文名称	短名	值域	数据类型	数据格式	版本	说明
No	设备序号	sbxh	数值文本	字符型	an..50	V1.0	设备序号
DVRCode	设备编码	sbbm	自由文本	字符型	an..50	V1.0	参考国家标准
DVRName	设备名称	sbmc	自由文本	字符型	an..50	V1.0	设备名称
DVRAliasName	设备别名	sbbm	自由文本	字符型	an..50	V1.0	设备别名
DVRTypeCode	设备类型编码	sblxbm	001/002	字符型	an..50	V1.0	001：DVR 002：NVR
DVRTypeName	设备类型名称	sblxmc	DVR/NVR	字符型	an..50	V1.0	DVR、NVR
OrgCode	所属单位编码	ssdwbm	自由文本	字符型	an..50	V1.0	参考国家标准
OrgName	所属单位名称	ssdwmc	自由文本	字符型	an..50	V1.0	所属单位名称
DVRManufacturer	设备厂商	sbcs	自由文本	字符型	an..100	V1.0	设备厂商
DVRModel	设备型号	sbxh	自由文本	字符型	an..50	V1.0	设备型号
DVRSerial	设备序列号	sbxlh	自由文本	字符型	an..50	V1.0	设备序列号
DVRIP	设备 IP 地址	sbipdz	自由文本	字符型	an..50	V1.0	设备 IP 地址
DVRPort	设备端口号	sbdkh	自由文本	字符型	an..50	V1.0	设备端口号
SubnetMask	设备子网掩码	sbzwym	自由文本	字符型	an..50	V1.0	设备子网掩码
Gateway	设备网关地址	sbwgdz	自由文本	字符型	an..50	V1.0	设备网关地址
DVRLoginCode	设备登录代码	sbdldm	自由文本	字符型	an..50	V1.0	设备登录代码
DVRLoginPassword	设备登录密码	sbdlmm	自由文本	字符型	an..50	V1.0	设备登录密码
DVRInfo	设备详情	sbxq	自由文本	字符型	an..1000	V1.0	设备详情
Memo	备注	bz	自由文本	字符型	an..1000	V1.0	备注

2）视频监控设备数据元

说明：记录粮库所有摄像头的基本信息。

命令名称：LA_ CameraInfo

命令类型：I（新增）、U（修改）、D（删除）

标识符	中文名称	短名	值域	数据类型	数据格式	版本	说明
No	设备序号	sbxh	自由文本	字符型	an..50	V1.0	监控设备序号
DVRNo	硬盘录像机序号	yplxjxh	自由文本	字符型	an..50	V1.0	硬盘录像机序号
DVRCode	硬盘录像机 设备编码	yplxjsbbm	自由文本	字符型	an..50	V1.0	硬盘录像机 设备编码

续表

标识符	中文名称	短名	值域	数据类型	数据格式	版本	说明
ChannelNo	通道编号	tdbh	自由文本	字符型	an..50	V1.0	通道编号
ChannelName	通道别名	tdbm	自由文本	字符型	an..50	V1.0	通道别名
Code	监控设备编码	jksbbm	自由文本	字符型	an..50	V1.0	参考国家标准
Name	监控设备名称	jksbmc	自由文本	字符型	an..50	V1.0	监控设备名称
OrgCode	所属单位编码	ssdwbm	自由文本	字符型	an..50	V1.0	参考国家标准
OrgName	所属单位名称	ssdwmc	自由文本	字符型	an..50	V1.0	所属单位名称
DVRManufacturer	设备厂商	sbcs	自由文本	字符型	an..50	V1.0	设备厂商
DVRModel	设备型号	sbxh	自由文本	字符型	an..50	V1.0	设备型号
DVRSerial	设备序列号	sbxlh	自由文本	字符型	an..50	V1.0	设备序列号
Location	安装位置	azwz	自由文本	字符型	an..500	V1.0	例如：几号仓东北角1号球机器；大门口左上2号枪机
Jurisdiction	照射区域	zsqy	自由文本	字符型	an..500	V1.0	照射区域
IsLight	是否安装补光灯	sfazbgd	Y/N	字符型	a..1	V1.0	是否安装补光灯
IsHourse	是否仓内	sfcn	Y/N	字符型	a..1	V1.0	是否仓内
HouseID	仓房编码	cfbm	自由文本	字符型	an..50	V1.0	参考国家标准
ChannelTypeCode	摄像机类型编码	sxjlxbm	001/002	字符型	an..50	V1.0	001：枪机 002：球机
ChannelTypeName	摄像机类型名称	sxjlxmc	枪机/球机	字符型	an..50	V1.0	枪机、球机
ChannelIP	设备IP地址	sbipdz	自由文本	字符型	an..50	V1.0	设备IP地址
ChannelPort	设备端口号	sbdkh	自由文本	字符型	an..50	V1.0	设备端口号
SubnetMask	设备子网掩码	sbzwym	自由文本	字符型	an..50	V1.0	设备子网掩码
Gateway	设备网关地址	sbwgdz	自由文本	字符型	an..50	V1.0	设备网关地址
LoginCode	设备登录代码	sbdldm	自由文本	字符型	an..50	V1.0	设备登录代码
LoginPassword	设备登录密码	sbdlmm	自由文本	字符型	an..50	V1.0	设备登录密码
Memo	备注	bz	自由文本	字符型	an..50	V1.0	备注

3）拍照上传信息数据元

说明：记录监控设备拍照、录像等基本信息。

命令名称：LA_ CameraPhoto

命令类型：I（新增）、U（修改）、D（删除）

标识符	中文名称	短名	值域	数据类型	数据格式	版本	说明
No	拍照编号	pzbh	自由文本	字符型	an..50	V1.0	拍照编号
TakeTypeNo	拍照类型编码	pzlxbm	001/002	字符型	an..50	V1.0	001：图片 002：视频
TakeTypeName	拍照类型名称	pzlxmc	图片/视频	字符型	an..50	V1.0	图片/视频
CapturModeNo	拍照方式编码	pzfsbm	001/002	字符型	an..50	V1.0	001：手动 002：自动
CapturModeName	拍照方式名称	pzfsmc	手动/自动	字符型	an..50	V1.0	手动/自动
OrgCode	所属单位编码	ssdwbm	自由文本	字符型	an..50	V1.0	参考国家标准
OrgName	所属单位名称	ssdwmc	自由文本	字符型	an..50	V1.0	所属单位名称
DVRNo	硬盘录像机编号	yplxjbh	自由文本	字符型	an..50	V1.0	硬盘录像机编号
VideoEquipmentNo	视频设备编号	spsbbh	自由文本	字符型	an..50	V1.0	视频设备编号
Time	拍照时间	pzsj	自由文本	日期型	YYYY-MM-DD HH：mm：ss	V1.0	拍照时间
FilePath	拍照存放地址	pzcfdz	自由文本	字符型	an..500	V1.0	拍照存放地址
FileName	拍照名称	pzmc	自由文本	字符型	an..50	V1.0	拍照名称
IsUpload	是否已上传	sfysc	Y/N	字符型	a..1	V1.0	标识该图片是否经上传
Memo	备注	bz	自由文本	字符型	an..1000	V1.0	备注

4）监控报警信息数据元

说明：记录监控设备报警信息，包括移动侦测、遮挡报警等。

命令名称：LA_ CameraWarning

命令类型：I（新增）、U（修改）、D（删除）

标识符	中文名称	短名	值域	数据类型	数据格式	版本	说明
No	报警编号	bjbh	自由文本	字符型	an..50	V1.0	报警编号
OrgCode	所属单位编码	ssdwbm	自由文本	字符型	an..50	V1.0	参考国家标准
OrgName	所属单位名称	ssdwmc	自由文本	字符型	an..50	V1.0	所属单位名称
DVRNo	硬盘录像机编号	yplxjbh	自由文本	字符型	an..50	V1.0	硬盘录像机编号

续表

标识符	中文名称	短名	值域	数据类型	数据格式	版本	说明
VideoEquipmentNo	视频设备编号	spsbbh	自由文本	字符型	an..50	V1.0	视频设备编号
WarningTypeNo	报警类型编码	bjlxbm	001/002	字符型	an..50	V1.0	001：遮挡报警 002：移动侦测
WarningTypeName	报警类型名称	bjlxmc	遮挡报警/移动侦测	字符型	an..50	V1.0	报警类型名称
WarningTime	报警时间	bjsj	自由文本	日期型	YYYY-MM-DD HH：mm：ss	V1.0	报警时间
FileName	照片名	zpm	自由文本	字符型	an..50	V1.0	照片名
FilePath	照片路径	zplj	自由文本	字符型	an..500	V1.0	照片路径
IsUpload	是否已上传	sfysc	Y/N	字符型	a..1	V1.0	标识该图片是否经上传
Memo	备注	bz	自由文本	字符型	an..1000	V1.0	备注

5.7 智能通风数据元

智能通风数据元主要是根据粮库仓房通知作业的情况进行记录的数据元，包括通风设备情况、通风作业情况等。

1）通风设备数据元

说明：记录粮库仓房通风设备基本信息。

命令名称：LA_ AerationDevice

命令类型：I（新增）、U（修改）、D（删除）

标识符	中文名称	短名	值域	数据类型	数据格式	版本	说明
No	设备编号	sbbh	自由文本	字符型	an..50	V1.0	设备编号
Code	设备编码	sbbm	自由文本	字符型	an..50	V1.0	设备编码
Name	设备名称	sbmc	自由文本	字符型	an..500	V1.0	设备名称
TypeCode	设备类型编码	sblxbm	自由文本	字符型	an..50	V1.0	设备类型编码
TypeName	设备类型名称	sblxmc	自由文本	字符型	an..50	V1.0	设备类型名称
Location	安装位置	azwz	自由文本	字符型	an..500	V1.0	例如：几号仓东门左侧墙上
OrgCode	所属单位编码	ssdwbm	自由文本	字符型	an..50	V1.0	参考国家标准
OrgName	所属单位名称	ssdwmc	自由文本	字符型	an..500	V1.0	所属单位名称
Manufacturer	设备厂商	sbcs	自由文本	字符型	an..500	V1.0	设备厂商
Model	设备型号	sbxh	自由文本	字符型	an..500	V1.0	设备型号
Power	功率大小	gldx	自由文本	字符型	an..50	V1.0	功率大小
WorkModel	工作模式	gzms	自由文本	字符型	an..50	V1.0	工作模式

续表

标识符	中文名称	短名	值域	数据类型	数据格式	版本	说明
HouseCode	仓房编码	cfbm	自由文本	字符型	an..50	V1.0	参考国家标准
HouseName	仓房名称	cfmc	自由文本	字符型	an..50	V1.0	仓房名称
StatusCode	设备状态编码	sbztbm	001/002/003/004	字符型	n..3	V1.0	设备状态编码
StatusName	设备状态名称	sbztmc	正常/维护/维修/报废	字符型	an..4	V1.0	正常、维护、维修、报废
Memo	备注	bz	自由文本	字符型	an..1000	V1.0	备注

2）通风设备使用记录数据元

说明：记录通风设备使用记录情况数据。

命令名称：LA_ AerationDeviceUseRecord

命令类型：I（新增）、U（修改）、D（删除）

标识符	中文名称	短名	值域	数据类型	数据格式	版本	说明
ID	记录流水	jlls	自由文本	字符型	an..50	V1.0	记录流水
DevNo	设备编号	sbbh	自由文本	字符型	an..50	V1.0	设备编号
StartTime	使用开始时间	sykssj	自由文本	日期型	YYYY-MM-DD HH：mm：ss	V1.0	使用开始时间
EndTime	使用结束时间	syjssj	自由文本	日期型	YYYY-MM-DD HH：mm：ss	V1.0	使用结束时间
TimeLength	使用时长	sysc	自由文本	字符型	an..50	V1.0	使用时长
PowerConsumption	耗电量	hdl	自由文本	字符型	an..50	V1.0	耗电量
Detail	使用详情	syxq	自由文本	字符型	an..1000	V1.0	使用详情
VentilateNo	通风作业记录编码	tfzyjlbm	自由文本	字符型	an..50	V1.0	通风作业记录编码
Time	记录时间	jlsj	自由文本	日期型	YYYY-MM-DD HH：mm：ss	V1.0	记录时间
Memo	备注	bz	自由文本	字符型	an..1000	V1.0	备注

3）通风设备维护记录数据元

说明：记录通风设备维护记录数据。

命令名称：LA_ AerationDeviceMaintainRecord

命令类型：I（新增）、U（修改）、D（删除）

标识符	中文名称	短名	值域	数据类型	数据格式	版本	说明
ID	记录流水	jlls	自由文本	字符型	an. . 50	V1.0	记录流水
DevNo	设备编号	sbbh	自由文本	字符型	an. . 50	V1.0	设备编号
TypeCode	维护类型编码	whlxbm	001/002/003	字符型	an. . 50	V1.0	维护/维修/报废
TypeName	维护类型名称	whlxmc	维护/维修/报废	字符型	an. . 50	V1.0	维护/维修/报废
Reason	维护原因	whyy	自由文本	字符型	an. . 500	V1.0	维护原因
StartTime	维护开始时间	whkssj	自由文本	日期型	YYYY-MM-DD HH：mm：ss	V1.0	维护开始时间
EndTime	维护结束时间	whjssj	自由文本	日期型	YYYY-MM-DD HH：mm：ss	V1.0	维护结束时间
Detail	维护详情	whxq	自由文本	字符型	an. . 1000	V1.0	维护详情
Memo	备注	bz	自由文本	字符型	an. . 1000	V1.0	备注

4）仓房通风记录数据元

说明：记录仓房通风记录数据。

命令名称：LA_ AerationRecord

命令类型：I（新增）、U（修改）、D（删除）

标识符	中文名称	短名	值域	数据类型	数据格式	版本	说明
No	通风记录编码	tfjlbm	自由文本	字符型	an. . 50	V1.0	通风记录编码
HouseCode	仓房编码	cfbm	自由文本	字符型	an. . 50	V1.0	仓房编码
HouseName	仓房名称	cfmc	自由文本	字符型	an. . 50	V1.0	仓房名称
ArchivesNo	储粮档案编码	cldabm	自由文本	字符型	an. . 50	V1.0	储粮档案编码
GrainProperty	储粮性质	clxz	自由文本	字符型	an. . 50	V1.0	储粮性质
Variety	储粮品种	clpz	自由文本	字符型	an. . 50	V1.0	储粮品种
VarietyCode	品种编码	pzbm	参考国家标准	字符型	an. . 50	V1.0	品种编码
VarietyName	品种名称	pzmc	参考国家标准	字符型	an. . 50	V1.0	品种名称
GradeName	等级编码	djbm	参考国家标准	字符型	an. . 50	V1.0	等级编码
GradeName	等级名称	djmc	参考国家标准	字符型	an. . 50	V1.0	等级名称
Mode	通风模式	tfms	自由文本	字符型	an. . 50	V1.0	通风模式
StartTime	通风开启时间	tfkqsj	自由文本	日期型	YYYY-MM-DD HH：mm：ss	V1.0	通风开启时间
EndTime	通风关闭时间	tfgbsj	自由文本	日期型	YYYY-MM-DD HH：mm：ss	V1.0	通风关闭时间
Detail	通风作业详情	tfzyxq	自由文本	字符型	an. . 1000	V1.0	通风作业详情
BeforeNo	通风前粮情数据编码	tfqlqsjbm	自由文本	字符型	an. . 50	V1.0	通风前粮情数据编码

续表

标识符	中文名称	短名	值域	数据类型	数据格式	版本	说明
AfterNo	通风后粮情数据编码	tfhlqsjbm	自由文本	字符型	an..50	V1.0	通风后粮情数据编码
BeforeInT	通风前仓内温度	tfqcnwd	数值文本	数值型	n..8	V1.0	通风前仓内温度
BeforeOutT	通风前仓外温度	tfqcwwd	数值文本	数值型	n..8	V1.0	通风前仓外温度
BeforeAT	通风前平均粮温	tfqpjlw	数值文本	数值型	n..8	V1.0	通风前平均粮温
AfterInT	通风后仓内温度	tfhcnwd	数值文本	数值型	n..8	V1.0	通风后仓内温度
AfterOutT	通风后仓外温度	tfhcwwd	数值文本	数值型	n..8	V1.0	通风后仓外温度
AfterAT	通风后平均粮温	tfhpjlw	数值文本	数值型	n..8	V1.0	通风后平均粮温
OrgCode	单位编码	dwbm	自由文本	字符型	an..50	V1.0	参考国家标准
OrgName	单位名称	dwmc	自由文本	字符型	an..100	V1.0	单位名称
Memo	备注	bz	自由文本	字符型	an..1000	V1.0	备注

5）仓房通风状态记录数据元

说明：记录仓房通风过程实时状态数据。

命令名称：LA_ AerationActualRecord

命令类型：I（新增）、U（修改）、D（删除）

标识符	中文名称	短名	值域	数据类型	数据格式	版本	说明
ID	通风状态流水码	tfztlsm	自由文本	字符型	an..50	V1.0	通风状态流水码
No	通风记录编码	tfjlbm	自由文本	字符型	an..50	V1.0	通风记录编码
HouseCode	仓房编码	cfbm	自由文本	字符型	an..50	V1.0	参考国家标准
HouseName	仓房名称	cfmc	自由文本	字符型	an..50	V1.0	仓房名称
CardNo	储粮档案编码	cldabm	自由文本	字符型	an..50	V1.0	储粮档案编码
GrainProperty	储粮性质	clxz	自由文本	字符型	an..50	V1.0	储粮性质
VarietyCode	品种编码	pzbm	参考国家标准	字符型	an..50	V1.0	品种编码
VarietyName	品种名称	pzmc	参考国家标准	字符型	an..50	V1.0	品种名称
GradeName	等级编码	djbm	参考国家标准	字符型	an..50	V1.0	等级编码

续表

标识符	中文名称	短名	值域	数据类型	数据格式	版本	说明
GradeName	等级名称	djmc	参考国家标准	字符型	an..50	V1.0	等级名称
GrainNum	储粮数量	clsl	数值文本	数值型	n..8	V1.0	储粮数量
Status	通风状态	tfzt	自由文本	字符型	an..50	V1.0	通风状态
Mode	通风模式	tfms	自由文本	字符型	an..50	V1.0	通风模式
StartTime	通风开启时间	tfkqsj	自由文本	日期型	YYYY-MM-DD HH：mm：ss	V1.0	通风开启时间
CurrentTime	当前时间	dqsj	自由文本	日期型	YYYY-MM-DD HH：mm：ss	V1.0	当前时间
TimeLength	已通风时长	ytfsc	自由文本	字符型	an..50	V1.0	已通风时长
GrainNo	粮情数据编码	lqsjbm	自由文本	字符型	an..50	V1.0	粮情数据编码
InT	仓内温度	cnwd	数值文本	数值型	n..8	V1.0	仓内温度
OutT	仓外温度	cwwd	数值文本	数值型	n..8	V1.0	仓外温度
AT	平均粮温	pjlw	数值文本	数值型	n..8	V1.0	平均粮温
OrgCode	单位编码	dwbm	自由文本	字符型	an..50	V1.0	参考国家标准
OrgName	单位名称	dwmc	自由文本	字符型	an..100	V1.0	单位名称
Memo	备注	bz	自由文本	字符型	an..1000	V1.0	备注

5.8　熏蒸作业数据元

熏蒸作业数据元主要是根据粮库仓房熏蒸作业进行记录的数据元。

仓房熏蒸记录数据元：

说明：记录仓房熏蒸记录数据。

命令名称：LA_ FumigationRecord

命令类型：I（新增）、U（修改）、D（删除）

标识符	中文名称	短名	值域	数据类型	数据格式	版本	说明
No	熏蒸记录编码	xzjlbm	自由文本	字符型	an..50	V1.0	熏蒸记录编码
HouseCode	仓房编码	cfbm	自由文本	字符型	an..50	V1.0	参考国家标准
HouseName	仓房名称	cfmc	自由文本	字符型	an..50	V1.0	仓房名称
ArchivesNo	储粮档案编码	cldabm	自由文本	字符型	an..50	V1.0	当前熏蒸时的储粮档案编码
GrainProperty	储粮性质	clxz	自由文本	字符型	an..50	V1.0	储粮性质
VarietyCode	品种编码	pzbm	参考国家标准	字符型	an..50	V1.0	品种编码
VarietyName	品种名称	pzmc	参考国家标准	字符型	an..50	V1.0	品种名称

续表

标识符	中文名称	短名	值域	数据类型	数据格式	版本	说明
GradeName	等级编码	djbm	参考国家标准	字符型	an..50	V1.0	等级编码
GradeName	等级名称	djmc	参考国家标准	字符型	an..50	V1.0	等级名称
GrainNum	储粮数量	clsl	数值文本	数值型	n..8	V1.0	储粮数量
PestKind	害虫种类	hczl	自由文本	字符型	an..500	V1.0	害虫种类
PestDensity	害虫密度（头/公斤）	hcmd	数值文本	数值型	n..4	V1.0	害虫密度（头/公斤）
MainPestName	主要害虫名称	zyhcmc	自由文本	字符型	an..100	V1.0	主要害虫名称：玉米象、米象、谷蠹、大谷盗、绿豆象、豌豆象、蚕豆象、咖啡豆象、麦蛾、印度谷蛾
MainPestDensity	主要害虫密度（头/公斤）	zyhcmd	数值文本	数值型	n..4	V1.0	主要害虫密度（头/公斤）
PestGrainGrade	虫粮等级	cldj	自由文本	字符型	an..50	V1.0	虫粮等级：基本无虫粮、一般虫粮、严重虫粮、危险虫粮
PestDescribe	虫害情况详细	chqkxx	自由文本	字符型	an..1000	V1.0	虫害情况详细
AirtightMethod	密闭方法	mbff	自由文本	字符型	an..50	V1.0	密闭方法
StartTime	熏蒸开启时间	xzkqsj	自由文本	日期型	YYYY-MM-DD HH：mm：ss	V1.0	熏蒸开启时间
EndTime	熏蒸关闭时间	xzgbsj	自由文本	日期型	YYYY-MM-DD HH：mm：ss	V1.0	熏蒸关闭时间
DrugWay	施药方式	syfs	自由文本	字符型	an..50	V1.0	施药方式
DrugConcentration	设定浓度指标	sdndzb	数值文本	数值型	n..8	V1.0	设定浓度指标
AerationWay	散气方式	sqfs	自由文本	字符型	an..50	V1.0	散气方式
AerationConcentration	散气浓度指标	sqndzb	数值文本	数值型	n..8	V1.0	散气浓度指标
SumDrugQuantity	药品用量	ypyl	数值文本	数值型	n..8	V1.0	药品用量
Detail	熏蒸作业详情	xzzyxq	自由文本	字符型	an..1000	V1.0	熏蒸作业详情
BeforeNo	熏蒸前粮情数据编码	xzqlqsjbm	自由文本	字符型	an..50	V1.0	熏蒸前测温时粮情数据编码
AfterNo	熏蒸后粮情数据编码	xzhlqsjbm	自由文本	字符型	an..50	V1.0	熏蒸后测温时粮情数据编码

续表

标识符	中文名称	短名	值域	数据类型	数据格式	版本	说明
BeforeInT	熏蒸前仓内温度	xzqcnwd	数值文本	数值型	n..8	V1.0	熏蒸前仓内温度
BeforeOutT	熏蒸前仓外温度	xzqcwwd	数值文本	数值型	n..8	V1.0	熏蒸前仓外温度
BeforeAT	熏蒸前平均粮温	xzqpjlw	数值文本	数值型	n..8	V1.0	熏蒸前平均粮温
AfterInT	熏蒸后仓内温度	xzhcnwd	数值文本	数值型	n..8	V1.0	熏蒸后仓内温度
AfterOutT	熏蒸后仓外温度	xzhcwwd	数值文本	数值型	n..8	V1.0	熏蒸后仓外温度
AfterAT	熏蒸后平均粮温	xzhpjlw	数值文本	数值型	n..8	V1.0	熏蒸后平均粮温
AfterPestDensity	熏蒸后害虫密度（头/公斤）	xzhhcmd	数值文本	数值型	n..8	V1.0	熏蒸后害虫密度（头/公斤）
AfterPestDescribe	熏蒸后虫害情况说明	xzhchqksm	自由文本	字符型	an..1000	V1.0	熏蒸后虫害情况说明
OrgCode	单位编码	dwbm	自由文本	字符型	an..50	V1.0	参考国家标准
OrgName	单位名称	dwmc	自由文本	字符型	an..100	V1.0	单位名称
Memo	备注	bz	自由文本	字符型	an..1000	V1.0	备注

6　基础编码

本标准中所有基础编码全部参考国家标准。

河南省粮食出入库业务信息系统
技术规范（试行）

1　范　　围

本标准规定了粮食出入库业务信息系统的典型业务流程、系统功能、硬件要求、系统分类、数据规范等方面的内容。

本标准适用于粮食出入库业务信息系统的建设、运行和维护等工作。

2　规范性引用文件

下列文件对于本文件的应用是必不可少的。凡是注日期的引用文件，仅所注日期的版本适用于本文件。凡是不注日期的引用文件，其最新版本（包括所有的修改单）适用于本文件。

GB 50395 视频安防监控系统工程设计规范

GB/T 14258 信息技术自动识别与数据采集技术条码符号印刷质量的检验

LS/T 1700—1702 粮食信息分类与编码

LS/T 1713 库存粮食识别代码

LS/T 1802 粮食仓储业务数据元

3　术语和定义

下列术语和定义适用于本标准。

3.1　粮食出入库业务信息系统　Grain Entry – Exit Information System

利用信息技术，形成人、车船、设备、粮食及仓储设施为一体，实现粮食出入库业务过程的智能化识别、监控和管理的信息系统，一般包括出入库登记、扦样管理、检化验管理、计量管理、值仓管理、结算管理、统计分析等模块。

3.2　出入库登记　Entry – Exit Registration

进行出入库作业时，对人员信息、车船信息、粮食信息等基本信息进行登记、发卡及销卡的业务过程。

3.3　地磅称重控制器　Weighbridge Weighing Controller

集成地磅称重和控制功能为一体的装置，包括工控主板、交换机、路由器、语音功放、光电隔离 IO 板等模块。可通过外围设备，完成视频的采集，并通过栏杆机、语音播报等设备自动指导现场车辆合理规范的完成称重，自动采集处理称重数据并自动上传到指定服务器。

3.4　计量管理　Weighing Management

通过计量设备自动进行计量，对计量过程及结果进行管理。

3.5　值仓　On Duty

粮食在出入仓时，保管员对粮食装卸过程进行监督，包括核实仓位、车辆、粮食品质等信息。

3.6　身份识别卡　Identification Card

记录出入库过程中人员、车辆、业务等信息的载体，一般采用条形码、RFID 卡（高频、超高频）等。

3.7　散粮秤　Bulk Scale

是一种静态称量的自动衡器，对散装粮食和油料进行计量称重。

4　典型业务流程

由于粮食品种、运输工具、计量方式不同，出入库作业流程具有一定的差异。本标准列出了正常情况下典型的出入库业务流程。运输工具主要采用车辆、船只、火车，计量方式主要包括汽车衡、散粮秤。

4.1　入库流程

4.1.1　车辆入库流程

车辆入库业务流程如图 1 所示，售粮人员进行出入库登记并领取身份识别卡；通过扦样设备取样，检验室进行质量检验；检验不合格，销卡出门，检验合格称毛重；称重完成后到仓房进行值仓作业；值仓过程中发现粮食品质与检验结果有差异，进行复检；值仓作业完成后，到磅房称皮重；进行业务结算，领取结算单；最后销卡出门。

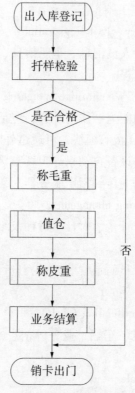

图 1　车辆入库流程图

4.1.2　车辆转运入库流程

采用火车或轮船作为运输工具时，如需要车辆转运入库，先对火车或船只上的同一批次粮食进行扦样检验，检验合格后开始该批次粮食入库作业。转运车辆进行出入库登记并领取身份识别卡，到码头或站台装载粮食；转运车辆称毛重，称重完成后到仓房进行值仓作业；值仓过程中发现粮食品质与检验结果有差异，进行复检；值仓作业完成后，到磅房称皮重，完成一次作业；转运车辆循环进行称毛重、值仓、称皮重，直至该批次粮食入库完毕。该批次粮食入库完毕后，汇总所有的检斤单据，形成该批次粮食的总毛重、总皮重，并计算净重，进行业务结算，领取结算单；结算完成后对转运车辆进行销卡。车辆中转入库流程见图2。

4.1.3　散粮秤入库流程

采用散粮秤作为计量工具时，先对火车或船只进行出入库登记并发放身份识别卡；对同一批次粮食进行扦样检验，检验合格后开始该批次粮食入库

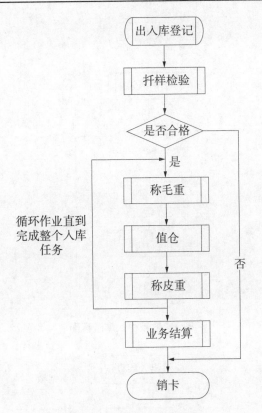

图2　车辆中转入库流程图

作业。通过散粮秤进行计量；作业完成后，确认该批次粮食的总净重；进行业务结算，领取结算单；结算完成后进行销卡。散粮秤入库流程见图3。

　4.2　出库流程

　4.2.1　车辆出库流程

　车辆出库业务流程如图4所示。承运人员凭出库通知单进行出入库登记并领取身份识别卡；车辆称皮重；到仓房进行值仓作业；值仓完成后进行称毛重，计算净重；打印结算单据；最后进行销卡出门。

　4.2.2　车辆转运出库流程

　采用火车或轮船作为运输工具时，如需要车辆转运出库，承运人员凭出库通知单进行出入库登记，转运车辆领取身份识别卡；车辆称皮重；到仓房进行值仓作业；值仓完成后进行称毛重，计算净重并确认；到码头或站台卸载粮食，完成一次作业。转运车辆循环进行称皮重、值仓、称毛重，计算净

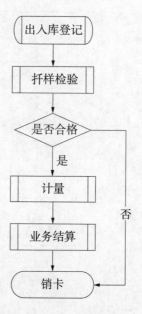

图 3　散粮秤入库流程图

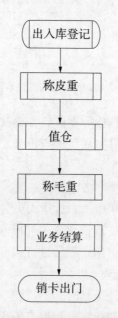

图 4　车辆出库流程图

重并确认，直至该批次粮食出库完毕。汇总所有的检斤单据，形成该批次粮食的总毛重、总皮重，并计算净重，进行业务结算，领取结算单；结算完成后对转运车辆进行销卡。车辆转运出库流程见图5。

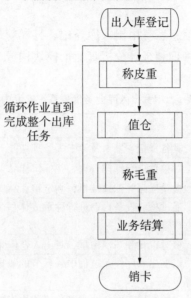

图5　车辆转运出库流程图

4.2.3　散粮秤出库流程

采用散粮秤作为计量工具时，承运人员凭出库通知单对火车或船只进行出入库登记并发放身份识别卡；通过散粮秤进行计量；出库作业完成后，确认该批次粮食的总净重；进行业务结算，领取结算单；结算完成后进行销卡。散粮秤出库流程见图6。

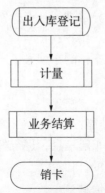

图6　散粮秤出库流程图

5　系统功能

粮食出入库业务信息系统由出入库登记、扦样管理、检验管理、计量管理、值仓管理、结算管理和统计分析等七个模块构成，相关模块具有可扩展性，见表1。

表1　粮食出入库业务信息系统建设内容

序号	模块	功能概述
1	出入库登记	具备登记、发卡及销卡等管理功能
2	扦样管理	对粮食进行扦样管理，并标识样品
3	检验管理	检验样品并记录结果，判定粮食品质
4	计量管理	通过检测设备自动进行称重或体积测量，对计量过程及结果进行管理
5	值仓管理	核对粮食和车辆信息，对出入仓作业进行监管
6	结算管理	根据出入库作业过程中各环节的数据，形成同批次粮食的结算单据
7	统计分析	对所有出入库作业实时数据和历史数据进行统计分析，并形成各种管理报表

5.1　出入库登记

出入库登记模块具备下列功能：

a）对车船、人员、粮食信息进行登记并制卡；

b）作业完毕，销卡并放行；

c）对卡片丢失、损坏等异常进行补卡操作；

d）对已登记的信息查询、维护；

e）宜自动识别各类运输车辆的车牌号；

f）自动读取二代身份证。

5.2　扦样管理

扦样管理模块具备下列功能：

a）根据身份识别卡核对车船信息，进行扦样控制，形成样品标识码；

b）适应对主要装载方式的扦样；

c）宜自动识别扦样车辆信息；

d）宜随机地选择扦样点，自动收集样品；

　　e）打印样品标识码。

5.3　检验管理

检验管理模块具备下列功能：

　　a）依据样品标识码，录入粮食各检验项目的检验结果，判定粮食品质，确定扣量扣价信息；

　　b）宜实行封闭检验，在录入检验结果时，扫描或读取样品的识别卡，自动识别样品的信息；

　　c）根据样品的信息，显示需要该品种的检验项目；

　　d）根据规则，自动判断检验指标的符合程度和质量等级等信息并进行扣量扣价；

　　e）根据需要打印检验单据；

　　f）检验合格的可进行继续入库，不合格的则须终止入库；

　　g）对某一时间段内的所有检验记录进行查询分析。

5.4　计量管理

计量管理模块分为检斤称重管理和流量计量管理两个子模块。

5.4.1　检斤称重管理

检斤称重子模块具备下列功能：

　　a）读取身份识别卡，核对车辆、粮食、检验信息，获取汽车衡的计量值，确定车辆的毛重、皮重；

　　b）宜通过车辆识别设备自动识别、核对车牌号；

　　c）通过语音提示或屏幕显示等方式，引导车辆上磅执行称重作业；

　　d）对上磅的车辆称重过程进行人为监督或采用道闸、车辆红外分离器等设备，防止称重作业人为作弊，宜使用视频监控设备对车辆及场地的关键部位进行拍照录像；

　　e）对称重的结果通过语音播报或屏幕显示；

　　f）依据质检、称重、值仓结果，自动计算扣量，确定净重；

　　g）根据需要打印检斤单据；

　　h）能够查询称重记录。

5.4.2　流量计量管理

流量计量子模块应具备以下内容：

　　a）通过读取识别卡信息，核对车船、人员、粮食信息及检验信息，获取散粮秤的计量值，确定车船粮食的总重；

　　b）记录每次计量数据，显示汇总数据和计划量数据，临近超量提醒功能；

　　c）依据质检、称重结果，自动计算扣量，确定净重；

　　d）根据需要打印计量单据；

　　e）能够查询计量记录。

5.5　值仓管理

值仓管理模块具备下列功能：

a）通过身份识别卡核对车辆、人员、检验、出入库仓号等信息；

b）根据现场粮食质量情况，提出复检请求；

c）装卸完成或中止作业后，通过读取身份识别卡，完成值仓确认；

d）能够查询值仓记录。

5.6　结算管理

结算管理模块具备下列功能：

a）根据出入库作业过程中各环节的数据，形成同批次粮食的结算单据，生成结算数量、金额；

b）根据需要打印结算单据、发票；

c）支持银行转账等结算方式；

d）能够查询、维护结算记录。

5.7　统计分析

统计分析模块具备下列功能：

a）查询粮食出入库作业各环节的业务信息；

b）按需提取数据生成各类报表。

6　硬件要求

6.1　硬件构成

粮食出入库业务信息系统硬件设备一般包括计算机、扦样设备、计量设备、身份证阅读器、条码扫描器、车牌识别设备、监控设备、车辆限位设备、移动手持设备、身份识别卡及相关读写设备、打印机、地磅称重控制器等。

粮库在进行设备选型时应根据粮库的规模和业务需求等实际情况，选择配备相应设备。

6.2　主要硬件的功能要求

粮食出入库业务信息系统主要硬件的功能要求见表2。

表2 主要硬件的功能要求

序号	硬件名称	功能要求
1	身份证阅读器	自动读取二代身份证信息
2	条码扫描器	识别一维、二维码
3	车牌识别设备	自动识别标准车辆的号牌
4	监控设备	简易类出入库系统实现检斤过程的拍照，标准类出入库系统实现拍照和录像，设备选型与配置符合 GB 50395 中的设备选型与配置
5	车辆限位设备	能够检测车辆停放是否规范
6	移动手持设备	能够读写身份识别卡，录入、查询值仓信息
7	打印机	用作条形码打印时，打印的条形码质量标准符合 GB/T 14258 中的一般要求
8	身份识别卡	具备记录出入库过程中人员、车辆、业务等信息
9	相关读写设备	能够读写条形码、RFID 卡等

7 系统分类

7.1 系统分类

按照管理和投资规模的不同，出入库系统可分类建设，按系统功能和硬件构成分为简易、标准两类。依据河南省粮食局的有关文件的要求，粮库信息化系统一般分示范库、一、二、三、四类库五个层级。一般建议三、四类库按照简易类进行建设，示范库、一、二类库按照标准类进行建设。简易类出入库系统和标准类出入库系统建设内容分别见表3、表4。

表3 简易类出入库系统建设内容

序号	模块	功能	硬件
1	出入库登记	具备登记、发卡及销卡等管理功能，自动识别身份证信息	计算机、计量设备、身份证阅读器、监控设备、身份识别卡及相关读写设备、打印机
2	扦样管理	对粮食进行扦样管理，并标识样品	
3	检验管理	检验样品并记录结果，判定粮食品质	
4	计量管理	通过计量设备自动进行计量，对计量过程及结果进行管理，对检斤过程进行拍照存档	
5	值仓管理	核对粮食和车辆信息，对出入仓作业进行监管	
6	结算管理	根据出入库作业过程中各环节的数据，形成同批次粮食的结算单据，自动识别身份证信息并核实	
7	统计分析	对所有出入库作业实时数据和历史数据进行统计分析，并形成各种管理报表	

表 4　标准类出入库系统建设内容

序号	模块	功能	硬件
1	出入库登记	具备登记、发卡及销卡等管理功能，自动识别身份证信息，自动识别车辆号牌	计算机、扦样设备、计量设备、身份证阅读器、条码扫描枪、车牌识别设备、监控设备、车辆限位设备、移动手持设备、身份识别卡及相关读写设备、打印机、地磅称重控制器、银行卡读卡器
2	扦样管理	对粮食进行自动扦样，打印样品标识码	
3	检验管理	封闭检验并记录结果，判定粮食品质	
4	计量管理	通过计量设备自动进行计量，对计量过程及结果进行管理，通过车辆识别设备自动识别、核对车牌号，通过车辆限位设备防止车辆作弊，使用视频监控设备对车辆及场地的关键部位进行拍照录像	
5	值仓管理	通过移动手持设备，核对粮食和车辆信息，对出入仓作业进行监管	
6	结算管理	根据出入库作业过程中各环节的数据，形成同批次粮食的结算单据，自动识别身份证信息并核实	
7	统计分析	对所有出入库作业实时数据和历史数据进行统计分析，并形成各种管理报表	

7.2　系统扩展

粮食出入库业务信息系统设计时，应根据粮库的规模和功能需求等实际情况，选择相应的配置。一般建议四类库按照简易类进行建设，一、二、三类库按照标准类进行建设。各库可根据自己的业务特点和管理需要，对系统功能进行扩展。

8　数据规范

8.1　数据元

粮食出入库业务信息系统数据元引用 LS/T 1802—2016〈粮食仓储业务数据元〉中的出入库信息数据元。

8.2　信息分类

粮食出入库业务信息系统信息分类引用 LS/T 1700—1712 中的粮食信息分类与编码。

8.3　数据库设计要求

粮食出入库业务信息系统进行数据库设计时，按照数据元标准化的基本原则和方法，根据粮食各类型的数据库建设以及粮食数据的交换、共享、服务和应用对数据结构的需要，建立基础性、通用性的数据结构标准并使之目录化。基本数据结构主要包括粮库基本信息、仓房货位信息、入库单、出库单、质检单、结算单等内容。基本数据结构可参考附录 A。

附　录　A
（资料性附录）

A.1　粮库基本信息

序号	数据项名称	数据类型	数据格式
1	粮库编号	字符型	a..20
2	粮库名称	字符型	a..100
3	粮库简称	字符型	a..20
4	企业性质	字符型	a..20
5	粮库类别	字符型	a..20
6	法人代表	字符型	a..100
7	建成日期	日期型	yyyy-mm-dd
8	邮政编码	字符型	a..10
9	设计仓容	数值型	n..8
10	电话号码	字符型	a..15
11	传真号码	字符型	a..20
12	粮库人数	数值型	n..5
13	粮库面积	数值型	n..8
14	地址	字符型	a..100

A.2　仓房基本信息

序号	数据项名称	数据类型	数据格式
1	所属粮库	字符型	a..20
2	仓房编号	字符型	a..20
3	仓房名称	字符型	a..20
4	仓房类型	字符型	a..20
5	仓房结构	字符型	a..20
6	建筑类型	字符型	a..100
7	仓房长度	数值型	n..3,1
8	仓房宽度	数值型	n..3,1

续表

序号	数据项名称	数据类型	数据格式
9	仓房高度	数值型	n..3,1
10	设计仓容	数值型	n..8
11	实际仓容	数值型	n..8
12	启用日期	日期型	yyyy-mm-dd
13	仓房状态	字符型	a..10

A.3　货位信息

序号	数据项名称	数据类型	数据格式
1	所属仓房	字符型	a..20
2	货位编号	字符型	a..20
3	保管员	字符型	a..50
4	启用日期	日期型	yyyy-mm-dd
5	货位状态	字符型	a..10

A.4　出入库单

序号	数据项名称	数据类型	数据格式	备注
1	业务单号	字符型	a..20	
2	业务类型	字符型	a..20	
3	通知单编号	字符型	a..20	
4	合同编号	字符型	a..20	
5	仓房编号	字符型	a..20	
6	货位编号	字符型	a..20	
7	粮食品种	字符型	a..20	
8	粮食等级	字符型	a..20	
9	毛重	数值型	n..9,1	单位：kg
10	皮重	数值型	n..9,1	单位：kg
11	车号	字符型	a..50	
12	现场扣量	数值型	n..9,1	单位：kg
13	粮食净重	数值型	n..9,1	单位：kg
14	运输方式	字符型	a..20	值域：水运/汽运/铁路/其他
15	包装方式	字符型	a..20	值域：散装/麻袋包装/其他
16	国别	字符型	a..20	
17	产地	字符型	a..20	

A.5 入库质检单

序号	数据项名称	数据类型	数据格式	备注
1	质检单号	字符型	a..20	
2	出入库单号	字符型	a..20	
3	检验时间	日期时间型	yyyy-mm-dd hh：mm：ss	
4	品种	字符型	a..10	
5	等级	字符型	a..10	
6	扦样人	字符型	a..50	
7	检验人	字符型	a..50	
8	合格判定	字符型	a..20	值域：合格/不合格

A.6 入库质检单检验明细

序号	数据项名称	数据类型	数据格式	备注
1	质检单号	字符型	a..20	
2	检验项目	字符型	a..20	
3	检验结果	字符型	a..20	
4	检验扣重百分比	数值型	n..9,4	
5	检验扣价百分比	数值型	n..9,4	
6	检验扣重	数值型	n..9,4	
7	检验扣价	数值型	n..9,4	

A.7 质检扣重标准

序号	数据项名称	数据类型	数据格式	备注
1	检验项目	字符型	a..20	
2	检验项目阶梯号	字符型	a..9,0	
3	该阶梯起始值	数值型	n..9,4	
4	该阶梯结束值	数值型	n..9,4	
5	该阶梯扣重标准	数值型	n..9,4	每超1%，需要扣百分之几，不合格区间扣重100%
6	质检项目标准号	数值型	n..9,4	假如两个不同性质的粮食有两个标准，在此区分使用哪一套
7	是否启用	布尔型	bool	

A.8　结算单信息

序号	数据项名称	数据类型	数据格式	备注
1	结算单编号	字符型	a..20	
2	客户名称	字符型	a..9	
3	品种	字符型	a..9	
4	结算数量	数值型	n..9,4	
5	单价	数值型	n..9,4	
6	扣价	数值型	n..9,4	
7	结算金额	数值型	n..9,4	
8	等级	字符型	a..9	

河南省多功能粮情测控系统
技术规范（试行）

1 范　　围

本部分规定了多功能粮情测控系统的术语和定义、型号编制、系统组成、技术要求、试验方法、检验规则、验收以及标志、包装、运输、贮存的要求。

本部分适用于粮食和油料储藏中使用的粮情测控系统。

2 规范性引用文件

下列文件中对于本文件的应用是必不可少的。凡是注日期的引用文件，仅注日期的版本适用于本文件。凡是不注日期的引用文件，其最新版本（包括所有的修改单）适用于本文件。

GB 191 包装储运图示标志

GB/T 2887 电子计算机场地通用规范

GB/T 3836 爆炸性气体环境用电气设备

GB/T 4793.1 测量、控制和实验室用电气设备的安全要求

GB 5080.1 设备可靠性试验　总要求

GB 5080.7 设备可靠性试验　恒定失效率假设下的失效率与平均无故障时间的验证试验方案

GB/T 9813—2000 微型计算机通用规范

GB/T 10111 随机数的产生及其在产品质量抽样检验中的应用程序

GB 17440 粮食加工、储运系统粉尘防爆安全规程

GB/T 17626.2 电磁兼容性　试验和测量技术　静电放电抗扰度试验

GB/T 17626.3 电磁兼容性　试验和测量技术　射频电磁场辐射抗扰度试验

GB/T 17626.4 电磁兼容性　试验和测量技术　电快速瞬变脉冲群抗扰度试验

GB/T 17626.5 电磁兼容性　试验和测量技术　浪涌（冲击）抗扰度试验

GB/T 29890 粮油储藏技术规范

LS/T 1202 储粮机械通风技术规程

GB/T 26882.1 粮油储藏　粮情测控系统　第1部分：通则

GB/T 26882.2 粮油储藏　粮情测控系统　第2部分：分机

GB/T 26882.3 粮油储藏　粮情测控系统　第3部分：软件

GB/T 26882.4 粮油储藏　粮情测控系统　第4部分：信息交换接口协议

LS/T 1813 粮油储藏　粮情测控数字测温电缆技术要求

3　术语和定义

下列术语和定义适用于本文件。

3.1　粮情

粮油在储藏过程中所处的状态以及影响其品质和数量变化的各种因素，如温度、湿度、水分、氧气、二氧化碳、磷化氢、储粮害虫及螨类等。

3.2　多功能粮情测控系统

利用现代计算机和电子技术对储粮温度、湿度、害虫及气体等粮情进行实时检测、数据存储与分析，以及对储粮设施进行适时控制的系统。

3.3　害虫诱捕器

利用害虫的"趋高性""透气性"等习性对粮堆的害虫进行诱捕。安插在粮堆容易发生虫害的部位，具有害虫诱捕和粮堆气体采集功能。该害虫诱捕器内设有集虫器、杂质分离器和诱虫管，也称"粮情检测杆"。

3.4　测量管道

用于连接害虫诱捕器与通道选择器。采用高弹性材质，内壁光滑，抗折弯能力强。

3.5　通道选择器

安装在仓内，用于害虫诱捕器与多功能粮情测控分机间检测通道切换的装置。

3.6　图像采集传输装置

可巡回对多支害虫诱捕器里诱捕到的害虫实时进行拍照，并实时将图像信息上传至中心计算机。

3.7　上位机

已安装粮情测控系统软件的计算机，通过发出命令控制各类设备的动作，并接收它们所采集的检测信号，具有信号校正、数据显示、存储、声光报警、人机对话、统计分析、控制打印输出、与管理网络联接等功能。

3.8　传输接口

在上位机与分机之间接收并传输信号的设备，也称测控主机。

3.9　分机

接收上位机指令，将现场传感器所采集的粮情数据及粮情控制设备状态信息返回给上位机，完成对粮情控制设备进行控制的设备。

3.10　执行器

执行器是在控制信号作用下，对粮情控制设备进行驱动、操作和改变其状态的装置或器件。

3.11　粮情传感器

粮情传感器是粮情测控系统中检测粮情并将其转换成可供测量的信号的各类传感器件的总称。

3.12　测温电缆

检测粮油温度的专用电缆。通常由温度传感器、导线、抗拉钢丝及护套构成。

4　系统组成

4.1　系统组成结构

系统由硬件和软件两部分组成。硬件一般包括上位机、传输接口、分机、粮情传感器、执行器、受控设备、电缆和其他必要部件。软件包括系统软件和粮情测控专用软件。系统典型结构如图 1 所示。

4.2　各部分要求

4.2.1　通信方式

系统可采用有线或无线方式进行通信。

4.2.2　上位机

根据系统和用户需求配备符合国家相关标准的计算机。

4.2.3　传输接口

具有与上位机和分机之间双向通信及显示功能和防雷功能，通信协议符

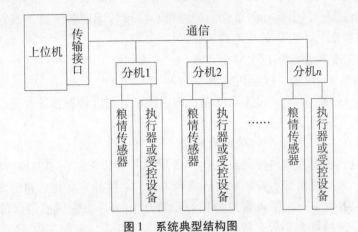

图 1　系统典型结构图

合 GB/T 26882.4 的要求。

4.2.4　分机

系统中的分机应符合 GB/T 26882.2 的要求。

4.2.5　软件

软件应符合 GB/T 26882.3 的要求。

4.2.6　传感器布置原则

4.2.6.1　粮温传感器

按照不同仓型，粮温传感器的布置原则如下：

a）平房仓水平方向测温电缆行列间距不大于 5 m，垂直方向粮温传感器间距不大于 2 m，距粮面、仓底、仓壁 0.3～0.5 m。

b）浅圆仓、立筒仓测温电缆按环形布置，水平方向相邻电缆间距不大于 5 m，垂直方向间距不大于 3 m，距粮面、仓底、筒壁 0.3～0.5 m。

c）油罐至少布置 1 根测温电缆，温度传感器垂直方向间距不大于 3 m，距油面、罐底 0.3～0.5 m。

d）其他仓型参照以上原则布置。

4.2.6.2　仓温、仓湿传感器

按照不同仓型，仓温、仓湿传感器的布置原则如下：

a）平房仓每个廒间内设温度、湿度传感器各 1 只，布置于粮面（设计装粮面）上空间的中心位置。

b）立筒仓每个独立的单仓和星仓内分别设温度、湿度传感器各 1 只，布置于粮面（设计装粮面）上空间的中心位置。

　　c）浅圆仓每个独立的单仓内设温度、湿度传感器各 1 只，布置于粮面
（设计装粮面）上空间的中心位置。

　　d）其他仓型参照以上原则布置。

4.2.6.3　气温、气湿传感器

在库区内空旷地带设置百叶箱，内置温度、湿度传感器各 1 只，布置于
距地面 1.5 m 处。

4.2.6.4　害虫、气体浓度检测点

害虫诱捕器和气体检测点在仓内表层的布设位置：仓房四角、柱周围、
仓门内、人员进出口、排风扇口、通风道口、温度异常变化点和曾发生过虫
害的部位各设 1 点，每点害虫诱捕器距墙 0.10 m，害虫诱捕器顶部距粮面
0.05 m，按粮堆大小应在粮面中部区域设 3 ~ 10 点，表层共设 32 个害虫诱
捕器和气体检测点。

害虫诱捕器和气体检测点在仓内中层的布设位置：仓房四角各设 1 点，
每点害虫诱捕器距墙 0.10 m，害虫诱捕器顶部距粮面 1.5 m，在粮面中部区
域设 2 个检测点，中层共设 6 个害虫诱捕器和气体检测点。

害虫诱捕器和气体检测点在仓内下层的布设位置：仓房四角各设 1 点，
每点害虫诱捕器距墙 0.10 m，害虫诱捕器顶部距粮面 3 m，在粮面中部区域
设 2 个检测点，下层共设 6 个害虫诱捕器和气体检测点。在仓内空间设一个
检测点，用来检测仓内空间气体成分和浓度。粮堆高 3 m 以下可在上下二层
布设，粮堆高 3 m 以上可在上、中、下三层布设。

5　技术要求

5.1　一般要求

系统应符合本标准的规定，系统中的各设备应符合其相关标准的规定，
并按照经规定程序批准的图样及文件制造和成套。

5.2　运行环境条件要求

5.2.1　控制室或机房设备的工作条件

系统中用于控制室或机房的设备，应在下列条件下正常工作：

　　a）环境温度：- 10 ~ + 45 ℃；

　　b）环境湿度：相对湿度 40% ~ 90%，且不得凝露；

　　c）大气压力：80 ~ 106 kPa；

　　d）GB/T 2887 的有关规定。

5.2.2　粮仓内、外设备的工作条件

用于粮仓内、外的设备，应在下列条件下工作：

a）环境温度：−40 ∼ +60 ℃；

b）相对湿度：不大于 95%；

c）大气压力：80 ∼ 106 kPa；

d）磷化氢气体浓度：不大于 2500 mL/m³（仅限于熏蒸期间必需置于粮仓内的设备，如测温电缆、中间设备、互连线及接插件等）。

5.3　运行电源条件要求

5.3.1　用于控制室和机房设备的交流电源

a）额定电压：220 V/380 V，允许偏差 ±10%；

b）谐波：不大于 5%；

c）频率：50 Hz，允许偏差 ±5%。

5.3.2　用于仓内、仓外设备的交流电源

a）额定电压：36 V/127 V/220 V/380 V，允许偏差 ±15%；

b）谐波：不大于 10%；

c）频率：50 Hz，允许偏差 ±5%。

5.3.3　直流供电电源

a）远程供电电压：9 ∼ 36 V，电压允许偏差：±15%

b）就地供电电压：5 V，6 V，9 V，12 V，15 V，18 V，24 V，36 V，电压允许偏差：±15%。

5.4　基本功能

5.4.1　粮情检测

5.4.1.1　具备检测温度、湿度、害虫、气体及其它参数和受控设备状态的功能。

5.4.1.2　具备定时检测、实时检测的功能。

5.4.1.3　害虫检测应具备对各害虫诱捕器诱捕并采集之仓外功能，需图像采集的应具备害虫图像采集传输功能。

5.4.2　粮情分析

5.4.2.1　具备自动分析、判断粮食储藏状态，标示粮情异常部位、异常值和虫情分析的功能。

5.4.2.2　具有不同日期和不同仓房粮情对比功能。

5.4.2.3　具备预测粮情变化趋势的功能。

5.4.3　数据存储与检索

具备粮情数据存储、历史数据查询和网络共享功能。

5.4.4 数据显示

具备粮情数据表格与图形等方式的显示功能。

5.4.5 数据打印

具备粮情数据表格与图形等方式的打印功能。

5.4.6 报警

5.4.6.1 具备人工设定温度、湿度报警限值和超限报警功能。

5.4.6.2 具备根据 GB/T 29890 和 LS/T 1202 等储粮技术要求进行分析的自动报警功能。

5.4.7 粮情控制

具备根据 GB/T 29890 和和 LS/T 1202 等储粮技术要求和相应的分析结果，对系统受控设备进行适时控制的功能。

5.4.8 故障诊断

具备系统本身故障自行诊断的功能。

5.4.9 网络功能

具备与用户局域网络和国家有关粮食管理网络联网运行的功能。

5.5 主要技术指标

5.5.1 系统容量

5.5.1.1 粮温检测点数量：≥10000 点。

5.5.1.2 湿度检测点数量：≥500 点。

5.5.1.3 水分检测点数量：≥2000 点。

5.5.1.4 仓虫检测点数量：≥2000 点。

5.5.1.5 磷化氢浓度检测点数量：≥500 点。

5.5.1.6 氧气浓度检测点数量：≥500 点。

5.5.1.7 二氧化碳浓度检测点数量：≥500 点。

5.5.1.8 分机数目应根据仓库内各仓房分布、仓房面积等实际情况合理设定，宜在 4、8、16、32 中选取。

5.5.1.9 受控设备数量宜在 8、16、32、64、128 中选取；被中继器等设备分隔成多段的系统中，每段允许接入的数量宜在 8、16、32、64、128 中选取。

5.5.2 系统粮情检测范围

系统各粮情测定指标检测范围、误差要求见表1。

表 1 系统检测范围、误差要求

	温度 ℃	湿度 % RH	水分 %	仓虫 头	磷化氢 mL/m³	氧气 %	二氧化碳 %
检测范围	− 40 ~ + 60	10 ~ 99	5 ~ 30	0 ~ 100	0 ~ 2500	0 ~ 25	0 ~ 100
误差	≤ ± 0.5	≤ ± 3	≤ ± 0.8	≤ ± 10%	≤ ± 5	≤ ± 0.5	≤ ± 0.5

注：用户可根据当地实际情况决定粮情测控系统的检测范围、检测误差的要求。

5.5.3 检测速度

从发出检测指令到显示结果输出的速度应不小于 50 点/s。

5.5.4 控制响应时间

从发出控制指令到受控设备响应的时间应不大于 10 s。

5.5.5 通信距离

上位机（传输接口）至分机之间的最大传输距离不小于 3 km；分机至传感器或受控设备之间的传输距离应不小于 0.2 km。

5.5.6 工作压力显示

害虫测量时工作压力显示应达到 − 0.015 ~ 0.055 MPa。

5.5.7 害虫图像采集传输装置分辨率

害虫图像采集传输装置最大分辨率 2592 × 1944。

5.5.8 害虫图像采集传输装置传输速率

害虫图像采集传输装置传输速率为 1000 Mbit/s。

5.5.9 测量管道长度

害虫检测用测量管道长度大于 70 m。

5.6 电源波动适应能力

供电电压在规定的电压波动范围内变化时，系统的基本功能和主要技术指标不低于本部分的要求。

5.7 工作稳定性

系统通电试验时间不少于 7 天，系统的基本功能和主要技术指标不低于本部分的要求。

5.8 可靠性

平均无故障工作应不小于 5000 h。

5.9 抗干扰性

5.9.1 应能通过 GB/T 17626.2 规定的严酷等级为 2 级（接触放电）的静电放电抗扰度试验，其基本功能和主要技术指标不低于本部分的要求。

5.9.2 应能通过 GB/T 17626.3 规定的严酷等级为 3 级的射频电磁场辐射抗扰度试验，其基本功能和主要技术指标不低于本部分的要求。

5.9.3 应能通过 GB/T 17626.4 规定的严酷等级为 3 级的电快速瞬变脉冲群抗扰度试验，其基本功能和主要技术指标不低于本部分的要求。

5.9.4 应能通过 GB/T 17626.5 规定的严酷等级为 3 级的脉涌（冲击）抗扰度试验，其基本功能和主要技术指标不低于本部分的要求。

5.9.5 仓内设备应能通过在相对湿度为 60% ~ 95%、温度为 20 ~ 35 ℃、投药剂量为 12 g/m³（空间，含量 56% 的磷化铝片剂或丸剂）条件下，密闭熏蒸 7 天的抗熏蒸腐蚀试验，其基本功能和主要技术指标不低于本部分的要求。

5.10 防爆性

安装于浅圆仓、立筒仓粉尘区内的测量和受控装置，应满足 GB 17440 的要求。

5.11 设备主要技术要求

5.11.1 测温电缆

应满足 LS/T 1813—2017《粮油储藏 粮情测控数字测温电缆技术要求》的技术要求。

5.11.2 分机

应满足 GB/T 26882.2《粮油储藏 粮情测控系统 第 2 部分：分机》的技术要求，同时具备检测和控制功能。多功能检测分机还应有气体检测、害虫检测（需害虫图像采集的应具备害虫图像采集传输）功能。通过连接管与通道选通器和害虫诱捕器连接，通过控制电缆与测温电缆连接，可在仓外分机里对负压泵抽取过来的害虫进行拍照，容量为 512 个数字测温点和 45 个测虫点（测气点）。

5.11.3 图像采集传输装置

图像采集传输装置包括储虫瓶及储虫瓶上方可拆卸连接的害虫种类识别装置。害虫种类识别装置包括壳体和壳体腔。壳体内上部设置有工业摄像机，壳体底面为由翻板电机控制的翻板，翻板面须光洁、防结露。壳体腔有连接管与通道选通器和害虫诱捕器连接。

5.11.4 通道选通器

机箱内安装具有凹槽的圆形定盘、装配在凹槽当中的动盘、与动盘链接用于驱动动盘在凹槽内转动的电机，以及在动盘导气孔与定盘导气孔对接时安装在动盘边沿起弹压作用的电机。动盘接受分机指令能顺利寻找到需要对接的定盘上的导气孔，在动盘边沿起弹压作用的电机弹压下进行对接，必须保证导气管对接时管道的气密性。通道选通器应可连接不少于 45 支害虫诱捕器。

5.11.5　害虫诱捕器

由诱虫管、堵头、锥头、连接杆、杂质分离器和连接杆内与锥头之间的集虫装置，贯穿诱虫管、堵头、集虫器的抽虫管等组成。集虫装置内装有集虫器，集虫器上部中空与集虫空间相通，下部有凹槽形成集虫空间，底部与锥头顶部紧配合，保证抽吸负压环境的形成。杂质分离器必须由杂质分离管（上有若干个斜孔）构成，可对诱捕到的害虫进一步分离，保证害虫从杂质分离管爬出，粉尘等杂质留在杂质分离管底部。集虫器上部中空必须是漏斗式的，保证虫掉下来后爬不上去。抽虫管既可抽虫又可抽气。

6　试验方法

6.1　试验条件

6.1.1　环境条件

大气条件：

a）环境温度：5 ~ 45 ℃；

b）环境湿度：相对湿度 45% ~ 85%；

c）大气压力：86 ~ 106 kPa。

6.1.2　电源条件

6.1.2.1　交流电源

a）额定电压：允许偏差 ±10%；

b）谐波：不大于 5%；

c）频率：50 Hz，允许偏差 ±5%。

6.1.2.2　直流电源

a）额定电压：允许偏差 - 10% ~ + 10%；

b）电压波纹：不大于 0.1%。

6.2　受试设备的要求

6.2.1　系统测试设备

出厂检验和型式检验时，系统测试至少应具备下列设备：

a）上位机一套，包括各种传输接口；

b）分机：若有多种型式的分机或具有分机功能的设备，每种至少一台；

　c）每种分机应连接最大负载的各种传感器及其他设备；

　d）构成系统的其他必要设备。

6.2.2　受测系统的连接

6.2.2.1　使用规定的传输线路（或仿真线）按系统设计要求连接。

6.2.2.2　上位机与分机、分机与传感器及执行器的仿真线需模拟系统最大传输距离及供电距离。

6.3　试验方法

6.3.1　功能检查

按5.4的功能要求进行功能检查。

6.3.2　主要技术指标测试

按5.5和5.11的主要技术指标要求进行技术指标测试。

6.3.3　电源波动适应能力试验

将系统电源线接到电压可调的电源上，根据产品标准要求的电压波动范围，按表2所列的组合调节电压，在每一组合状态下，温度稳定后，保持不少于15 min，测试系统功能和主要技术指标。

表2　电源波动试验组合

序号	试验电压	试验电压频率
1	额定电压	额定频率
2	允许波动的额定电压上限值	
3	允许波动的额定电压下限值	

6.3.4　工作稳定性试验

6.3.4.1　系统连续无故障运行应符合产品技术要求的规定。试验开始和结束时，均应测试系统功能和主要技术指标，并按规定的时间间隔测试系统功能，时间间隔不得大于24 h。

6.3.4.2　试验中若出现关连性故障，则终止试验，待故障排除后重新计时进行试验。若出现非关连性故障，待故障排除后重新试验，排除故障的时间不计入试验时间。

　注：关连性故障及非关连性故障定义见GB/T 9813—2000附录B。

6.3.5　可靠性试验

按GB 5080.7的规定进行。若无其他标准另行规定，采用定时裁尾试验方案。失效判定应符合GB 5080.1中的规定。

6.3.6　抗干扰性能试验

6.3.6.1　静电放电影响试验：按 GB/T 17626.2 的规定进行。

6.3.6.2　射频电磁场辐射干扰试验：按 GB/T 17626.3 的规定进行。

6.3.6.3　电快速瞬变脉冲群试验：按 GB/T 17626.4 的规定进行。

6.3.6.4　脉涌（冲击）试验：按 GB/T 17626.5 的规定进行。

6.3.6.5　抗熏蒸腐蚀试验：将被测设备置于气密测试箱内，在相对湿度为 60% ~ 95% 、温度为 20 ~ 35 ℃、投药剂量为 12 g/m³（空间，含量 56% 的磷化铝片剂或丸剂）条件下，密闭熏蒸 7 天。目测受试设备线路板、金属接插件、电子元器件等是否腐蚀，均符合要求后，再对系统性能和主要技术指标进行测试。

6.3.7　防爆性试验

防爆性试验按 GB/T 3836 的规定进行。

7　检验规则

7.1　检验分类

产品检验分出厂检验和型式检验。

7.2　出厂检验

7.2.1　每套系统均需检验，合格产品应给予合格证方能出厂。

7.2.2　出厂检验一般由制造厂负责，必要时用户可提出参与检验。

7.2.3　出厂检验和型式检验项目按表 3 规定。

表 3　出厂检验和型式检验项目

检验项目	类别	试验要求	试验方法	出厂检验	型式检验
基本功能	A	5.4	6.3.1	○	○
主要技术指标	A	5.5、5.11	6.3.2	○	○
电源波动适应能力	B	5.6	6.3.3	—	○
工作稳定性	B	5.7	6.3.4	○	○
可靠性	B	5.8	6.3.5	—	○
抗干扰性能	A	5.9.1 ~ 5.9.4	6.3.6.1 ~ 6.3.6.4	—	○
抗熏蒸腐蚀试验	B	5.9.5	6.3.6.5	—	○
防爆性	B	5.10	6.3.7	—	○

7.3　型式检验

7.3.1　有下列情况之一，应进行型式检验：

a）产品经过鉴定将要投产时；

b）当工艺、原材料、元器件有较大改变，可能影响产品性能时；

c）大批量产品的买方要求在验收中进行型式检验时；

d）正常生产每一年进行一次；

e）国家质检部门提出型式检验要求时。

7.3.2　检验项目按表 3 型式检验项目的规定进行检验。

7.3.3　按照 GB/T 10111 规定的方法，在出厂检验合格的产品中抽取受试系统的各组成设备样品，样品数量应满足试验要求。

7.4　判定规则

出厂检验和型式检验的各项性能及指标应符合本标准或相关标准规定要求。对 A 类项目，当某项或一个子项不合格，判定该项不合格；对 B 类项目，如某项或一个子项不合格应加倍抽样检验，若仍不合格则判定该项不合格（对于用户尚未安装的传感器的测定项目可不进行检验）。整个系统检验出现一项不合格时判定为不合格成品。

8　验　收

8.1　验收时间与内容

系统全部安装完毕，经无故障试运行 10 天后进行系统验收。验收内容应包括文档验收、系统功能和主要指标检测等内容，验收合格后正式交移交用户使用。

8.2　组织验收

8.2.1　验收组

验收时应组成验收组。验收组成员由用户代表、开发方代表和外聘专家组成。根据系统规模，评审验收组可由 5 ~ 13 人组成。选聘专家的原则是：

a）有较高技术水平和丰富的实践经验；

b）有良好的职业道德，工作严谨负责；

c）承担技术保密责任。

8.2.2　系统验收

8.2.2.1　功能检查

按 5.4 的要求进行功能检查，缺少一项功能，系统不能通过验收。

8.2.2.2　主要技术指标测试

按 5.5 和 5.11 的要求进行主要技术指标测试，在相同环境下连续检测三次取平均值，有一项主要技术指标测试不合格，系统不能通过验收。

8.2.2.3　文档审查

对系统的文档资料进行标准化和质量审查。

8.3　提交成果

a）用户验收报告。

b）验收结论。

9　标志、包装、运输和贮存

9.1　标志

应包括产品的名称、型号、生产厂家名称、地址、生产日期和产品的主要技术参数。

9.2　包装

9.2.1　分外包装和内包装，各部件一般用纸箱包装，箱内空隙处应以防震材料填充。

9.2.2　应附有产品使用手册和电路原理图等资料。

9.2.3　每个包装箱内应附有产品质量合格证和装箱单。

9.2.4　每个包装箱上应按 GB 191 的规定，标上"怕雨"标志。

9.3　运输

运输过程中应防止强烈的振动、碰撞和雨淋。

9.4　贮存

产品应储存于通风干燥的仓库内。

河南省智能通风技术规范（试行）

1　范　　围

本标准规定了智能通风系统的术语和定义、数据采集、数据分析、软件功能要求、通风控制、安全要求等内容。

本标准适用于在散装原粮、大豆储藏过程中的通风智能控制。

2　规范性引用文件

下列文件中的条款通过本标准的引用而成为本标准的条款。

GB/T 4793.1 测量、控制和实验室用电气设备的安全要求

GB/T 9813 微型计算机通用规范

LS/T 1202 储粮机械通风技术规程

LS/T 1707.2 粮食信息分类与编码　粮食仓储　第 2 部分：粮情检测分类与代码

3　术语和定义

下列术语和定义适用于本标准。

3.1　智能通风

根据通风目的和通风控制数学模型，计算机自动检测粮情、天气状况和判断通风条件，自动控制通风设备与设施的开启和关停的通风方式。

3.2　自动通风口

通过执行机构和控制装置，能自动开关的通风口。

3.3　自动通风窗

通过执行机构和控制装置，能自动开关的通风窗。

3.4　测控模块

具有根据主机指令控制相关设备、设施的启停并能反馈设备、设施工作

状态的集成电路装置。

3.5 智能通风自动控制硬件系统

通风自动控制系统的物理组成部分，通常由 PC 机、通信模块、通信电缆、测控模块、分支器、风机、自动通风口和自动通风窗等组成。

3.6 智能通风自动控制软件系统

为实现通风控制系统的数据检测与显示、数据分析、数据存储和报表打印、设备控制等功能而编写的所有程序、流程、规则和相关文档的集合。

4　数据采集

4.1　数据类型

4.1.1　粮情数据

粮情数据包括外温、外湿、仓温、仓湿、粮温及粮食水分、储粮害虫。

4.1.2　通风设备及设施状态数据

通风设备及设施状态数据包括运行状态、位置状态、故障信息等。

粮情测控系统数据格式及接口见附录 A。

4.2　数据来源

4.2.1　智能通风控制软件采用实时数据。

4.2.2　粮温实时数据由粮情远程监控平台提供。

4.2.3　通风设备及设施状态实时数据由测控模块提供。

4.2.4　若粮情远程监控平台不能提供准确的仓温仓湿、气温气湿数据，这些数据由测控模块提供。

4.2.5　粮食水分初始数据人工输入。

4.3　采集频率

4.3.1　粮堆温度数据采集频率不小于 1 次/30 min。

4.3.2　仓温仓湿、气温气湿数据采集频率不小于 1 次/5 min。

4.3.3　设备与设施状态数据采集频率不小于 1 次/5 min。

5　数据分析

5.1　分析内容

5.1.1　数据真实性和准确性分析。剔除错误数据、异常数据、虚假数据，筛选有效数据。

5.1.2　通风条件及效果分析。根据有效数据，确定通风条件，判断通风效果，记录通风过程。

5.2　分析方法

5.2.1　数据真实性和准确性分析由粮情远程监控平台自动完成。

5.2.2　数据真实性分析采用对比分析法，包括历史数据对比、温度梯度对比。

5.2.3　数据准确性分析采用重复分析法，包括漂移度对比、人工检测对比。

5.2.4　通风条件及效果分析由智能通风控制软件自动完成。

5.2.5　数据分析结果可辅以人工确认。

6　智能通风控制软件功能要求

6.1　数据检测

6.1.1　具备获得实时粮情数据功能。

6.1.2　具备检测储粮通风设备及设施运行状态的功能。

6.1.3　具备自动分时获得多个仓房粮情数据的功能。

6.1.4　具备获得粮库外部天气状况数据的功能（包括外界温度、湿度、风速、风向、有无雨雪等）。

6.2　数据分析与预测

6.2.1　根据通风控制数学模型，具备通风启停条件分析功能。

6.2.2　根据不同通风目的，具备通风效果判断和通风时间预测功能。

6.2.3　具备分时分析多个仓房粮情数据的功能。

6.3　数值计算

6.3.1　软件能自动计算显示空气绝对湿含量、湿空气焓值、湿空气比容、空气露点。

6.3.2　软件宜具备自动计算显示粮食水分减量、单位能耗等辅助功能。

6.4　数据存储与检索

6.4.1　具备存储实时数据的功能。

6.4.2　具备检索实时和历史数据的功能。

6.5　数据统计和显示

6.5.1　具备统计通风时间、通风次数、单位能耗等功能。

6.5.2　具备显示、打印实时数据、通风作业记录卡和图表的功能。

6.6 设备控制

6.6.1 根据数据分析结果，能自动控制通风设备及设施的开关或启停。

6.6.2 具备现场手动和计算机自动控制功能。

6.6.3 具备分时控制多个仓房通风设施设备的功能。

6.6.4 具备异常天气紧急停机和短信通知功能。

6.6.5 具备设施设备状态异常报警功能。

6.7 其他

6.7.1 按 LS/T 1707.2 的规定，采用统一的标准数据结构。

6.7.2 具备单机运行和网络运行功能。

6.7.3 智能通风控制软件标准数据接口见附录 A。

7 通风控制

7.1 控制方式

7.1.1 具备现场手动辅助控制功能。

7.1.2 新建仓现场控制宜采用集中控制，已建仓改造宜采用分散型控制。

7.2 通信方式

7.2.1 控制机房与仓房现场的通信宜采用无线方式。

7.2.2 现场集中控制，测控模块与设备之间宜采用有线通信方式。

7.2.3 现场分散型控制，测控模块与设备之间宜采用有线或无线通信方式。

7.3 硬件要求

7.3.1 风机

风机的要求及配置参照 LS/T 1202 储粮机械通风技术规程。

7.3.2 自动通风窗

7.3.2.1 执行机构传动方式为气动、液压、电动或绳式牵引等。

7.3.2.2 开启和关闭能及时到位，并有限位保护和信号反馈装置。

7.3.2.3 开启角度不小于 80°。

7.3.2.4 自动开启或关闭的时间不大于 30 s。

7.3.2.5 单仓自动窗户的数量一般不少于 4 扇。

7.3.2.6 具备隔热密闭要求。

7.3.3 自动通风口

7.3.3.1 执行机构传动方式为气动、液压或电动。

7.3.3.2 开启和关闭能及时到位，并有限位保护和信号反馈装置。

7.3.3.3 开启时通风口能全部打开。

7.3.3.4 自动开启或关闭的时间不大于 30 s。

7.3.3.5 智能通风降粮温的仓，每个通风口均能自动开关。

7.3.3.6 具备隔热密闭要求。

7.3.4 电气控制柜

7.3.4.1 应符合 GB/T 4793.1 规定的安全要求。

7.3.4.2 可采用现场集中控制或现场分散型控制。

7.3.4.3 应有通风设备与设施运行状态指示。

7.3.4.4 应有手动与自动转换按钮。

7.3.4.5 应有设备过压、过流、过热、漏电保护装置。

7.3.5 测控模块

7.3.5.1 为智能通风控制软件提供统一的控制硬件接口，统一的通讯协议标准。

7.3.5.2 可为智能通风控制软件提供准确的仓温仓湿、外温外湿实时数据。

7.3.5.3 输出或输入响应时间不大于 1 s。

7.3.5.4 输出、输入控制点数应满足控制需要可扩展。

7.3.5.5 通讯接口为 RS232、RS485 或为其它现场总线。

7.3.5.6 具有信号互锁、顺序输出、延时控制等可编程功能。

7.4 硬件状态

7.4.1 不同通风方式硬件设备状态

不同通风方式硬件设备状态见表1。

表1 不同通风方式硬件设备状态

通风方式		设备状态		
		窗户	通风口	风机
自然通风降低表层粮温		开	关	关
机械通风降低整仓粮温	轴流风机	关	开	开
	通风口风机	开	开	开
排积热通风		远端开	关	开

7.4.2　硬件设备控制逻辑秩序

硬件设备控制逻辑秩序见表2。

表2　硬件设备控制逻辑秩序

通风方式		设备启动逻辑秩序
自然通风降低表层粮温	开始通风	开窗户、开启到位、开风机、风机开启
	结束通风	关风机、风机关闭、关窗户、关闭到位
轴流风机通风降低整仓粮温	开始通风	关闭窗户、关闭到位、开通风口、开启到位、开风机
	结束通风	关风机、风机关闭、关通风口、通风口关闭到位
仓底通风口风机通风降低整仓粮温	开始通风	开窗户、窗户开启到位、开风机、风机开启
	结束通风	关风机、风机关闭、关窗户、窗户关闭到位
排积热通风	开始通风	开窗户、窗户开启到位、开风机、风机开启
	结束通风	关风机、风机关闭、关窗户、窗户关闭到位

7.5　计算机

7.5.1　符合 GB/T 9813 要求的工业控制计算机或商用计算机。

7.5.2　宜采用工业控制计算机。

8　安全要求

8.1　供电系统应有良好的接地及漏电保护。

8.2　传动机构应有安全防护装置及良好的防尘措施。

8.3　有线控制应注意防鼠害。

8.4　具备有效的防雷措施；雷雨电气，人工切断控制系统电源。

附 录 A
（规范性附录）

智能通风控制软件标准数据接口

A.1 范　　围

　　本附录规定了通风自动控制系统数据交换的数据项名称、数据项类型、数据项长度及计量单位等内容。

A.2　数据结构内容

A.2.1　数据项类型

字符型用 C 表示；日期型用 D 表示；数字型用 N 表示。

A.2.2　数据项长度

数据项长度以字节为单位。日期型的数据项长度若为长日期，其长度以实际数据库规定的长度为准。

A.3　通风自动控制系统的数据结构

　　仓房基本信息、粮食种类、仓房类型、仓房布点信息、粮情检测数据、通风状况等数据结构参见 GB/T 26882.3 粮油储藏粮情测控系统　第 3 部分"软件"的规定。

　　通风自动控制系统的数据结构如表 A.1 所示。

表 A.1　通风自动控制系统的数据结构

序号	数据项名称	数据项类型	数据项长度	计量单位	符号码	说明
1	通风阶段数据统计	/	/	/	VentStageDataCount	/
1.1	通风目的	C	4	/	Ventend	通风目的（降温、降水、排积热）
1.2	通风方式	C	4	/	VentType	/

续表 A.1

序号	数据项名称	数据项类型	数据项长度	计量单位	符号码	说明
1.3	统计时间	D	长日期	/	CountTime	该次统计日期及时间，格式为"YYYY-MM-DD hh：nn：ss"，即"####年-##月-##日##小时：##分：##秒"
1.4	通风开始时间	D	长日期	/	VentBeginTime	该次通风开始日期及时间，格式为"YYYY-MM-DD hh：nn：ss"，即"####年-##月-##日##小时：##分：##秒"
1.5	通风结束时间	D	长日期	/	VentEndTime	该次通风结束日期及时间，格式为"YYYY-MM-DD hh：nn：ss"，即"####年-##月-##日##小时：##分：##秒"
1.6	本次通风时间	N	8	分	TheVentNum	本次通风时间，以"分钟"为单位
1.7	累计通风时间	N	8	分	TotalVentTime	累计通风时间，以"分钟"为单位
1.8	累计通风次数	N	4	次	TotalVentNum	累计通风次数，以"次"为单位
1.9	仓内温度	N	4	℃	StoreInsideTemp	仓内空气温度
1.10	仓内湿度	N	4	%RH	StoreInsideRelaHumi	仓内空气相对湿度
1.11	仓内绝对湿度	N	4	g/m^3	StoreInsideAbsoHumi	仓内空气绝对湿度
1.12	环境温度	N	4	℃	EnvTemp	环境空气温度
1.13	环境相对湿度	N	4	%RH	EnvRelaHumi	环境空气相对湿度
1.14	环境绝对湿度	N	4	g/m^3	EnvAbsoHumi	环境空气绝对湿度
1.15	进风口温度	N	4	℃	EnterTemp	进风口空气温度
1.16	进风口相对湿度	N	4	%RH	EnterRelaHumi	进风口空气相对湿度
1.17	进风口绝对湿度	N	4	g/m^3	EnterAbsoHumi	进风口空气绝对湿度
1.18	出风口温度	N	4	℃	OutTemp	出风口空气温度
1.19	出风口相对湿度	N	4	%RH	OutRelaHumi	出风口空气相对湿度
1.20	出风口绝对湿度	N	4	g/m^3	OutAbsoHumi	出风口空气绝对湿度
1.21	拱顶温度	N	4	℃	VaultTemp	拱顶内空气温度

续表 A. 1

序号	数据项名称	数据项类型	数据项长度	计量单位	符号码	说明
1. 22	第几层平均粮温	N	4	℃	AvgTemp_x	某层平均粮温
2	系统参数	/	/	/	SystemParam	/
2. 1	数据检测频率	N	4	s	TestSeparate	定义两次检测的间隔时间，以"秒"为时间单位
2. 2	数据分析频率	N	4	s	AnalyseSeparate	定义两次分析的间隔时间，以"秒"为时间单位
2. 3	数据保存频率	N	4	s	SaveSeparate	定义两次保存的间隔时间，以"秒"为时间单位
2. 4	允许通风环境温度	N	4	℃	EnvTempCond	允许通风的环境温度
2. 5	允许通风环境湿度	N	4	% RH	EnvHumiCond	允许通风的环境相对湿度
2. 6	相邻粮层平均温度差	N	4	℃	GrainTempDiffer	允许通风的相邻粮层平均温度差值
2. 7	全仓平均粮温	N	4	℃	AvgGrainTemp	允许通风的全仓平均粮温
2. 8	仓房温差	N	4	℃	StoreTempDiffer	允许通风的仓房空间与环境的温度差值
2. 9	拱顶温差	N	4	℃	VaultTempDiffer	允许通风的拱顶与环境的温度差值
3	通风设备	/	/	/	VentDevice	/
3. 1	设备类型	C	4	/	DeviceType	设备类型包括通风窗、通风口、通风风机、谷物冷却机、加热装置等
3. 2	设备功率	N	4	W	DevicePower	
3. 3	设备开启端口号	N	4	/	DeviceStartNo	表示在控制模块中设备开启的端口号
3. 4	设备关停端口号	N	4	/	DeviceStopNo	表示在控制模块中设备关停的端口号
3. 5	设备状态	N	1	/	DeviceStatus	表示设备运行状态

政策与法规

中华人民共和国招标投标法

第一章　总　　则

　　第一条　为了规范招标投标活动，保护国家利益、社会公共利益和招标投标活动当事人的合法权益，提高经济效益，保证项目质量，制定本法。

　　第二条　在中华人民共和国境内进行招标投标活动，适用本法。

　　第三条　在中华人民共和国境内进行下列工程建设项目包括项目的勘察、设计、施工、监理以及与工程建设有关的重要设备、材料等的采购，必须进行招标：

　　（一）大型基础设施、公用事业等关系社会公共利益、公众安全的项目；

　　（二）全部或者部分使用国有资金投资或者国家融资的项目；

　　（三）使用国际组织或者外国政府贷款、援助资金的项目。

　　前款所列项目的具体范围和规模标准，由国务院发展计划部门会同国务院有关部门制定，报国务院批准。

　　法律或者国务院对必须进行招标的其他项目的范围有规定的，依照其规定。

　　第四条　任何单位和个人不得将依法必须进行招标的项目化整为零或者以其他任何方式规避招标。

　　第五条　招标投标活动应当遵循公开、公平、公正和诚实信用的原则。

　　第六条　依法必须进行招标的项目，其招标投标活动不受地区或者部门的限制。任何单位和个人不得违法限制或者排斥本地区、本系统以外的法人或者其他组织参加投标，不得以任何方式非法干涉招标投标活动。

　　第七条　招标投标活动及其当事人应当接受依法实施的监督。

　　有关行政监督部门依法对招标投标活动实施监督，依法查处招标投标活动中的违法行为。

　　对招标投标活动的行政监督及有关部门的具体职权划分，由国务院规定。

第二章　招　　标

第八条　招标人是依照本法规定提出招标项目、进行招标的法人或者其他组织。

第九条　招标项目按照国家有关规定需要履行项目审批手续的，应当先履行审批手续，取得批准。

招标人应当有进行招标项目的相应资金或者资金来源已经落实，并应当在招标文件中如实载明。

第十条　招标分为公开招标和邀请招标。

公开招标，是指招标人以招标公告的方式邀请不特定的法人或者其他组织投标。

邀请招标，是指招标人以投标邀请书的方式邀请特定的法人或者其他组织投标。

第十一条　国务院发展计划部门确定的国家重点项目和省、自治区、直辖市人民政府确定的地方重点项目不适宜公开招标的，经国务院发展计划部门或者省、自治区、直辖市人民政府批准，可以进行邀请招标。

第十二条　招标人有权自行选择招标代理机构，委托其办理招标事宜。任何单位和个人不得以任何方式为招标人指定招标代理机构。

招标人具有编制招标文件和组织评标能力的，可以自行办理招标事宜。任何单位和个人不得强制其委托招标代理机构办理招标事宜。

依法必须进行招标的项目，招标人自行办理招标事宜的，应当向有关行政监督部门备案。

第十三条　招标代理机构是依法设立、从事招标代理业务并提供相关服务的社会中介组织。

招标代理机构应当具备下列条件：

（一）有从事招标代理业务的营业场所和相应资金；

（二）有能够编制招标文件和组织评标的相应专业力量；

（三）有符合本法第三十七条第三款规定条件、可以作为评标委员会成员人选的技术、经济等方面的专家库。

第十四条　从事工程建设项目招标代理业务的招标代理机构，其资格由国务院或者省、自治区、直辖市人民政府的建设行政主管部门认定。具体办法由国务院建设行政主管部门会同国务院有关部门制定。从事其他招标代理业务的招标代理机构，其资格认定的主管部门由国务院规定。

招标代理机构与行政机关和其他国家机关不得存在隶属关系或者其他利益关系。

第十五条　招标代理机构应当在招标人委托的范围内办理招标事宜，并遵守本法关于招标人的规定。

第十六条　招标人采用公开招标方式的，应当发布招标公告。依法必须进行招标的项目的招标公告，应当通过国家指定的报刊、信息网络或者其他媒介发布。

招标公告应当载明招标人的名称和地址、招标项目的性质、数量、实施地点和时间以及获取招标文件的办法等事项。

第十七条　招标人采用邀请招标方式的，应当向三个以上具备承担招标项目的能力、资信良好的特定的法人或者其他组织发出投标邀请书。

投标邀请书应当载明本法第十六条第二款规定的事项。

第十八条　招标人可以根据招标项目本身的要求，在招标公告或者投标邀请书中，要求潜在投标人提供有关资质证明文件和业绩情况，并对潜在投标人进行资格审查；国家对投标人的资格条件有规定的，依照其规定。

招标人不得以不合理的条件限制或者排斥潜在投标人，不得对潜在投标人实行歧视待遇。

第十九条　招标人应当根据招标项目的特点和需要编制招标文件。招标文件应当包括招标项目的技术要求、对投标人资格审查的标准、投标报价要求和评标标准等所有实质性要求和条件以及拟签订合同的主要条款。

国家对招标项目的技术、标准有规定的，招标人应当按照其规定在招标文件中提出相应要求。

招标项目需要划分标段、确定工期的，招标人应当合理划分标段、确定工期，并在招标文件中载明。

第二十条　招标文件不得要求或者标明特定的生产供应者以及含有倾向或者排斥潜在投标人的其他内容。

第二十一条　招标人根据招标项目的具体情况，可以组织潜在投标人踏勘项目现场。

第二十二条　招标人不得向他人透露已获取招标文件的潜在投标人的名称、数量以及可能影响公平竞争的有关招标投标的其他情况。

招标人设有标底的，标底必须保密。

第二十三条　招标人对已发出的招标文件进行必要的澄清或者修改的，

应当在招标文件要求提交投标文件截止时间至少 15 日前，以书面形式通知所有招标文件收受人。该澄清或者修改的内容为招标文件的组成部分。

第二十四条 招标人应当确定投标人编制投标文件所需要的合理时间；但是，依法必须进行招标的项目，自招标文件开始发出之日起至投标人提交投标文件截止之日止，最短不得少于 20 日。

第三章 投 标

第二十五条 投标人是响应招标、参加投标竞争的法人或者其他组织。

依法招标的科研项目允许个人参加投标的，投标的个人适用本法有关投标人的规定。

第二十六条 投标人应当具备承担招标项目的能力；国家有关规定对投标人资格条件或者招标文件对投标人资格条件有规定的，投标人应当具备规定的资格条件。

第二十七条 投标人应当按照招标文件的要求编制投标文件。投标文件应当对招标文件提出的实质性要求和条件作出响应。

招标项目属于建设施工的，投标文件的内容应当包括拟派出的项目负责人与主要技术人员的简历、业绩和拟用于完成招标项目的机械设备等。

第二十八条 投标人应当在招标文件要求提交投标文件的截止时间前，将投标文件送达投标地点。招标人收到投标文件后，应当签收保存，不得开启。投标人少于 3 个的，招标人应当依照本法重新招标。

在招标文件要求提交投标文件的截止时间后送达的投标文件，招标人应当拒收。

第二十九条 投标人在招标文件要求提交投标文件的截止时间前，可以补充、修改或者撤回已提交的投标文件，并书面通知招标人。补充、修改的内容为投标文件的组成部分。

第三十条 投标人根据招标文件载明的项目实际情况，拟在中标后将中标项目的部分非主体、非关键性工作进行分包的，应当在投标文件中载明。

第三十一条 两个以上法人或者其他组织可以组成一个联合体，以一个投标人的身份共同投标。

联合体各方均应当具备承担招标项目的相应能力；国家有关规定或者招标文件对投标人资格条件有规定的，联合体各方均应当具备规定的相应资格条件。由同一专业的单位组成的联合体，按照资质等级较低的单位确定资质等级。

联合体各方应当签订共同投标协议,明确约定各方拟承担的工作和责任,并将共同投标协议连同投标文件一并提交招标人。联合体中标的,联合体各方应当共同与招标人签订合同,就中标项目向招标人承担连带责任。

招标人不得强制投标人组成联合体共同投标,不得限制投标人之间的竞争。

第三十二条 投标人不得相互串通投标报价,不得排挤其他投标人的公平竞争,损害招标人或者其他投标人的合法权益。

投标人不得与招标人串通投标,损害国家利益、社会公共利益或者他人的合法权益。

禁止投标人以向招标人或者评标委员会成员行贿的手段谋取中标。

第三十三条 投标人不得以低于成本的报价竞标,也不得以他人名义投标或者以其他方式弄虚作假,骗取中标。

第四章 开 标

第三十四条 开标应当在招标文件确定的提交投标文件截止时间的同一时间公开进行;开标地点应当为招标文件中预先确定的地点。

第三十五条 开标由招标人主持,邀请所有投标人参加。

第三十六条 开标时,由投标人或者其推选的代表检查投标文件的密封情况,也可以由招标人委托的公证机构检查并公证;经确认无误后,由工作人员当众拆封,宣读投标人名称、投标价格和投标文件的其他主要内容。

招标人在招标文件要求提交投标文件的截止时间前收到的所有投标文件,开标时都应当当众予以拆封、宣读。

开标过程应当记录,并存档备查。

第五章 评 标

第三十七条 评标由招标人依法组建的评标委员会负责。

依法必须进行招标的项目,其评标委员会由招标人的代表和有关技术、经济等方面的专家组成,成员人数为5人以上单数,其中技术、经济等方面的专家不得少于成员总数的三分之二。

前款专家应当从事相关领域工作满8年并具有高级职称或者具有同等专

业水平，由招标人从国务院有关部门或者省、自治区、直辖市人民政府有关部门提供的专家名册或者招标代理机构的专家库内的相关专业的专家名单中确定；一般招标项目可以采取随机抽取方式，特殊招标项目可以由招标人直接确定。

与投标人有利害关系的人不得进入相关项目的评标委员会；已经进入的应当更换。

评标委员会成员的名单在中标结果确定前应当保密。

第三十八条　招标人应当采取必要的措施，保证评标在严格保密的情况下进行。

任何单位和个人不得非法干预、影响评标的过程和结果。

第三十九条　评标委员会可以要求投标人对投标文件中含义不明确的内容作必要的澄清或者说明，但是澄清或者说明不得超出投标文件的范围或者改变投标文件的实质性内容。

第四十条　评标委员会应当按照招标文件确定的评标标准和方法，对投标文件进行评审和比较；设有标底的，应当参考标底。评标委员会完成评标后，应当向招标人提出书面评标报告，并推荐合格的中标候选人。

招标人根据评标委员会提出的书面评标报告和推荐的中标候选人确定中标人。招标人也可以授权评标委员会直接确定中标人。

国务院对特定招标项目的评标有特别规定的，从其规定。

第四十一条　中标人的投标应当符合下列条件之一：

（一）能够最大限度地满足招标文件中规定的各项综合评价标准；

（二）能够满足招标文件的实质性要求，并且经评审的投标价格最低；但是投标价格低于成本的除外。

第四十二条　评标委员会经评审，认为所有投标都不符合招标文件要求的，可以否决所有投标。

依法必须进行招标的项目的所有投标被否决的，招标人应当依照本法重新招标。

第四十三条　在确定中标人前，招标人不得与投标人就投标价格、投标方案等实质性内容进行谈判。

第四十四条　评标委员会成员应当客观、公正地履行职务，遵守职业道德，对所提出的评审意见承担个人责任。

评标委员会成员不得私下接触投标人，不得收受投标人的财物或者其他好处。

　　评标委员会成员和参与评标的有关工作人员不得透露对投标文件的评审和比较、中标候选人的推荐情况以及与评标有关的其他情况。

　　第四十五条　中标人确定后，招标人应当向中标人发出中标通知书，并同时将中标结果通知所有未中标的投标人。

　　中标通知书对招标人和中标人具有法律效力。中标通知书发出后，招标人改变中标结果的，或者中标人放弃中标项目的，应当依法承担法律责任。

　　第四十六条　招标人和中标人应当自中标通知书发出之日起 30 日内，按照招标文件和中标人的投标文件订立书面合同。招标人和中标人不得再行订立背离合同实质性内容的其他协议。

　　招标文件要求中标人提交履约保证金的，中标人应当提交。

　　第四十七条　依法必须进行招标的项目，招标人应当自确定中标人之日起 15 日内，向有关行政监督部门提交招标投标情况的书面报告。

　　第四十八条　中标人应当按照合同约定履行义务，完成中标项目。中标人不得向他人转让中标项目，也不得将中标项目肢解后分别向他人转让。

　　中标人按照合同约定或者经招标人同意，可以将中标项目的部分非主体、非关键性工作分包给他人完成。接受分包的人应当具备相应的资格条件，并不得再次分包。

　　中标人应当就分包项目向招标人负责，接受分包的人就分包项目承担连带责任。

第六章　责　　任

　　第四十九条　违反本法规定，必须进行招标的项目而不招标的，将必须进行招标的项目化整为零或者以其他任何方式规避招标的，责令限期改正，可以处项目合同金额 5‰以上 10‰以下的罚款；对全部或者部分使用国有资金的项目，可以暂停项目执行或者暂停资金拨付；对单位直接负责的主管人员和其他直接责任人员依法给予处分。

　　第五十条　招标代理机构违反本法规定，泄露应当保密的与招标投标活动有关的情况和资料的，或者与招标人、投标人串通损害国家利益、社会公共利益或者他人合法权益的，处 5 万元以上 25 万元以下的罚款，对单位直接负责的主管人员和其他直接责任人员处单位罚款数额 5%以上 10%以下的罚款；有违法所得的，并处没收违法所得；情节严重的，暂停直至取消招标代理资格；构成犯罪的，依法追究刑事责任。给他人造成损失的，依法承担赔偿责任。

前款所列行为影响中标结果的，中标无效。

第五十一条　招标人以不合理的条件限制或者排斥潜在投标人的，对潜在投标人实行歧视待遇的，强制要求投标人组成联合体共同投标的，或者限制投标人之间竞争的，责令改正，可以处 1 万元以上 5 万元以下的罚款。

第五十二条　依法必须进行招标的项目的招标人向他人透露已获取招标文件的潜在投标人的名称、数量或者可能影响公平竞争的有关招标投标的其他情况的，或者泄露标底的，给予警告，可以并处 1 万元以上 10 万元以下的罚款；对单位直接负责的主管人员和其他直接责任人员依法给予处分；构成犯罪的，依法追究刑事责任。

前款所列行为影响中标结果的，中标无效。

第五十三条　投标人相互串通投标或者与招标人串通投标的，投标人以向招标人或者评标委员会成员行贿的手段谋取中标的，中标无效，处中标项目金额 5‰以上 10‰以下的罚款，对单位直接负责的主管人员和其他直接责任人员处单位罚款数额 5% 以上 10% 以下的罚款；有违法所得的，并处没收违法所得；情节严重的，取消其 1 年至 2 年内参加依法必须进行招标的项目的投标资格并予以公告，直至由工商行政管理机关吊销营业执照；构成犯罪的，依法追究刑事责任。给他人造成损失的，依法承担赔偿责任。

第五十四条　投标人以他人名义投标或者以其他方式弄虚作假，骗取中标的，中标无效。给招标人造成损失的，依法承担赔偿责任；构成犯罪的，依法追究刑事责任。

依法必须进行招标的项目的投标人有前款所列行为尚未构成犯罪的，处中标项目金额 5‰以上 10‰以下的罚款，对单位直接负责的主管人员和其他直接责任人员处单位罚款数额 5% 以上 10% 以下的罚款；有违法所得的，并处没收违法所得；情节严重的，取消其 1 年至 3 年内参加依法必须进行招标的项目的投标资格并予以公告，直至由工商行政管理机关吊销营业执照。

第五十五条　依法必须进行招标的项目，招标人违反本法规定，与投标人就投标价格、投标方案等实质性内容进行谈判的，给予警告，对单位直接负责的主管人员和其他直接责任人员依法给予处分。

前款所列行为影响中标结果的，中标无效。

第五十六条　评标委员会成员收受投标人的财物或者其他好处的，评标委员会成员或者参加评标的有关工作人员向他人透露对投标文件的评审和比较、中标候选人的推荐以及与评标有关的其他情况的，给予警告，没收收受的财物，可以并处 3000 元以上 5 万元以下的罚款，对有所列违法行为的评标委员会成员取消担任评标委员会成员的资格，不得再参加任何依法必须进行招标的项目的评标；构成犯罪的，依法追究刑事责任。

第五十七条　招标人在评标委员会依法推荐的中标候选人以外确定中标人的，依法必须进行招标的项目在所有投标被评标委员会否决后自行确定中标人的，中标无效。责令改正，可以处中标项目金额 5‰以上 10‰以下的罚款；对单位直接负责的主管人员和其他直接责任人员依法给予处分。

第五十八条　中标人将中标项目转让给他人的，将中标项目肢解后分别转让给他人的，违反本法规定将中标项目的部分主体、关键性工作分包给他人的，或者分包人再次分包的，转让、分包无效，处转让、分包项目金额 5‰以上 10‰以下的罚款；有违法所得的，并处没收违法所得；可以责令停业整顿；情节严重的，由工商行政管理机关吊销营业执照。

第五十九条　招标人与中标人不按照招标文件和中标人的投标文件订立合同的，或者招标人、中标人订立背离合同实质性内容的协议的，责令改正；可以处中标项目金额 5‰以上 10‰以下的罚款。

第六十条　中标人不履行与招标人订立的合同的，履约保证金不予退还，给招标人造成的损失超过履约保证金数额的，还应当对超过部分予以赔偿；没有提交履约保证金的，应当对招标人的损失承担赔偿责任。

中标人不按照与招标人订立的合同履行义务，情节较为严重的，取消其 2 年至 5 年内参加依法必须进行招标的项目的投标资格并予以公告，直至由工商行政管理机关吊销营业执照。

因不可抗力不能履行合同的，不适用前两款规定。

第六十一条　本章规定的行政处罚，由国务院规定的有关行政监督部门决定。本法已对实施行政处罚的机关作出规定的除外。

第六十二条　任何单位违反本法规定，限制或者排斥本地区、本系统以外的法人或者其他组织参加投标的，为招标人指定招标代理机构的，强制招标人委托招标代理机构办理招标事宜的，或者以其他方式干涉招标投标活动的，责令改正；对单位直接负责的主管人员和其他直接责任人员依法给予警告、记过、记大过的处分，情节较重的，依法给予降级、撤职、开除的处分。

个人利用职权进行前款违法行为的，依照前款规定追究责任。

第六十三条　对招标投标活动依法负有行政监督职责的国家机关工作人员徇私舞弊、滥用职权或者玩忽职守，构成犯罪的，依法追究刑事责任；不构成犯罪的，依法给予行政处分。

第六十四条　依法必须进行招标的项目违反本法规定，中标无效的，应当依照本法规定的中标条件从其余投标人中重新确定中标人或者依照本法重新进行招标。

第七章　附　　则

第六十五条　投标人和其他利害关系人认为招标投标活动不符合本法有关规定的，有权向招标人提出异议或者依法向有关行政监督部门投诉。

第六十六条　涉及国家安全、国家秘密、抢险救灾或者属于利用扶贫资金实行以工代赈、需要使用农民工等特殊情况，不适宜进行招标的项目，按照国家有关规定可以不进行招标。

第六十七条　使用国际组织或者外国政府贷款、援助资金的项目进行招标，贷款方、资金提供方对招标投标的具体条件和程序有不同规定的，可以适用其规定，但违背中华人民共和国的社会公共利益的除外。

第六十八条　本法自 2000 年 1 月 1 日起施行。

中华人民共和国政府采购法

第一章 总 则

第一条 为了规范政府采购行为，提高政府采购资金的使用效益，维护国家利益和社会公共利益，保护政府采购当事人的合法权益，促进廉政建设，制定本法。

第二条 在中华人民共和国境内进行的政府采购适用本法。

本法所称政府采购，是指各级国家机关、事业单位和团体组织，使用财政性资金采购依法制定的集中采购目录以内的或者采购限额标准以上的货物、工程和服务的行为。

政府集中采购目录和采购限额标准依照本法规定的权限制定。

本法所称采购，是指以合同方式有偿取得货物、工程和服务的行为，包括购买、租赁、委托、雇用等。

本法所称货物，是指各种形态和种类的物品，包括原材料、燃料、设备、产品等。

本法所称工程，是指建设工程，包括建筑物和构筑物的新建、改建、扩建、装修、拆除、修缮等。

本法所称服务，是指除货物和工程以外的其他政府采购对象。

第三条 政府采购应当遵循公开透明原则、公平竞争原则、公正原则和诚实信用原则。

第四条 政府采购工程进行招标投标的，适用招标投标法。

第五条 任何单位和个人不得采用任何方式，阻挠和限制供应商自由进入本地区和本行业的政府采购市场。

第六条 政府采购应当严格按照批准的预算执行。

第七条 政府采购实行集中采购和分散采购相结合。集中采购的范围由省级以上人民政府公布的集中采购目录确定。

属于中央预算的政府采购项目，其集中采购目录由国务院确定并公布；属于地方预算的政府采购项目，其集中采购目录由省、自治区、直辖市人民政府或者其授权的机构确定并公布。

纳入集中采购目录的政府采购项目，应当实行集中采购。

第八条　政府采购限额标准，属于中央预算的政府采购项目，由国务院确定并公布；属于地方预算的政府采购项目，由省、自治区、直辖市人民政府或者其授权的机构确定并公布。

第九条　政府采购应当有助于实现国家的经济和社会发展政策目标，包括保护环境，扶持不发达地区和少数民族地区，促进中小企业发展等。

第十条　政府采购应当采购本国货物、工程和服务。但有下列情形之一的除外：

（一）需要采购的货物、工程或者服务在中国境内无法获取或者无法以合理的商业条件获取的；

（二）为在中国境外使用而进行采购的；

（三）其他法律、行政法规另有规定的。

前款所称本国货物、工程和服务的界定，依照国务院有关规定执行。

第十一条　政府采购的信息应当在政府采购监督管理部门指定的媒体上及时向社会公开发布，但涉及商业秘密的除外。

第十二条　在政府采购活动中，采购人员及相关人员与供应商有利害关系的，必须回避。供应商认为采购人员及相关人员与其他供应商有利害关系的，可以申请其回避。

前款所称相关人员，包括招标采购中评标委员会的组成人员，竞争性谈判采购中谈判小组的组成人员，询价采购中询价小组的组成人员等。

第十三条　各级人民政府财政部门是负责政府采购监督管理的部门，依法履行对政府采购活动的监督管理职责。

各级人民政府其他有关部门依法履行与政府采购活动有关的监督管理职责。

第二章　政府采购当事人

第十四条　政府采购当事人是指在政府采购活动中享有权利和承担义务的各类主体，包括采购人、供应商和采购代理机构等。

第十五条　采购人是指依法进行政府采购的国家机关、事业单位、团体组织。

第十六条　集中采购机构为采购代理机构。设区的市、自治州以上人民政府根据本级政府采购项目组织集中采购的需要设立集中采购机构。

集中采购机构是非营利事业法人，根据采购人的委托办理采购事宜。

第十七条　集中采购机构进行政府采购活动，应当符合采购价格低于市场平均价格、采购效率更高、采购质量优良和服务良好的要求。

第十八条　采购人采购纳入集中采购目录的政府采购项目，必须委托集中采购机构代理采购；采购未纳入集中采购目录的政府采购项目，可以自行采购，也可以委托集中采购机构在委托的范围内代理采购。

纳入集中采购目录属于通用的政府采购项目的，应当委托集中采购机构代理采购；属于本部门、本系统有特殊要求的项目，应当实行部门集中采购；属于本单位有特殊要求的项目，经省级以上人民政府批准，可以自行采购。

第十九条　采购人可以委托经国务院有关部门或者省级人民政府有关部门认定资格的采购代理机构，在委托的范围内办理政府采购事宜。

采购人有权自行选择采购代理机构，任何单位和个人不得以任何方式为采购人指定采购代理机构。

第二十条　采购人依法委托采购代理机构办理采购事宜的，应当由采购人与采购代理机构签订委托代理协议，依法确定委托代理的事项，约定双方的权利义务。

第二十一条　供应商是指向采购人提供货物、工程或者服务的法人、其他组织或者自然人。

第二十二条　供应商参加政府采购活动应当具备下列条件：

（一）具有独立承担民事责任的能力；

（二）具有良好的商业信誉和健全的财务会计制度；

（三）具有履行合同所必需的设备和专业技术能力；

（四）有依法缴纳税收和社会保障资金的良好记录；

（五）参加政府采购活动前三年内，在经营活动中没有重大违法记录；

（六）法律、行政法规规定的其他条件。

采购人可以根据采购项目的特殊要求，规定供应商的特定条件，但不得以不合理的条件对供应商实行差别待遇或者歧视待遇。

第二十三条　采购人可以要求参加政府采购的供应商提供有关资质证明文件和业绩情况，并根据本法规定的供应商条件和采购项目对供应商的特定要求，对供应商的资格进行审查。

第二十四条　两个以上的自然人、法人或者其他组织可以组成一个联合体，以一个供应商的身份共同参加政府采购。

以联合体形式进行政府采购的，参加联合体的供应商均应当具备本法第二十二条规定的条件，并应当向采购人提交联合协议，载明联合体各方承担的工作和义务。联合体各方应当共同与采购人签订采购合同，就采购合同约定的事项对采购人承担连带责任。

第二十五条　政府采购当事人不得相互串通损害国家利益、社会公共利益和其他当事人的合法权益；不得以任何手段排斥其他供应商参与竞争。

供应商不得以向采购人、采购代理机构、评标委员会的组成人员、竞争性谈判小组的组成人员、询价小组的组成人员行贿或者采取其他不正当手段谋取中标或者成交。

采购代理机构不得以向采购人行贿或者采取其他不正当手段谋取非法利益。

第三章　政府采购方式

第二十六条　政府采购采用以下方式：

（一）公开招标；

（二）邀请招标；

（三）竞争性谈判；

（四）单一来源采购；

（五）询价；

（六）国务院政府采购监督管理部门认定的其他采购方式。

公开招标应作为政府采购的主要采购方式。

第二十七条　采购人采购货物或者服务应当采用公开招标方式的，其具体数额标准，属于中央预算的政府采购项目，由国务院规定；属于地方预算的政府采购项目，由省、自治区、直辖市人民政府规定；因特殊情况需要采用公开招标以外的采购方式的，应当在采购活动开始前获得设区的市、自治州以上人民政府采购监督管理部门的批准。

第二十八条　采购人不得将应当以公开招标方式采购的货物或者服务化整为零或者以其他任何方式规避公开招标采购。

第二十九条　符合下列情形之一的货物或者服务，可以依照本法采用邀请招标方式采购：

（一）具有特殊性，只能从有限范围的供应商处采购的；

（二）采用公开招标方式的费用占政府采购项目总价值的比例过大的。

第三十条　符合下列情形之一的货物或者服务，可以依照本法采用竞争性谈判方式采购：

（一）招标后没有供应商投标或者没有合格标的或者重新招标未能成立的；

（二）技术复杂或者性质特殊，不能确定详细规格或者具体要求的；

（三）采用招标所需时间不能满足用户紧急需要的；

（四）不能事先计算出价格总额的。

第三十一条　符合下列情形之一的货物或者服务，可以依照本法采用单一来源方式采购：

（一）只能从唯一供应商处采购的；

（二）发生了不可预见的紧急情况不能从其他供应商处采购的；

（三）必须保证原有采购项目一致性或者服务配套的要求，需要继续从原供应商处添购，且添购资金总额不超过原合同采购金额10%的。

第三十二条　采购的货物规格、标准统一、现货货源充足且价格变化幅度小的政府采购项目，可以依照本法采用询价方式采购。

第四章　政府采购程序

第三十三条　负有编制部门预算职责的部门在编制下一财政年度部门预算时，应当将该财政年度政府采购的项目及资金预算列出，报本级财政部门汇总。部门预算的审批，按预算管理权限和程序进行。

第三十四条　货物或者服务项目采取邀请招标方式采购的，采购人应当从符合相应资格条件的供应商中，通过随机方式选择三家以上的供应商，并向其发出投标邀请书。

第三十五条　货物和服务项目实行招标方式采购的，自招标文件开始发出之日起至投标人提交投标文件截止之日止，不得少于20日。

第三十六条　在招标采购中，出现下列情形之一的，应予废标：

（一）符合专业条件的供应商或者对招标文件作实质响应的供应商不足三家的；

（二）出现影响采购公正的违法、违规行为的；

（三）投标人的报价均超过了采购预算，采购人不能支付的；

（四）因重大变故，采购任务取消的。

废标后，采购人应当将废标理由通知所有投标人。

第三十七条　废标后，除采购任务取消情形外，应当重新组织招标；需要采取其他方式采购的，应当在采购活动开始前获得设区的市、自治州以上人民政府采购监督管理部门或者政府有关部门批准。

第三十八条　采用竞争性谈判方式采购的，应当遵循下列程序：

（一）成立谈判小组。谈判小组由采购人的代表和有关专家共三人以上的单数组成，其中专家的人数不得少于成员总数的三分之二。

（二）制定谈判文件。谈判文件应当明确谈判程序、谈判内容、合同草案的条款以及评定成交的标准等事项。

（三）确定邀请参加谈判的供应商名单。谈判小组从符合相应资格条件的供应商名单中确定不少于三家的供应商参加谈判，并向其提供谈判文件。

（四）谈判。谈判小组所有成员集中与单一供应商分别进行谈判。在谈判中，谈判的任何一方不得透露与谈判有关的其他供应商的技术资料、价格和其他信息。谈判文件有实质性变动的，谈判小组应当以书面形式通知所有参加谈判的供应商。

（五）确定成交供应商。谈判结束后，谈判小组应当要求所有参加谈判的供应商在规定时间内进行最后报价，采购人从谈判小组提出的成交候选人中根据符合采购需求、质量和服务相等且报价最低的原则确定成交供应商，并将结果通知所有参加谈判的未成交的供应商。

第三十九条　采取单一来源方式采购的，采购人与供应商应当遵循本法规定的原则，在保证采购项目质量和双方商定合理价格的基础上进行采购。

第四十条　采取询价方式采购的，应当遵循下列程序：

（一）成立询价小组。询价小组由采购人的代表和有关专家共三人以上的单数组成，其中专家的人数不得少于成员总数的三分之二。询价小组应当对采购项目的价格构成和评定成交的标准等事项作出规定。

（二）确定被询价的供应商名单。询价小组根据采购需求，从符合相应资格条件的供应商名单中确定不少于3家的供应商，并向其发出询价通知书让其报价。

（三）询价。询价小组要求被询价的供应商一次报出不得更改的价格。

（四）确定成交供应商。采购人根据符合采购需求、质量和服务相等且报价最低的原则确定成交供应商，并将结果通知所有被询价的未成交的供应商。

第四十一条　采购人或者其委托的采购代理机构应当组织对供应商履约

的验收。大型或者复杂的政府采购项目，应当邀请国家认可的质量检测机构参加验收工作。验收方成员应当在验收书上签字，并承担相应的法律责任。

第四十二条　采购人、采购代理机构对政府采购项目每项采购活动的采购文件应当妥善保存，不得伪造、变造、隐匿或者销毁。采购文件的保存期限为从采购结束之日起至少保存 15 年。

采购文件包括采购活动记录、采购预算、招标文件、投标文件、评标标准、评估报告、定标文件、合同文本、验收证明、质疑答复、投诉处理决定及其他有关文件、资料。

采购活动记录至少应当包括下列内容：

（一）采购项目类别、名称；

（二）采购项目预算、资金构成和合同价格；

（三）采购方式，采用公开招标以外的采购方式的，应当载明原因；

（四）邀请和选择供应商的条件及原因；

（五）评标标准及确定中标人的原因；

（六）废标的原因；

（七）采用招标以外采购方式的相应记载。

第五章　政府采购合同

第四十三条　政府采购合同适用合同法。采购人和供应商之间的权利和义务，应当按照平等、自愿的原则以合同方式约定。

采购人可以委托采购代理机构代表其与供应商签订政府采购合同。由采购代理机构以采购人名义签订合同的，应当提交采购人的授权委托书，作为合同附件。

第四十四条　政府采购合同应当采用书面形式。

第四十五条　国务院政府采购监督管理部门应当会同国务院有关部门，规定政府采购合同必须具备的条款。

第四十六条　采购人与中标、成交供应商应当在中标、成交通知书发出之日起 30 日内，按照采购文件确定的事项签订政府采购合同。

中标、成交通知书对采购人和中标、成交供应商均具有法律效力。中标、成交通知书发出后，采购人改变中标、成交结果的，或者中标、成交供应商放弃中标、成交项目的，应当依法承担法律责任。

第四十七条　政府采购项目的采购合同自签订之日起 7 个工作日内，采购人应当将合同副本报同级政府采购监督管理部门和有关部门备案。

第四十八条　经采购人同意，中标、成交供应商可以依法采取分包方式履行合同。

政府采购合同分包履行的，中标、成交供应商就采购项目和分包项目向采购人负责，分包供应商就分包项目承担责任。

第四十九条　政府采购合同履行中，采购人需追加与合同标的相同的货物、工程或者服务的，在不改变合同其他条款的前提下，可以与供应商协商签订补充合同，但所有补充合同的采购金额不得超过原合同采购金额的 10%。

第五十条　政府采购合同的双方当事人不得擅自变更、中止或者终止合同。

政府采购合同继续履行将损害国家利益和社会公共利益的，双方当事人应当变更、中止或者终止合同。有过错的一方应当承担赔偿责任，双方都有过错的，各自承担相应的责任。

第六章　质疑与投诉

第五十一条　供应商对政府采购活动事项有疑问的，可以向采购人提出询问，采购人应当及时作出答复，但答复的内容不得涉及商业秘密。

第五十二条　供应商认为采购文件、采购过程和中标、成交结果使自己的权益受到损害的，可以在知道或者应知其权益受到损害之日起 7 个工作日内，以书面形式向采购人提出质疑。

第五十三条　采购人应当在收到供应商的书面质疑后 7 个工作日内作出答复，并以书面形式通知质疑供应商和其他有关供应商，但答复的内容不得涉及商业秘密。

第五十四条　采购人委托采购代理机构采购的，供应商可以向采购代理机构提出询问或者质疑，采购代理机构应当依照本法第五十一条、第五十三条的规定就采购人委托授权范围内的事项作出答复。

第五十五条　质疑供应商对采购人、采购代理机构的答复不满意或者采购人、采购代理机构未在规定的时间内作出答复的，可以在答复期满后 15 个工作日内向同级政府采购监督管理部门投诉。

第五十六条　政府采购监督管理部门应当在收到投诉后 30 个工作日内，对投诉事项作出处理决定，并以书面形式通知投诉人和与投诉事项有关的当事人。

第五十七条　政府采购监督管理部门在处理投诉事项期间，可以视具体情况书面通知采购人暂停采购活动，但暂停时间最长不得超过 30 日。

第五十八条　投诉人对政府采购监督管理部门的投诉处理决定不服或者政府采购监督管理部门逾期未作处理的，可以依法申请行政复议或者向人民法院提起行政诉讼。

第七章　监督检查

第五十九条　政府采购监督管理部门应当加强对政府采购活动及集中采购机构的监督检查。

监督检查的主要内容是：

（一）有关政府采购的法律、行政法规和规章的执行情况；

（二）采购范围、采购方式和采购程序的执行情况；

（三）政府采购人员的职业素质和专业技能。

第六十条　政府采购监督管理部门不得设置集中采购机构，不得参与政府采购项目的采购活动。

采购代理机构与行政机关不得存在隶属关系或者其他利益关系。

第六十一条　集中采购机构应当建立健全内部监督管理制度。采购活动的决策和执行程序应当明确，并相互监督、相互制约。经办采购的人员与负责采购合同审核、验收人员的职责权限应当明确，并相互分离。

第六十二条　集中采购机构的采购人员应当具有相关职业素质和专业技能，符合政府采购监督管理部门规定的专业岗位任职要求。

集中采购机构对其工作人员应当加强教育和培训；对采购人员的专业水平、工作实绩和职业道德状况定期进行考核。采购人员经考核不合格的，不得继续任职。

第六十三条　政府采购项目的采购标准应当公开。

采用本法规定的采购方式的，采购人在采购活动完成后，应当将采购结果予以公布。

第六十四条　采购人必须按照本法规定的采购方式和采购程序进行采购。

任何单位和个人不得违反本法规定，要求采购人或者采购工作人员向其指定的供应商进行采购。

第六十五条　政府采购监督管理部门应当对政府采购项目的采购活动进行检查，政府采购当事人应当如实反映情况，提供有关材料。

第六十六条　政府采购监督管理部门应当对集中采购机构的采购价格、节约资金效果、服务质量、信誉状况、有无违法行为等事项进行考核，并定期如实公布考核结果。

第六十七条　依照法律、行政法规的规定对政府采购负有行政监督职责的政府有关部门，应当按照其职责分工，加强对政府采购活动的监督。

第六十八条　审计机关应当对政府采购进行审计监督。政府采购监督管理部门、政府采购各当事人有关政府采购活动，应当接受审计机关的审计监督。

第六十九条　监察机关应当加强对参与政府采购活动的国家机关、国家公务员和国家行政机关任命的其他人员实施监察。

第七十条　任何单位和个人对政府采购活动中的违法行为，有权控告和检举，有关部门、机关应当依照各自职责及时处理。

第八章　法律责任

第七十一条　采购人、采购代理机构有下列情形之一的，责令限期改正，给予警告，可以并处罚款，对直接负责的主管人员和其他直接责任人员，由其行政主管部门或者有关机关给予处分，并予通报：

（一）应当采用公开招标方式而擅自采用其他方式采购的；

（二）擅自提高采购标准的；

（三）委托不具备政府采购业务代理资格的机构办理采购事务的；

（四）以不合理的条件对供应商实行差别待遇或者歧视待遇的；

（五）在招标采购过程中与投标人进行协商谈判的；

（六）中标、成交通知书发出后不与中标、成交供应商签订采购合同的；

（七）拒绝有关部门依法实施监督检查的。

第七十二条　采购人、采购代理机构及其工作人员有下列情形之一，构成犯罪的，依法追究刑事责任；尚不构成犯罪的，处以罚款，有违法所得的，并处没收违法所得，属于国家机关工作人员的，依法给予行政处分：

（一）与供应商或者采购代理机构恶意串通的；

（二）在采购过程中接受贿赂或者获取其他不正当利益的；

（三）在有关部门依法实施的监督检查中提供虚假情况的；

（四）开标前泄露标底的。

第七十三条　有前两条违法行为之一影响中标、成交结果或者可能影响中标、成交结果的，按下列情况分别处理：

（一）未确定中标、成交供应商的，终止采购活动；

（二）中标、成交供应商已经确定但采购合同尚未履行的，撤销合同，从合格的中标、成交候选人中另行确定中标、成交供应商；

（三）采购合同已经履行的，给采购人、供应商造成损失的，由责任人承担赔偿责任。

第七十四条　采购人对应当实行集中采购的政府采购项目，不委托集中采购机构实行集中采购的，由政府采购监督管理部门责令改正；拒不改正的，停止按预算向其支付资金，由其上级行政主管部门或者有关机关依法给予其直接负责的主管人员和其他直接责任人员处分。

第七十五条　采购人未依法公布政府采购项目的采购标准和采购结果的，责令改正，对直接负责的主管人员依法给予处分。

第七十六条　采购人、采购代理机构违反本法规定隐匿、销毁应当保存的采购文件或者伪造、变造采购文件的，由政府采购监督管理部门处以 2 万元以上 10 万元以下的罚款，对其直接负责的主管人员和其他直接责任人员依法给予处分；构成犯罪的，依法追究刑事责任。

第七十七条　供应商有下列情形之一的，处以采购金额 5‰以上 10‰以下的罚款，列入不良行为记录名单，在 1 年至 3 年内禁止参加政府采购活动，有违法所得的，并处没收违法所得，情节严重的，由工商行政管理机关吊销营业执照；构成犯罪的，依法追究刑事责任：

（一）提供虚假材料谋取中标、成交的；

（二）采取不正当手段诋毁、排挤其他供应商的；

（三）与采购人、其他供应商或者采购代理机构恶意串通的；

（四）向采购人、采购代理机构行贿或者提供其他不正当利益的；

（五）在招标采购过程中与采购人进行协商谈判的；

（六）拒绝有关部门监督检查或者提供虚假情况的。

供应商有前款第（一）至（五）项情形之一的，中标、成交无效。

第七十八条　采购代理机构在代理政府采购业务中有违法行为的，按照有关法律规定处以罚款，可以在一至三年内禁止其代理政府采购业务，构成犯罪的，依法追究刑事责任。

第七十九条　政府采购当事人有本法第七十一条、第七十二条、第七十七条违法行为之一，给他人造成损失的，并应依照有关民事法律规定承担民事责任。

第八十条　政府采购监督管理部门的工作人员在实施监督检查中违反本法规定滥用职权，玩忽职守，徇私舞弊的，依法给予行政处分；构成犯罪的，依法追究刑事责任。

第八十一条　政府采购监督管理部门对供应商的投诉逾期未作处理的，给予直接负责的主管人员和其他直接责任人员行政处分。

第八十二条　政府采购监督管理部门对集中采购机构业绩的考核，有虚假陈述，隐瞒真实情况的，或者不作定期考核和公布考核结果的，应当及时纠正，由其上级机关或者监察机关对其负责人进行通报，并对直接负责的人员依法给予行政处分。

集中采购机构在政府采购监督管理部门考核中，虚报业绩，隐瞒真实情况的，处以 2 万元以上 20 万元以下的罚款，并予以通报；情节严重的，取消其代理采购的资格。

第八十三条　任何单位或者个人阻挠和限制供应商进入本地区或者本行业政府采购市场的，责令限期改正；拒不改正的，由该单位、个人的上级行政主管部门或者有关机关给予单位责任人或者个人处分。

第九章　附　　则

第八十四条　使用国际组织和外国政府贷款进行的政府采购，贷款方、资金提供方与中方达成的协议对采购的具体条件另有规定的，可以适用其规定，但不得损害国家利益和社会公共利益。

第八十五条　对因严重自然灾害和其他不可抗力事件所实施的紧急采购和涉及国家安全和秘密的采购，不适用本法。

第八十六条　军事采购法规由中央军事委员会另行制定。

第八十七条　本法实施的具体步骤和办法由国务院规定。

第八十八条　本法自 2003 年 1 月 1 日起施行。

中华人民共和国招标投标法实施条例

（国务院令第 613 号）

第一章　总　　则

第一条　为了规范招标投标活动，根据《中华人民共和国招标投标法》（以下简称招标投标法），制定本条例。

第二条　招标投标法第三条所称工程建设项目，是指工程以及与工程建设有关的货物、服务。前款所称工程，是指建设工程，包括建筑物和构筑物的新建、改建、扩建及其相关的装修、拆除、修缮等；所称与工程建设有关的货物，是指构成工程不可分割的组成部分，且为实现工程基本功能所必需的设备、材料等；所称与工程建设有关的服务，是指为完成工程所需的勘察、设计、监理等服务。

第三条　依法必须进行招标的工程建设项目的具体范围和规模标准，由国务院发展改革部门会同国务院有关部门制定，报国务院批准后公布施行。

第四条　国务院发展改革部门指导和协调全国招标投标工作，对国家重大建设项目的工程招标投标活动实施监督检查。国务院工业和信息化、住房城乡建设、交通运输、铁道、水利、商务等部门，按照规定的职责分工对有关招标投标活动实施监督。

县级以上地方人民政府发展改革部门指导和协调本行政区域的招标投标工作。县级以上地方人民政府有关部门按照规定的职责分工，对招标投标活动实施监督，依法查处招标投标活动中的违法行为。县级以上地方人民政府对其所属部门有关招标投标活动的监督职责分工另有规定的，从其规定。

财政部门依法对实行招标投标的政府采购工程建设项目的预算执行情况和政府采购政策执行情况实施监督。

监察机关依法对与招标投标活动有关的监察对象实施监察。

第五条　设区的市级以上地方人民政府可以根据实际需要，建立统一规范的招标投标交易场所，为招标投标活动提供服务。招标投标交易场所不得与行政监督部门存在隶属关系，不得以营利为目的。

国家鼓励利用信息网络进行电子招标投标。

第六条　禁止国家工作人员以任何方式非法干涉招标投标活动。

第二章　招　　标

第七条　按照国家有关规定需要履行项目审批、核准手续的依法必须进行招标的项目，其招标范围、招标方式、招标组织形式应当报项目审批、核准部门审批、核准。项目审批、核准部门应当及时将审批、核准确定的招标范围、招标方式、招标组织形式通报有关行政监督部门。

第八条　国有资金占控股或者主导地位的依法必须进行招标的项目，应当公开招标；但有下列情形之一的，可以邀请招标：

（一）技术复杂、有特殊要求或者受自然环境限制，只有少量潜在投标人可供选择；

（二）采用公开招标方式的费用占项目合同金额的比例过大。

有前款第二项所列情形，属于本条例第七条规定的项目，由项目审批、核准部门在审批、核准项目时作出认定；其他项目由招标人申请有关行政监督部门作出认定。

第九条　除招标投标法第六十六条规定的可以不进行招标的特殊情况外，有下列情形之一的，可以不进行招标：

（一）需要采用不可替代的专利或者专有技术；

（二）采购人依法能够自行建设、生产或者提供；

（三）已通过招标方式选定的特许经营项目投资人依法能够自行建设、生产或者提供；

（四）需要向原中标人采购工程、货物或者服务，否则将影响施工或者功能配套要求；

（五）国家规定的其他特殊情形。

招标人为适用前款规定弄虚作假的，属于招标投标法第四条规定的规避招标。

第十条　招标投标法第十二条第二款规定的招标人具有编制招标文件和组织评标能力，是指招标人具有与招标项目规模和复杂程度相适应的技术、经济等方面的专业人员。

第十一条　招标代理机构的资格依照法律和国务院的规定由有关部门

认定。

国务院住房城乡建设、商务、发展改革、工业和信息化等部门，按照规定的职责分工对招标代理机构依法实施监督管理。

第十二条　招标代理机构应当拥有一定数量的取得招标职业资格的专业人员。取得招标职业资格的具体办法由国务院人力资源社会保障部门会同国务院发展改革部门制定。

第十三条　招标代理机构在其资格许可和招标人委托的范围内开展招标代理业务，任何单位和个人不得非法干涉。

招标代理机构代理招标业务，应当遵守招标投标法和本条例关于招标人的规定。招标代理机构不得在所代理的招标项目中投标或者代理投标，也不得为所代理的招标项目的投标人提供咨询。

招标代理机构不得涂改、出租、出借、转让资格证书。

第十四条　招标人应当与被委托的招标代理机构签订书面委托合同，合同约定的收费标准应当符合国家有关规定。

第十五条　公开招标的项目，应当依照招标投标法和本条例的规定发布招标公告、编制招标文件。

招标人采用资格预审办法对潜在投标人进行资格审查的，应当发布资格预审公告、编制资格预审文件。

依法必须进行招标的项目的资格预审公告和招标公告，应当在国务院发展改革部门依法指定的媒介发布。在不同媒介发布的同一招标项目的资格预审公告或者招标公告的内容应当一致。指定媒介发布依法必须进行招标的项目的境内资格预审公告、招标公告，不得收取费用。

编制依法必须进行招标的项目的资格预审文件和招标文件，应当使用国务院发展改革部门会同有关行政监督部门制定的标准文本。

第十六条　招标人应当按照资格预审公告、招标公告或者投标邀请书规定的时间、地点发售资格预审文件或者招标文件。资格预审文件或者招标文件的发售期不得少于5日。

招标人发售资格预审文件、招标文件收取的费用应当限于补偿印刷、邮寄的成本支出，不得以营利为目的。

第十七条　招标人应当合理确定提交资格预审申请文件的时间。依法必须进行招标的项目提交资格预审申请文件的时间，自资格预审文件停止发售之日起不得少于5日。

第十八条　资格预审应当按照资格预审文件载明的标准和方法进行。

　　国有资金占控股或者主导地位的依法必须进行招标的项目，招标人应当组建资格审查委员会审查资格预审申请文件。资格审查委员会及其成员应当遵守招标投标法和本条例有关评标委员会及其成员的规定。

　　第十九条　资格预审结束后，招标人应当及时向资格预审申请人发出资格预审结果通知书。未通过资格预审的申请人不具有投标资格。

　　通过资格预审的申请人少于3个的，应当重新招标。

　　第二十条　招标人采用资格后审办法对投标人进行资格审查的，应当在开标后由评标委员会按照招标文件规定的标准和方法对投标人的资格进行审查。

　　第二十一条　招标人可以对已发出的资格预审文件或者招标文件进行必要的澄清或者修改。澄清或者修改的内容可能影响资格预审申请文件或者投标文件编制的，招标人应当在提交资格预审申请文件截止时间至少3日前，或者投标截止时间至少15日前，以书面形式通知所有获取资格预审文件或者招标文件的潜在投标人；不足3日或者15日的，招标人应当顺延提交资格预审申请文件或者投标文件的截止时间。

　　第二十二条　潜在投标人或者其他利害关系人对资格预审文件有异议的，应当在提交资格预审申请文件截止时间2日前提出；对招标文件有异议的，应当在投标截止时间10日前提出。招标人应当自收到异议之日起3日内作出答复；作出答复前，应当暂停招标投标活动。

　　第二十三条　招标人编制的资格预审文件、招标文件的内容违反法律、行政法规的强制性规定，违反公开、公平、公正和诚实信用原则，影响资格预审结果或者潜在投标人投标的，依法必须进行招标的项目的招标人应当在修改资格预审文件或者招标文件后重新招标。

　　第二十四条　招标人对招标项目划分标段的，应当遵守招标投标法的有关规定，不得利用划分标段限制或者排斥潜在投标人。依法必须进行招标的项目的招标人不得利用划分标段规避招标。

　　第二十五条　招标人应当在招标文件中载明投标有效期。投标有效期从提交投标文件的截止之日起算。

　　第二十六条　招标人在招标文件中要求投标人提交投标保证金的，投标保证金不得超过招标项目估算价的2%。投标保证金有效期应当与投标有效期一致。

　　依法必须进行招标的项目的境内投标单位，以现金或者支票形式提交的投标保证金应当从其基本账户转出。

招标人不得挪用投标保证金。

　　第二十七条　招标人可以自行决定是否编制标底。一个招标项目只能有一个标底。标底必须保密。

　　接受委托编制标底的中介机构不得参加受托编制标底项目的投标，也不得为该项目的投标人编制投标文件或者提供咨询。

　　招标人设有最高投标限价的，应当在招标文件中明确最高投标限价或者最高投标限价的计算方法。招标人不得规定最低投标限价。

　　第二十八条　招标人不得组织单个或者部分潜在投标人踏勘项目现场。

　　第二十九条　招标人可以依法对工程以及与工程建设有关的货物、服务全部或者部分实行总承包招标。以暂估价形式包括在总承包范围内的工程、货物、服务属于依法必须进行招标的项目范围且达到国家规定规模标准的，应当依法进行招标。

　　前款所称暂估价，是指总承包招标时不能确定价格而由招标人在招标文件中暂时估定的工程、货物、服务的金额。

　　第三十条　对技术复杂或者无法精确拟定技术规格的项目，招标人可以分两阶段进行招标。

　　第一阶段，投标人按照招标公告或者投标邀请书的要求提交不带报价的技术建议，招标人根据投标人提交的技术建议确定技术标准和要求，编制招标文件。

　　第二阶段，招标人向在第一阶段提交技术建议的投标人提供招标文件，投标人按照招标文件的要求提交包括最终技术方案和投标报价的投标文件。

　　招标人要求投标人提交投标保证金的，应当在第二阶段提出。

　　第三十一条　招标人终止招标的，应当及时发布公告，或者以书面形式通知被邀请的或者已经获取资格预审文件、招标文件的潜在投标人。已经发售资格预审文件、招标文件或者已经收取投标保证金的，招标人应当及时退还所收取的资格预审文件、招标文件的费用，以及所收取的投标保证金及银行同期存款利息。

　　第三十二条　招标人不得以不合理的条件限制、排斥潜在投标人或者投标人。

　　招标人有下列行为之一的，属于以不合理条件限制、排斥潜在投标人或者投标人：

　　（一）就同一招标项目向潜在投标人或者投标人提供有差别的项目信息；

（二）设定的资格、技术、商务条件与招标项目的具体特点和实际需要不相适应或者与合同履行无关；

（三）依法必须进行招标的项目以特定行政区域或者特定行业的业绩、奖项作为加分条件或者中标条件；

（四）对潜在投标人或者投标人采取不同的资格审查或者评标标准；

（五）限定或者指定特定的专利、商标、品牌、原产地或者供应商；

（六）依法必须进行招标的项目非法限定潜在投标人或者投标人的所有制形式或者组织形式；

（七）以其他不合理条件限制、排斥潜在投标人或者投标人。

第三章　投　　　标

第三十三条　投标人参加依法必须进行招标的项目的投标，不受地区或者部门的限制，任何单位和个人不得非法干涉。

第三十四条　与招标人存在利害关系可能影响招标公正性的法人、其他组织或者个人，不得参加投标。

单位负责人为同一人或者存在控股、管理关系的不同单位，不得参加同一标段投标或者未划分标段的同一招标项目投标。

违反前两款规定的，相关投标均无效。

第三十五条　投标人撤回已提交的投标文件，应当在投标截止时间前书面通知招标人。招标人已收取投标保证金的，应当自收到投标人书面撤回通知之日起 5 日内退还。

投标截止后投标人撤销投标文件的，招标人可以不退还投标保证金。

第三十六条　未通过资格预审的申请人提交的投标文件，以及逾期送达或者不按照招标文件要求密封的投标文件，招标人应当拒收。

招标人应当如实记载投标文件的送达时间和密封情况，并存档备查。

第三十七条　招标人应当在资格预审公告、招标公告或者投标邀请书中载明是否接受联合体投标。

招标人接受联合体投标并进行资格预审的，联合体应当在提交资格预审申请文件前组成。资格预审后联合体增减、更换成员的，其投标无效。

联合体各方在同一招标项目中以自己名义单独投标或者参加其他联合体投标的，相关投标均无效。

第三十八条　投标人发生合并、分立、破产等重大变化的，应当及时书面告知招标人。投标人不再具备资格预审文件、招标文件规定的资格条件或者其投标影响招标公正性的，其投标无效。

第三十九条　禁止投标人相互串通投标。

有下列情形之一的，属于投标人相互串通投标：

（一）投标人之间协商投标报价等投标文件的实质性内容；

（二）投标人之间约定中标人；

（三）投标人之间约定部分投标人放弃投标或者中标；

（四）属于同一集团、协会、商会等组织成员的投标人按照该组织要求协同投标；

（五）投标人之间为谋取中标或者排斥特定投标人而采取的其他联合行动。

第四十条　有下列情形之一的，视为投标人相互串通投标：

（一）不同投标人的投标文件由同一单位或者个人编制；

（二）不同投标人委托同一单位或者个人办理投标事宜；

（三）不同投标人的投标文件载明的项目管理成员为同一人；

（四）不同投标人的投标文件异常一致或者投标报价呈规律性差异；

（五）不同投标人的投标文件相互混装；

（六）不同投标人的投标保证金从同一单位或者个人的账户转出。

第四十一条　禁止招标人与投标人串通投标。

有下列情形之一的，属于招标人与投标人串通投标：

（一）招标人在开标前开启投标文件并将有关信息泄露给其他投标人；

（二）招标人直接或者间接向投标人泄露标底、评标委员会成员等信息；

（三）招标人明示或者暗示投标人压低或者抬高投标报价；

（四）招标人授意投标人撤换、修改投标文件；

（五）招标人明示或者暗示投标人为特定投标人中标提供方便；

（六）招标人与投标人为谋求特定投标人中标而采取的其他串通行为。

第四十二条　使用通过受让或者租借等方式获取的资格、资质证书投标的，属于招标投标法第三十三条规定的以他人名义投标。

投标人有下列情形之一的，属于招标投标法第三十三条规定的以其他方式弄虚作假的行为：

（一）使用伪造、变造的许可证件；

（二）提供虚假的财务状况或者业绩；

（三）提供虚假的项目负责人或者主要技术人员简历、劳动关系证明；

（四）提供虚假的信用状况；

（五）其他弄虚作假的行为。

第四十三条　提交资格预审申请文件的申请人应当遵守招标投标法和本条例有关投标人的规定。

第四章　开标、评标和中标

第四十四条　招标人应当按照招标文件规定的时间、地点开标。

投标人少于 3 个的，不得开标；招标人应当重新招标。

投标人对开标有异议的，应当在开标现场提出，招标人应当当场作出答复，并制作记录。

第四十五条　国家实行统一的评标专家专业分类标准和管理办法。具体标准和办法由国务院发展改革部门会同国务院有关部门制定。

省级人民政府和国务院有关部门应当组建综合评标专家库。

第四十六条　除招标投标法第三十七条第三款规定的特殊招标项目外，依法必须进行招标的项目，其评标委员会的专家成员应当从评标专家库内相关专业的专家名单中以随机抽取方式确定。任何单位和个人不得以明示、暗示等任何方式指定或者变相指定参加评标委员会的专家成员。

依法必须进行招标的项目的招标人非因招标投标法和本条例规定的事由，不得更换依法确定的评标委员会成员。更换评标委员会的专家成员应当依照前款规定进行。

评标委员会成员与投标人有利害关系的，应当主动回避。

有关行政监督部门应当按照规定的职责分工，对评标委员会成员的确定方式、评标专家的抽取和评标活动进行监督。行政监督部门的工作人员不得担任本部门负责监督项目的评标委员会成员。

第四十七条　招标投标法第三十七条第三款所称特殊招标项目，是指技术复杂、专业性强或者国家有特殊要求，采取随机抽取方式确定的专家难以保证胜任评标工作的项目。

第四十八条　招标人应当向评标委员会提供评标所必需的信息，但不得明示或者暗示其倾向或者排斥特定投标人。

招标人应当根据项目规模和技术复杂程度等因素合理确定评标时间。超过三分之一的评标委员会成员认为评标时间不够的，招标人应当适当延长。

评标过程中，评标委员会成员有回避事由、擅离职守或者因健康等原因不能继续评标的，应当及时更换。被更换的评标委员会成员作出的评审结论无效，由更换后的评标委员会成员重新进行评审。

第四十九条 评标委员会成员应当依照招标投标法和本条例的规定，按照招标文件规定的评标标准和方法，客观、公正地对投标文件提出评审意见。招标文件没有规定的评标标准和方法不得作为评标的依据。

评标委员会成员不得私下接触投标人，不得收受投标人给予的财物或者其他好处，不得向招标人征询确定中标人的意向，不得接受任何单位或者个人明示或者暗示提出的倾向或者排斥特定投标人的要求，不得有其他不客观、不公正履行职务的行为。

第五十条 招标项目设有标底的，招标人应当在开标时公布。标底只能作为评标的参考，不得以投标报价是否接近标底作为中标条件，也不得以投标报价超过标底上下浮动范围作为否决投标的条件。

第五十一条 有下列情形之一的，评标委员会应当否决其投标：

（一）投标文件未经投标单位盖章和单位负责人签字；

（二）投标联合体没有提交共同投标协议；

（三）投标人不符合国家或者招标文件规定的资格条件；

（四）同一投标人提交两个以上不同的投标文件或者投标报价，但招标文件要求提交备选投标的除外；

（五）投标报价低于成本或者高于招标文件设定的最高投标限价；

（六）投标文件没有对招标文件的实质性要求和条件作出响应；

（七）投标人有串通投标、弄虚作假、行贿等违法行为。

第五十二条 投标文件中有含义不明确的内容、明显文字或者计算错误，评标委员会认为需要投标人作出必要澄清、说明的，应当书面通知该投标人。投标人的澄清、说明应当采用书面形式，并不得超出投标文件的范围或者改变投标文件的实质性内容。

评标委员会不得暗示或者诱导投标人作出澄清、说明，不得接受投标人主动提出的澄清、说明。

第五十三条 评标完成后，评标委员会应当向招标人提交书面评标报告和中标候选人名单。中标候选人应当不超过3个，并标明排序。

评标报告应当由评标委员会全体成员签字。对评标结果有不同意见的评标委员会成员应当以书面形式说明其不同意见和理由，评标报告应当注明该不同意见。评标委员会成员拒绝在评标报告上签字又不书面说明其不同意见和理由的，视为同意评标结果。

第五十四条　依法必须进行招标的项目，招标人应当自收到评标报告之日起 3 日内公示中标候选人，公示期不得少于 3 日。

投标人或者其他利害关系人对依法必须进行招标的项目的评标结果有异议的，应当在中标候选人公示期间提出。招标人应当自收到异议之日起 3 日内作出答复；作出答复前，应当暂停招标投标活动。

第五十五条　国有资金占控股或者主导地位的依法必须进行招标的项目，招标人应当确定排名第一的中标候选人为中标人。排名第一的中标候选人放弃中标、因不可抗力不能履行合同、不按照招标文件要求提交履约保证金，或者被查实存在影响中标结果的违法行为等情形，不符合中标条件的，招标人可以按照评标委员会提出的中标候选人名单排序依次确定其他中标候选人为中标人，也可以重新招标。

第五十六条　中标候选人的经营、财务状况发生较大变化或者存在违法行为，招标人认为可能影响其履约能力的，应当在发出中标通知书前由原评标委员会按照招标文件规定的标准和方法审查确认。

第五十七条　招标人和中标人应当依照招标投标法和本条例的规定签订书面合同，合同的标的、价款、质量、履行期限等主要条款应当与招标文件和中标人的投标文件的内容一致。招标人和中标人不得再行订立背离合同实质性内容的其他协议。

招标人最迟应当在书面合同签订后 5 日内向中标人和未中标的投标人退还投标保证金及银行同期存款利息。

第五十八条　招标文件要求中标人提交履约保证金的，中标人应当按照招标文件的要求提交。履约保证金不得超过中标合同金额的 10%。

第五十九条　中标人应当按照合同约定履行义务，完成中标项目。中标人不得向他人转让中标项目，也不得将中标项目肢解后分别向他人转让。

中标人按照合同约定或者经招标人同意，可以将中标项目的部分非主体、非关键性工作分包给他人完成。接受分包的人应当具备相应的资格条件，并不得再次分包。

中标人应当就分包项目向招标人负责，接受分包的人就分包项目承担连带责任。

第五章 投诉与处理

第六十条 投标人或者其他利害关系人认为招标投标活动不符合法律、行政法规规定的，可以自知道或者应当知道之日起 10 日内向有关行政监督部门投诉。投诉应当有明确的请求和必要的证明材料。

就本条例第二十二条、第四十四条、第五十四条规定事项投诉的，应当先向招标人提出异议，异议答复期间不计算在前款规定的期限内。

第六十一条 投诉人就同一事项向两个以上有权受理的行政监督部门投诉的，由最先收到投诉的行政监督部门负责处理。

行政监督部门应当自收到投诉之日起 3 个工作日内决定是否受理投诉，并自受理投诉之日起 30 个工作日内作出书面处理决定；需要检验、检测、鉴定、专家评审的，所需时间不计算在内。

投诉人捏造事实、伪造材料或者以非法手段取得证明材料进行投诉的，行政监督部门应当予以驳回。

第六十二条 行政监督部门处理投诉，有权查阅、复制有关文件、资料，调查有关情况，相关单位和人员应当予以配合。必要时，行政监督部门可以责令暂停招标投标活动。

行政监督部门的工作人员对监督检查过程中知悉的国家秘密、商业秘密，应当依法予以保密。

第六章 法律责任

第六十三条 招标人有下列限制或者排斥潜在投标人行为之一的，由有关行政监督部门依照招标投标法第五十一条的规定处罚：

（一）依法应当公开招标的项目不按照规定在指定媒介发布资格预审公告或者招标公告；

（二）在不同媒介发布的同一招标项目的资格预审公告或者招标公告的内容不一致，影响潜在投标人申请资格预审或者投标。

依法必须进行招标的项目的招标人不按照规定发布资格预审公告或者招标公告，构成规避招标的，依照招标投标法第四十九条的规定处罚。

第六十四条 招标人有下列情形之一的，由有关行政监督部门责令改正，可以处 10 万元以下的罚款：

（一）依法应当公开招标而采用邀请招标；

（二）招标文件、资格预审文件的发售、澄清、修改的时限，或者确定的提交资格预审申请文件、投标文件的时限不符合招标投标法和本条例规定；

（三）接受未通过资格预审的单位或者个人参加投标；

（四）接受应当拒收的投标文件。

招标人有前款第一项、第三项、第四项所列行为之一的，对单位直接负责的主管人员和其他直接责任人员依法给予处分。

第六十五条　招标代理机构在所代理的招标项目中投标、代理投标或者向该项目投标人提供咨询的，接受委托编制标底的中介机构参加受托编制标底项目的投标或者为该项目的投标人编制投标文件、提供咨询的，依照招标投标法第五十条的规定追究法律责任。

第六十六条　招标人超过本条例规定的比例收取投标保证金、履约保证金或者不按照规定退还投标保证金及银行同期存款利息的，由有关行政监督部门责令改正，可以处5万元以下的罚款；给他人造成损失的，依法承担赔偿责任。

第六十七条　投标人相互串通投标或者与招标人串通投标的，投标人向招标人或者评标委员会成员行贿谋取中标的，中标无效；构成犯罪的，依法追究刑事责任；尚不构成犯罪的，依照招标投标法第五十三条的规定处罚。投标人未中标的，对单位的罚款金额按照招标项目合同金额依照招标投标法规定的比例计算。

投标人有下列行为之一的，属于招标投标法第五十三条规定的情节严重行为，由有关行政监督部门取消其1年至2年内参加依法必须进行招标的项目的投标资格：

（一）以行贿谋取中标；

（二）3年内2次以上串通投标；

（三）串通投标行为损害招标人、其他投标人或者国家、集体、公民的合法利益，造成直接经济损失30万元以上；

（四）其他串通投标情节严重的行为。

投标人自本条第二款规定的处罚执行期限届满之日起3年内又有该款所列违法行为之一的，或者串通投标、以行贿谋取中标情节特别严重的，由工商行政管理机关吊销营业执照。

法律、行政法规对串通投标报价行为的处罚另有规定的，从其规定。

第六十八条 投标人以他人名义投标或者以其他方式弄虚作假骗取中标的，中标无效；构成犯罪的，依法追究刑事责任；尚不构成犯罪的，依照招标投标法第五十四条的规定处罚。依法必须进行招标的项目的投标人未中标的，对单位的罚款金额按照招标项目合同金额依照招标投标法规定的比例计算。

投标人有下列行为之一的，属于招标投标法第五十四条规定的情节严重行为，由有关行政监督部门取消其 1 年至 3 年内参加依法必须进行招标的项目的投标资格：

（一）伪造、变造资格、资质证书或者其他许可证件骗取中标；

（二）3 年内 2 次以上使用他人名义投标；

（三）弄虚作假骗取中标给招标人造成直接经济损失 30 万元以上；

（四）其他弄虚作假骗取中标情节严重的行为。

投标人自本条第二款规定的处罚执行期限届满之日起 3 年内又有该款所列违法行为之一的，或者弄虚作假骗取中标情节特别严重的，由工商行政管理机关吊销营业执照。

第六十九条 出让或者出租资格、资质证书供他人投标的，依照法律、行政法规的规定给予行政处罚；构成犯罪的，依法追究刑事责任。

第七十条 依法必须进行招标的项目的招标人不按照规定组建评标委员会，或者确定、更换评标委员会成员违反招标投标法和本条例规定的，由有关行政监督部门责令改正，可以处 10 万元以下的罚款，对单位直接负责的主管人员和其他直接责任人员依法给予处分；违法确定或者更换的评标委员会成员作出的评审结论无效，依法重新进行评审。

国家工作人员以任何方式非法干涉选取评标委员会成员的，依照本条例第八十一条的规定追究法律责任。

第七十一条 评标委员会成员有下列行为之一的，由有关行政监督部门责令改正；情节严重的，禁止其在一定期限内参加依法必须进行招标的项目的评标；情节特别严重的，取消其担任评标委员会成员的资格：

（一）应当回避而不回避；

（二）擅离职守；

（三）不按照招标文件规定的评标标准和方法评标；

（四）私下接触投标人；

（五）向招标人征询确定中标人的意向或者接受任何单位或者个人明示或者暗示提出的倾向或者排斥特定投标人的要求；

（六）对依法应当否决的投标不提出否决意见；

（七）暗示或者诱导投标人作出澄清、说明或者接受投标人主动提出的澄清、说明；

（八）其他不客观、不公正履行职务的行为。

第七十二条　评标委员会成员收受投标人的财物或者其他好处的，没收收受的财物，处 3000 元以上 5 万元以下的罚款，取消担任评标委员会成员的资格，不得再参加依法必须进行招标的项目的评标；构成犯罪的，依法追究刑事责任。

第七十三条　依法必须进行招标的项目的招标人有下列情形之一的，由有关行政监督部门责令改正，可以处中标项目金额 10‰以下的罚款；给他人造成损失的，依法承担赔偿责任；对单位直接负责的主管人员和其他直接责任人员依法给予处分：

（一）无正当理由不发出中标通知书；

（二）不按照规定确定中标人；

（三）中标通知书发出后无正当理由改变中标结果；

（四）无正当理由不与中标人订立合同；

（五）在订立合同时向中标人提出附加条件。

第七十四条　中标人无正当理由不与招标人订立合同，在签订合同时向招标人提出附加条件，或者不按照招标文件要求提交履约保证金的，取消其中标资格，投标保证金不予退还。对依法必须进行招标的项目的中标人，由有关行政监督部门责令改正，可以处中标项目金额 10‰以下的罚款。

第七十五条　招标人和中标人不按照招标文件和中标人的投标文件订立合同，合同的主要条款与招标文件、中标人的投标文件的内容不一致，或者招标人、中标人订立背离合同实质性内容的协议的，由有关行政监督部门责令改正，可以处中标项目金额 5‰以上 10‰以下的罚款。

第七十六条　中标人将中标项目转让给他人的，将中标项目肢解后分别转让给他人的，违反招标投标法和本条例规定将中标项目的部分主体、关键性工作分包给他人的，或者分包人再次分包的，转让、分包无效，处转让、分包项目金额 5‰以上 10‰以下的罚款；有违法所得的，并处没收违法所得；可以责令停业整顿；情节严重的，由工商行政管理机关吊销营业执照。

第七十七条　投标人或者其他利害关系人捏造事实、伪造材料或者以非法手段取得证明材料进行投诉，给他人造成损失的，依法承担赔偿责任。

招标人不按照规定对异议作出答复，继续进行招标投标活动的，由有关行政监督部门责令改正，拒不改正或者不能改正并影响中标结果的，依照本条例第八十二条的规定处理。

第七十八条　取得招标职业资格的专业人员违反国家有关规定办理招标业务的，责令改正，给予警告；情节严重的，暂停一定期限内从事招标业务；情节特别严重的，取消招标职业资格。

第七十九条　国家建立招标投标信用制度。有关行政监督部门应当依法公告对招标人、招标代理机构、投标人、评标委员会成员等当事人违法行为的行政处理决定。

第八十条　项目审批、核准部门不依法审批、核准项目招标范围、招标方式、招标组织形式的，对单位直接负责的主管人员和其他直接责任人员依法给予处分。

有关行政监督部门不依法履行职责，对违反招标投标法和本条例规定的行为不依法查处，或者不按照规定处理投诉、不依法公告对招标投标当事人违法行为的行政处理决定的，对直接负责的主管人员和其他直接责任人员依法给予处分。

项目审批、核准部门和有关行政监督部门的工作人员徇私舞弊、滥用职权、玩忽职守，构成犯罪的，依法追究刑事责任。

第八十一条　国家工作人员利用职务便利，以直接或者间接、明示或者暗示等任何方式非法干涉招标投标活动，有下列情形之一的，依法给予记过或者记大过处分；情节严重的，依法给予降级或者撤职处分；情节特别严重的，依法给予开除处分；构成犯罪的，依法追究刑事责任：

（一）要求对依法必须进行招标的项目不招标，或者要求对依法应当公开招标的项目不公开招标；

（二）要求评标委员会成员或者招标人以其指定的投标人作为中标候选人或者中标人，或者以其他方式非法干涉评标活动，影响中标结果；

（三）以其他方式非法干涉招标投标活动。

第八十二条　依法必须进行招标的项目的招标投标活动违反招标投标法和本条例的规定，对中标结果造成实质性影响，且不能采取补救措施予以纠正的，招标、投标、中标无效，应当依法重新招标或者评标。

第七章　附　　则

第八十三条　招标投标协会按照依法制定的章程开展活动，加强行业自律和服务。

　　第八十四条　政府采购的法律、行政法规对政府采购货物、服务的招标投标另有规定的，从其规定。

　　第八十五条　本条例自 2012 年 2 月 1 日起施行。

中华人民共和国政府采购法实施条例

（国务院令第658号）

第一章 总 则

第一条 根据《中华人民共和国政府采购法》（以下简称政府采购法），制定本条例。

第二条 政府采购法第二条所称财政性资金是指纳入预算管理的资金。

以财政性资金作为还款来源的借贷资金，视同财政性资金。

国家机关、事业单位和团体组织的采购项目既使用财政性资金又使用非财政性资金的，使用财政性资金采购的部分，适用政府采购法及本条例；财政性资金与非财政性资金无法分割采购的，统一适用政府采购法及本条例。

政府采购法第二条所称服务，包括政府自身需要的服务和政府向社会公众提供的公共服务。

第三条 集中采购目录包括集中采购机构采购项目和部门集中采购项目。

技术、服务等标准统一，采购人普遍使用的项目，列为集中采购机构采购项目；采购人本部门、本系统基于业务需要有特殊要求，可以统一采购的项目，列为部门集中采购项目。

第四条 政府采购法所称集中采购，是指采购人将列入集中采购目录的项目委托集中采购机构代理采购或者进行部门集中采购的行为；所称分散采购，是指采购人将采购限额标准以上的未列入集中采购目录的项目自行采购或者委托采购代理机构代理采购的行为。

第五条 省、自治区、直辖市人民政府或者其授权的机构根据实际情况，可以确定分别适用于本行政区域省级、设区的市级、县级的集中采购目录和采购限额标准。

第六条 国务院财政部门应当根据国家的经济和社会发展政策，会同国务院有关部门制定政府采购政策，通过制定采购需求标准、预留采购份额、价格评审优惠、优先采购等措施，实现节约能源、保护环境、扶持不发达地区和少数民族地区、促进中小企业发展等目标。

第七条　政府采购工程以及与工程建设有关的货物、服务，采用招标方式采购的，适用《中华人民共和国招标投标法》及其实施条例；采用其他方式采购的，适用政府采购法及本条例。

前款所称工程，是指建设工程，包括建筑物和构筑物的新建、改建、扩建及其相关的装修、拆除、修缮等；所称与工程建设有关的货物，是指构成工程不可分割的组成部分，且为实现工程基本功能所必需的设备、材料等；所称与工程建设有关的服务，是指为完成工程所需的勘察、设计、监理等服务。

政府采购工程以及与工程建设有关的货物、服务，应当执行政府采购政策。

第八条　政府采购项目信息应当在省级以上人民政府财政部门指定的媒体上发布。采购项目预算金额达到国务院财政部门规定标准的，政府采购项目信息应当在国务院财政部门指定的媒体上发布。

第九条　在政府采购活动中，采购人员及相关人员与供应商有下列利害关系之一的，应当回避：

（一）参加采购活动前3年内与供应商存在劳动关系；

（二）参加采购活动前3年内担任供应商的董事、监事；

（三）参加采购活动前3年内是供应商的控股股东或者实际控制人；

（四）与供应商的法定代表人或者负责人有夫妻、直系血亲、三代以内旁系血亲或者近姻亲关系；

（五）与供应商有其他可能影响政府采购活动公平、公正进行的关系。

供应商认为采购人员及相关人员与其他供应商有利害关系的，可以向采购人或者采购代理机构书面提出回避申请，并说明理由。采购人或者采购代理机构应当及时询问被申请回避人员，有利害关系的被申请回避人员应当回避。

第十条　国家实行统一的政府采购电子交易平台建设标准，推动利用信息网络进行电子化政府采购活动。

第二章　政府采购当事人

第十一条　采购人在政府采购活动中应当维护国家利益和社会公共利

益，公正廉洁，诚实守信，执行政府采购政策，建立政府采购内部管理制度，厉行节约，科学合理确定采购需求。

采购人不得向供应商索要或者接受其给予的赠品、回扣或者与采购无关的其他商品、服务。

第十二条 政府采购法所称采购代理机构，是指集中采购机构和集中采购机构以外的采购代理机构。

集中采购机构是设区的市级以上人民政府依法设立的非营利事业法人，是代理集中采购项目的执行机构。集中采购机构应当根据采购人委托制定集中采购项目的实施方案，明确采购规程，组织政府采购活动，不得将集中采购项目转委托。集中采购机构以外的采购代理机构，是从事采购代理业务的社会中介机构。

第十三条 采购代理机构应当建立完善的政府采购内部监督管理制度，具备开展政府采购业务所需的评审条件和设施。

采购代理机构应当提高确定采购需求，编制招标文件、谈判文件、询价通知书，拟订合同文本和优化采购程序的专业化服务水平，根据采购人委托在规定的时间内及时组织采购人与中标或者成交供应商签订政府采购合同，及时协助采购人对采购项目进行验收。

第十四条 采购代理机构不得以不正当手段获取政府采购代理业务，不得与采购人、供应商恶意串通操纵政府采购活动。

采购代理机构工作人员不得接受采购人或者供应商组织的宴请、旅游、娱乐，不得收受礼品、现金、有价证券等，不得向采购人或者供应商报销应当由个人承担的费用。

第十五条 采购人、采购代理机构应当根据政府采购政策、采购预算、采购需求编制采购文件。

采购需求应当符合法律法规以及政府采购政策规定的技术、服务、安全等要求。政府向社会公众提供的公共服务项目，应当就确定采购需求征求社会公众的意见。除因技术复杂或者性质特殊，不能确定详细规格或者具体要求外，采购需求应当完整、明确。必要时，应当就确定采购需求征求相关供应商、专家的意见。

第十六条 政府采购法第二十条规定的委托代理协议，应当明确代理采购的范围、权限和期限等具体事项。

采购人和采购代理机构应当按照委托代理协议履行各自义务，采购代理机构不得超越代理权限。

第十七条　参加政府采购活动的供应商应当具备政府采购法第二十二条第一款规定的条件，提供下列材料：

（一）法人或者其他组织的营业执照等证明文件，自然人的身份证明；

（二）财务状况报告，依法缴纳税收和社会保障资金的相关材料；

（三）具备履行合同所必需的设备和专业技术能力的证明材料；

（四）参加政府采购活动前3年内在经营活动中没有重大违法记录的书面声明；

（五）具备法律、行政法规规定的其他条件的证明材料。

采购项目有特殊要求的，供应商还应当提供其符合特殊要求的证明材料或者情况说明。

第十八条　单位负责人为同一人或者存在直接控股、管理关系的不同供应商，不得参加同一合同项下的政府采购活动。

除单一来源采购项目外，为采购项目提供整体设计、规范编制或者项目管理、监理、检测等服务的供应商，不得再参加该采购项目的其他采购活动。

第十九条　政府采购法第二十二条第一款第五项所称重大违法记录，是指供应商因违法经营受到刑事处罚或者责令停产停业、吊销许可证或者执照、较大数额罚款等行政处罚。

供应商在参加政府采购活动前3年内因违法经营被禁止在一定期限内参加政府采购活动，期限届满的，可以参加政府采购活动。

第二十条　采购人或者采购代理机构有下列情形之一的，属于以不合理的条件对供应商实行差别待遇或者歧视待遇：

（一）就同一采购项目向供应商提供有差别的项目信息；

（二）设定的资格、技术、商务条件与采购项目的具体特点和实际需要不相适应或者与合同履行无关；

（三）采购需求中的技术、服务等要求指向特定供应商、特定产品；

（四）以特定行政区域或者特定行业的业绩、奖项作为加分条件或者中标、成交条件；

（五）对供应商采取不同的资格审查或者评审标准；

（六）限定或者指定特定的专利、商标、品牌或者供应商；

（七）非法限定供应商的所有制形式、组织形式或者所在地；

（八）以其他不合理条件限制或者排斥潜在供应商。

第二十一条　采购人或者采购代理机构对供应商进行资格预审的，资格预审公告应当在省级以上人民政府财政部门指定的媒体上发布。已进行资格预审的，评审阶段可以不再对供应商资格进行审查。资格预审合格的供应商在评审阶段资格发生变化的，应当通知采购人和采购代理机构。

　　资格预审公告应当包括采购人和采购项目名称、采购需求、对供应商的资格要求以及供应商提交资格预审申请文件的时间和地点。提交资格预审申请文件的时间自公告发布之日起不得少于 5 个工作日。

　　第二十二条　联合体中有同类资质的供应商按照联合体分工承担相同工作的，应当按照资质等级较低的供应商确定资质等级。

　　以联合体形式参加政府采购活动的，联合体各方不得再单独参加或者与其他供应商另外组成联合体参加同一合同项下的政府采购活动。

第三章　政府采购方式

　　第二十三条　采购人采购公开招标数额标准以上的货物或者服务，符合政府采购法第二十九条、第三十条、第三十一条、第三十二条规定情形或者有需要执行政府采购政策等特殊情况的，经设区的市级以上人民政府财政部门批准，可以依法采用公开招标以外的采购方式。

　　第二十四条　列入集中采购目录的项目，适合实行批量集中采购的，应当实行批量集中采购，但紧急的小额零星货物项目和有特殊要求的服务、工程项目除外。

　　第二十五条　政府采购工程依法不进行招标的，应当依照政府采购法和本条例规定的竞争性谈判或者单一来源采购方式采购。

　　第二十六条　政府采购法第三十条第三项规定的情形，应当是采购人不可预见的或者非因采购人拖延导致的；第四项规定的情形，是指因采购艺术品或者因专利、专有技术或者因服务的时间、数量事先不能确定等导致不能事先计算出价格总额。

　　第二十七条　政府采购法第三十一条第一项规定的情形，是指因货物或者服务使用不可替代的专利、专有技术，或者公共服务项目具有特殊要求，导致只能从某一特定供应商处采购。

　　第二十八条　在一个财政年度内，采购人将一个预算项目下的同一品目或者类别的货物、服务采用公开招标以外的方式多次采购，累计资金数额超过公开招标数额标准的，属于以化整为零方式规避公开招标，但项目预算调整或者经批准采用公开招标以外方式采购除外。

第四章　政府采购程序

第二十九条　采购人应当根据集中采购目录、采购限额标准和已批复的部门预算编制政府采购实施计划，报本级人民政府财政部门备案。

第三十条　采购人或者采购代理机构应当在招标文件、谈判文件、询价通知书中公开采购项目预算金额。

第三十一条　招标文件的提供期限自招标文件开始发出之日起不得少于5个工作日。

采购人或者采购代理机构可以对已发出的招标文件进行必要的澄清或者修改。澄清或者修改的内容可能影响投标文件编制的，采购人或者采购代理机构应当在投标截止时间至少15日前，以书面形式通知所有获取招标文件的潜在投标人；不足15日的，采购人或者采购代理机构应当顺延提交投标文件的截止时间。

第三十二条　采购人或者采购代理机构应当按照国务院财政部门制定的招标文件标准文本编制招标文件。

招标文件应当包括采购项目的商务条件、采购需求、投标人的资格条件、投标报价要求、评标方法、评标标准以及拟签订的合同文本等。

第三十三条　招标文件要求投标人提交投标保证金的，投标保证金不得超过采购项目预算金额的2%。投标保证金应当以支票、汇票、本票或者金融机构、担保机构出具的保函等非现金形式提交。投标人未按照招标文件要求提交投标保证金的，投标无效。

采购人或者采购代理机构应当自中标通知书发出之日起5个工作日内退还未中标供应商的投标保证金，自政府采购合同签订之日起5个工作日内退还中标供应商的投标保证金。

竞争性谈判或者询价采购中要求参加谈判或者询价的供应商提交保证金的，参照前两款的规定执行。

第三十四条　政府采购招标评标方法分为最低评标价法和综合评分法。

最低评标价法，是指投标文件满足招标文件全部实质性要求且投标报价最低的供应商为中标候选人的评标方法。综合评分法，是指投标文件满足招标文件全部实质性要求且按照评审因素的量化指标评审得分最高的供应商为中标候选人的评标方法。

技术、服务等标准统一的货物和服务项目，应当采用最低评标价法。

采用综合评分法的，评审标准中的分值设置应当与评审因素的量化指标相对应。

招标文件中没有规定的评标标准不得作为评审的依据。

第三十五条　谈判文件不能完整、明确列明采购需求，需要由供应商提供最终设计方案或者解决方案的，在谈判结束后，谈判小组应当按照少数服从多数的原则投票推荐3家以上供应商的设计方案或者解决方案，并要求其在规定时间内提交最后报价。

第三十六条　询价通知书应当根据采购需求确定政府采购合同条款。在询价过程中，询价小组不得改变询价通知书所确定的政府采购合同条款。

第三十七条　政府采购法第三十八条第五项、第四十条第四项所称质量和服务相等，是指供应商提供的产品质量和服务均能满足采购文件规定的实质性要求。

第三十八条　达到公开招标数额标准，符合政府采购法第三十一条第一项规定情形，只能从唯一供应商处采购的，采购人应当将采购项目信息和唯一供应商名称在省级以上人民政府财政部门指定的媒体上公示，公示期不得少于5个工作日。

第三十九条　除国务院财政部门规定的情形外，采购人或者采购代理机构应当从政府采购评审专家库中随机抽取评审专家。

第四十条　政府采购评审专家应当遵守评审工作纪律，不得泄露评审文件、评审情况和评审中获悉的商业秘密。

评标委员会、竞争性谈判小组或者询价小组在评审过程中发现供应商有行贿、提供虚假材料或者串通等违法行为的，应当及时向财政部门报告。

政府采购评审专家在评审过程中受到非法干预的，应当及时向财政、监察等部门举报。

第四十一条　评标委员会、竞争性谈判小组或者询价小组成员应当按照客观、公正、审慎的原则，根据采购文件规定的评审程序、评审方法和评审标准进行独立评审。采购文件内容违反国家有关强制性规定的，评标委员会、竞争性谈判小组或者询价小组应当停止评审并向采购人或者采购代理机构说明情况。

评标委员会、竞争性谈判小组或者询价小组成员应当在评审报告上签字，对自己的评审意见承担法律责任。对评审报告有异议的，应当在评审报告上签署不同意见，并说明理由，否则视为同意评审报告。

第四十二条　采购人、采购代理机构不得向评标委员会、竞争性谈判小组或者询价小组的评审专家作倾向性、误导性的解释或者说明。

第四十三条　采购代理机构应当自评审结束之日起 2 个工作日内将评审报告送交采购人。采购人应当自收到评审报告之日起 5 个工作日内在评审报告推荐的中标或者成交候选人中按顺序确定中标或者成交供应商。

采购人或者采购代理机构应当自中标、成交供应商确定之日起 2 个工作日内，发出中标、成交通知书，并在省级以上人民政府财政部门指定的媒体上公告中标、成交结果，招标文件、竞争性谈判文件、询价通知书随中标、成交结果同时公告。

中标、成交结果公告内容应当包括采购人和采购代理机构的名称、地址、联系方式，项目名称和项目编号，中标或者成交供应商名称、地址和中标或者成交金额，主要中标或者成交标的的名称、规格型号、数量、单价、服务要求以及评审专家名单。

第四十四条　除国务院财政部门规定的情形外，采购人、采购代理机构不得以任何理由组织重新评审。采购人、采购代理机构按照国务院财政部门的规定组织重新评审的，应当书面报告本级人民政府财政部门。

采购人或者采购代理机构不得通过对样品进行检测、对供应商进行考察等方式改变评审结果。

第四十五条　采购人或者采购代理机构应当按照政府采购合同规定的技术、服务、安全标准组织对供应商履约情况进行验收，并出具验收书。验收书应当包括每一项技术、服务、安全标准的履约情况。

政府向社会公众提供的公共服务项目，验收时应当邀请服务对象参与并出具意见，验收结果应当向社会公告。

第四十六条　政府采购法第四十二条规定的采购文件，可以用电子档案方式保存。

第五章　政府采购合同

第四十七条　国务院财政部门应当会同国务院有关部门制定政府采购合同标准文本。

第四十八条　采购文件要求中标或者成交供应商提交履约保证金的，供应商应当以支票、汇票、本票或者金融机构、担保机构出具的保函等非现金形式提交。履约保证金的数额不得超过政府采购合同金额的 10%。

第四十九条　中标或者成交供应商拒绝与采购人签订合同的，采购人可以按照评审报告推荐的中标或者成交候选人名单排序，确定下一候选人为中标或者成交供应商，也可以重新开展政府采购活动。

第五十条　采购人应当自政府采购合同签订之日起2个工作日内，将政府采购合同在省级以上人民政府财政部门指定的媒体上公告，但政府采购合同中涉及国家秘密、商业秘密的内容除外。

第五十一条　采购人应当按照政府采购合同规定，及时向中标或者成交供应商支付采购资金。

政府采购项目资金支付程序，按照国家有关财政资金支付管理的规定执行。

第六章　质疑与投诉

第五十二条　采购人或者采购代理机构应当在3个工作日内对供应商依法提出的询问作出答复。

供应商提出的询问或者质疑超出采购人对采购代理机构委托授权范围的，采购代理机构应当告知供应商向采购人提出。

政府采购评审专家应当配合采购人或者采购代理机构答复供应商的询问和质疑。

第五十三条　政府采购法第五十二条规定的供应商应知其权益受到损害之日，是指：

（一）对可以质疑的采购文件提出质疑的，为收到采购文件之日或者采购文件公告期限届满之日；

（二）对采购过程提出质疑的，为各采购程序环节结束之日；

（三）对中标或者成交结果提出质疑的，为中标或者成交结果公告期限届满之日。

第五十四条　询问或者质疑事项可能影响中标、成交结果的，采购人应当暂停签订合同，已经签订合同的，应当中止履行合同。

第五十五条　供应商质疑、投诉应当有明确的请求和必要的证明材料。供应商投诉的事项不得超出已质疑事项的范围。

第五十六条　财政部门处理投诉事项采用书面审查的方式，必要时可以进行调查取证或者组织质证。

对财政部门依法进行的调查取证，投诉人和与投诉事项有关的当事人应当如实反映情况，并提供相关材料。

第五十七条　投诉人捏造事实、提供虚假材料或者以非法手段取得证明材料进行投诉的，财政部门应当予以驳回。

财政部门受理投诉后，投诉人书面申请撤回投诉的，财政部门应当终止投诉处理程序。

第五十八条　财政部门处理投诉事项，需要检验、检测、鉴定、专家评审以及需要投诉人补正材料的，所需时间不计算在投诉处理期限内。

财政部门对投诉事项作出的处理决定，应当在省级以上人民政府财政部门指定的媒体上公告。

第七章　监督检查

第五十九条　政府采购法第六十三条所称政府采购项目的采购标准，是指项目采购所依据的经费预算标准、资产配置标准和技术、服务标准等。

第六十条　除政府采购法第六十六条规定的考核事项外，财政部门对集中采购机构的考核事项还包括：

（一）政府采购政策的执行情况；

（二）采购文件编制水平；

（三）采购方式和采购程序的执行情况；

（四）询问、质疑答复情况；

（五）内部监督管理制度建设及执行情况；

（六）省级以上人民政府财政部门规定的其他事项。

财政部门应当制定考核计划，定期对集中采购机构进行考核，考核结果有重要情况的，应当向本级人民政府报告。

第六十一条　采购人发现采购代理机构有违法行为的，应当要求其改正。采购代理机构拒不改正的，采购人应当向本级人民政府财政部门报告，财政部门应当依法处理。

采购代理机构发现采购人的采购需求存在以不合理条件对供应商实行差别待遇、歧视待遇或者其他不符合法律、法规和政府采购政策规定内容，或者发现采购人有其他违法行为的，应当建议其改正。采购人拒不改正的，采购代理机构应当向采购人的本级人民政府财政部门报告，财政部门应当依法处理。

第六十二条　省级以上人民政府财政部门应当对政府采购评审专家库实行动态管理，具体管理办法由国务院财政部门制定。

采购人或者采购代理机构应当对评审专家在政府采购活动中的职责履行情况予以记录，并及时向财政部门报告。

第六十三条　各级人民政府财政部门和其他有关部门应当加强对参加政府采购活动的供应商、采购代理机构、评审专家的监督管理，对其不良行为予以记录，并纳入统一的信用信息平台。

第六十四条　各级人民政府财政部门对政府采购活动进行监督检查，有权查阅、复制有关文件、资料，相关单位和人员应当予以配合。

第六十五条　审计机关、监察机关以及其他有关部门依法对政府采购活动实施监督，发现采购当事人有违法行为的，应当及时通报财政部门。

第八章　　法律责任

第六十六条　政府采购法第七十一条规定的罚款，数额为 10 万元以下。政府采购法第七十二条规定的罚款，数额为 5 万元以上 25 万元以下。

第六十七条　采购人有下列情形之一的，由财政部门责令限期改正，给予警告，对直接负责的主管人员和其他直接责任人员依法给予处分，并予以通报：

（一）未按照规定编制政府采购实施计划或者未按照规定将政府采购实施计划报本级人民政府财政部门备案；

（二）将应当进行公开招标的项目化整为零或者以其他任何方式规避公开招标；

（三）未按照规定在评标委员会、竞争性谈判小组或者询价小组推荐的中标或者成交候选人中确定中标或者成交供应商；

（四）未按照采购文件确定的事项签订政府采购合同；

（五）政府采购合同履行中追加与合同标的相同的货物、工程或者服务的采购金额超过原合同采购金额 10%；

（六）擅自变更、中止或者终止政府采购合同；

（七）未按照规定公告政府采购合同；

（八）未按照规定时间将政府采购合同副本报本级人民政府财政部门和有关部门备案。

第六十八条　采购人、采购代理机构有下列情形之一的，依照政府采购法第七十一条、第七十八条的规定追究法律责任：

（一）未依照政府采购法和本条例规定的方式实施采购；

（二）未依法在指定的媒体上发布政府采购项目信息；

（三）未按照规定执行政府采购政策；

（四）违反本条例第十五条的规定导致无法组织对供应商履约情况进行验收或者国家财产遭受损失；

（五）未依法从政府采购评审专家库中抽取评审专家；

（六）非法干预采购评审活动；

（七）采用综合评分法时评审标准中的分值设置未与评审因素的量化指标相对应；

（八）对供应商的询问、质疑逾期未作处理；

（九）通过对样品进行检测、对供应商进行考察等方式改变评审结果；

（十）未按照规定组织对供应商履约情况进行验收。

第六十九条 集中采购机构有下列情形之一的，由财政部门责令限期改正，给予警告，有违法所得的，并处没收违法所得，对直接负责的主管人员和其他直接责任人员依法给予处分，并予以通报：

（一）内部监督管理制度不健全，对依法应当分设、分离的岗位、人员未分设、分离；

（二）将集中采购项目委托其他采购代理机构采购；

（三）从事营利活动。

第七十条 采购人员与供应商有利害关系而不依法回避的，由财政部门给予警告，并处 2000 元以上 2 万元以下的罚款。

第七十一条 有政府采购法第七十一条、第七十二条规定的违法行为之一，影响或者可能影响中标、成交结果的，依照下列规定处理：

（一）未确定中标或者成交供应商的，终止本次政府采购活动，重新开展政府采购活动。

（二）已确定中标或者成交供应商但尚未签订政府采购合同的，中标或者成交结果无效，从合格的中标或者成交候选人中另行确定中标或者成交供应商；没有合格的中标或者成交候选人的，重新开展政府采购活动。

（三）政府采购合同已签订但尚未履行的，撤销合同，从合格的中标或者成交候选人中另行确定中标或者成交供应商；没有合格的中标或者成交候选人的，重新开展政府采购活动。

（四）政府采购合同已经履行，给采购人、供应商造成损失的，由责任人承担赔偿责任。

政府采购当事人有其他违反政府采购法或者本条例规定的行为，经改正后仍然影响或者可能影响中标、成交结果或者依法被认定为中标、成交无效的，依照前款规定处理。

第七十二条　供应商有下列情形之一的，依照政府采购法第七十七条第一款的规定追究法律责任：

（一）向评标委员会、竞争性谈判小组或者询价小组成员行贿或者提供其他不正当利益；

（二）中标或者成交后无正当理由拒不与采购人签订政府采购合同；

（三）未按照采购文件确定的事项签订政府采购合同；

（四）将政府采购合同转包；

（五）提供假冒伪劣产品；

（六）擅自变更、中止或者终止政府采购合同。

供应商有前款第一项规定情形的，中标、成交无效。评审阶段资格发生变化，供应商未依照本条例第二十一条的规定通知采购人和采购代理机构的，处以采购金额5‰的罚款，列入不良行为记录名单，中标、成交无效。

第七十三条　供应商捏造事实、提供虚假材料或者以非法手段取得证明材料进行投诉的，由财政部门列入不良行为记录名单，禁止其1年至3年内参加政府采购活动。

第七十四条　有下列情形之一的，属于恶意串通，对供应商依照政府采购法第七十七条第一款的规定追究法律责任，对采购人、采购代理机构及其工作人员依照政府采购法第七十二条的规定追究法律责任：

（一）供应商直接或者间接从采购人或者采购代理机构处获得其他供应商的相关情况并修改其投标文件或者响应文件；

（二）供应商按照采购人或者采购代理机构的授意撤换、修改投标文件或者响应文件；

（三）供应商之间协商报价、技术方案等投标文件或者响应文件的实质性内容；

（四）属于同一集团、协会、商会等组织成员的供应商按照该组织要求协同参加政府采购活动；

（五）供应商之间事先约定由某一特定供应商中标、成交；

（六）供应商之间商定部分供应商放弃参加政府采购活动或者放弃中标、成交；

（七）供应商与采购人或者采购代理机构之间、供应商相互之间，为谋求特定供应商中标、成交或者排斥其他供应商的其他串通行为。

第七十五条　政府采购评审专家未按照采购文件规定的评审程序、评审方法和评审标准进行独立评审或者泄露评审文件、评审情况的，由财政部门给予警告，并处2000元以上2万元以下的罚款；影响中标、成交结果的，处2万元以上5万元以下的罚款，禁止其参加政府采购评审活动。

政府采购评审专家与供应商存在利害关系未回避的，处2万元以上5万元以下的罚款，禁止其参加政府采购评审活动。

政府采购评审专家收受采购人、采购代理机构、供应商贿赂或者获取其他不正当利益，构成犯罪的，依法追究刑事责任；尚不构成犯罪的，处2万元以上5万元以下的罚款，禁止其参加政府采购评审活动。

政府采购评审专家有上述违法行为的，其评审意见无效，不得获取评审费；有违法所得的，没收违法所得；给他人造成损失的，依法承担民事责任。

第七十六条　政府采购当事人违反政府采购法和本条例规定，给他人造成损失的，依法承担民事责任。

第七十七条　财政部门在履行政府采购监督管理职责中违反政府采购法和本条例规定，滥用职权、玩忽职守、徇私舞弊的，对直接负责的主管人员和其他直接责任人员依法给予处分；直接负责的主管人员和其他直接责任人员构成犯罪的，依法追究刑事责任。

第九章　附　　则

第七十八条　财政管理实行省直接管理的县级人民政府可以根据需要并报经省级人民政府批准，行使政府采购法和本条例规定的设区的市级人民政府批准变更采购方式的职权。

第七十九条　本条例自2015年3月1日起施行。

国家粮食局
《规范粮食行业信息化建设的意见》

近年来，各地区各单位积极探索以数字粮库为主要内容的粮食行业信息化建设，提升了粮食收储企业运营效能，提高了政府宏观调控能力和粮食安全保障水平，为全面推进粮食行业信息化发展奠定了基础。但是，当前粮食行业信息化建设也存在发展不平衡、建设不规范、标准不统一、可复制性不强、与业务结合不紧密、投资效率不高、单项突进、互联互通不足以及重建设轻运维等问题。为进一步规范粮食行业信息化建设，加强顶层设计，现提出如下意见。

一、指导思想和总体目标

（一）指导思想

按照党中央、国务院关于"新型工业化、信息化、城镇化、农业现代化"同步发展的战略部署，着眼粮食流通产业全局和长远发展要求，贯彻"创新、协调、绿色、开放、共享"发展理念，顺应信息技术发展趋势，抓住信息化快速发展历史机遇，加强顶层设计和统筹协调，以涉粮企业信息化为基础，以标准规范为指引，以数据采集和应用为核心，以信息技术与粮食业务深度融合和管理创新为手段，消除"数据孤岛"，积极培育粮食信息化发展环境，促进新业态、新模式、新技术快速发展，推动"大众创业、万众创新"，促进粮食流通产业转型升级，全面提升粮食流通能力现代化水平，为确保国家粮食安全奠定更加坚实的基础。

（二）总体目标

到"十三五"期末，粮食企业信息化应用比较普遍，数据采集利用和业务协同能力明显增强，粮食装备和库存管理信息化、智能化水平显著提高，粮食信息服务更加高效，以信用为基础的新型监管方式得到广泛应用，信息技术在粮食行业现代化进程中发挥重要作用。

——库存粮食数量管理基本实现信息化。各类粮食收储、加工企业均装备具有出入库和库存管理功能的信息化系统，粮食数量管理的精细化、规范化、实时化水平显著提高。

——政策性粮食和政策性业务全面采用信息化监管方式。承担各级储备粮存储、最低收购价粮食收购任务的企业均装备与相关监管部门和单位联网的信息化管理系统，使政策性粮食和政策性收储业务处于全流程、全方位的监管状态，部分企业和业务实现在线监管。

——粮食质量监测预警信息化水平进一步提升。监管单位可以通过网络即时自动获取收购、出入库环节产生的质量信息以及库存粮食品质情况，一批具备信息化功能的检化验设备（仪器）得到推广应用。粮食质量监测预警能力和对特定粮食质量监管能力显著提升。

——粮食市场监测预警和应急指挥更加高效。利用信息化技术逐步扩大市场监测范围和监测内容，更多采用自动抓取等新技术提高数据采集质量、效率和灵敏度。省级和大中城市粮食应急预案均实现信息化管理。

——粮食流通监管信息化不断创新。以粮食行业信息化为基础，建立健全粮食企业信用信息档案，全面归集企业的基础信息和信用信息。为企业信用评级，健全守信激励失信惩戒机制，对不同信用级别的粮食经营者实施分类服务和监管提供数据支撑。

——业务协同能力明显增强。通过信息技术与粮食业务的深度融合和管理创新，企业管理效率更高，行业监管和指导更有力，服务售粮农民、粮食消费者和市场经营主体的能力更强。

——形成"大众创业、万众创新"的良好环境。新业态、新模式、新技术迅速发展，并在搞好产销对接、活跃市场、方便群众、保障食品安全、促进粮食产业经济发展方面发挥重要作用。

——互联网＋、大数据、物联网、智能制造等信息技术和应用模式在粮食行业得到推广应用。粮食装备自动化、智能化水平提高，涉粮信息化标准体系基本建成。

二、建设内容

粮食行业信息化是一个系统工程，涉及收购、储存、调运、加工、供应等各个环节，包括基础设施建设、硬件设备配置、应用软件开发、信息标准制定、信息安全管理、数据分析应用等相关内容，需要政府、粮食经营企业、粮食装备企业以及科研部门等共同参与、协同推进。粮食行业信息化建设要紧密围绕总体目标，重点加强国家及省级粮食管理平台、粮库智能化升级改造、粮食交易中心和现货批发市场电子商务信息一体化平台建设、重点粮食加工企业信息化改造、粮食应急配送中心信息化建设，简称"1＋1＋4"建设模式，逐步形成"技术先进、功能实用、运维简便、安全可靠、规范统一、运行高效"的粮食行业信息化体系，全面提升粮食行业信息化水平。.

（一）国家级粮食管理平台

粮食行业信息化采取国家、省级、企业三级总体平台架构，国家和省级平台主要服务粮食行政管理和宏观调控，企业平台主要服务粮食企业生产和经营决策。

国家级粮食管理平台（以下简称"国家级平台"）是粮食行业信息化的核心和龙头，是全行业信息化的数据中枢和决策中心，实现对全国粮食信息实时监控和宏观调控的决策支撑。

国家级平台主要实现以下功能：

——数据汇集。在省级粮食管理平台的基础上，通过映射、转换和提取，实时汇总全国涉粮数据。

——数据交换。一方面，实现与国家发展改革委、财政部、中国农业发展银行等部门和单位的数据交换；另一方面，为各省份之间的数据交换提供服务。

——数据分析。利用大数据等技术进行数据挖掘，服务国家粮食宏观调控。此外，国家级平台还可以根据管理需要向下逐级钻取细节信息，为信息追溯和监督检查提供技术支持。

（二）省级粮食管理平台

省级粮食管理平台（以下简称"省级平台"）是粮食行业信息化体系的关键环节，是全省涉粮"数据管理中心、应用创新中心、决策指挥中心、市场监测中心、社会服务中心"。省级平台应涵盖粮食行政管理和公共服务的各项业务，能够面向市县粮食行政管理部门、各类涉粮企事业单位、售粮农民和消费者提供全方位服务。省级平台通过公共网络或专用网络与各级储备粮库、基层粮食收储企业、批发市场、交易中心和重点加工企业联通，实现信息采集、汇总、分析和利用，为粮食行政管理、社会服务、宏观调控、应急保障、粮食收购等提供信息支持。

省级平台应具备以下功能：

——行政管理。包括粮食收购资格等行政许可事项网上审批，统计及价格监测，预警和应急处置，质量安全测报、监测、预警、质检机构管理等。

——公共服务。利用平台及平台数据资源，为售粮农民、消费者、涉粮企业提供政策法规、市场信息、质量安全、在线交流、技术支持等服务。有条件的地区可依托省级粮食行政管理部门门户网站，建立覆盖市、县粮食行政管理部门的网站群，加大微博、微信等新媒体技术的应用。支持省级平台配套建设网络视频会议系统，并逐步扩展为应急指挥系统。

——宏观调控。利用信息技术，提高统计调查、市场监测的准确性、及时性。创新数据采集方式，扩大采集范围，丰富数据内容。运用大数据技术，进一步挖掘涉粮数据价值，提高监测预警能力、监督管理能力、市场把控能力和应急保供能力，提高各级储备粮的运行效率，服务国家和本地区粮食宏观调控。

——监督检查。推进粮食监督检查工作信息化，归集管理机构、法规制度、执法培训、经费落实、执法人员以及工作动态等信息。建立一户一档的企业信用信息档案，详细记录企业基本信息。归集各部门和单位对企业实施监督、管理产生的各类信用信息。提供信息查询服务，为"双随机"监管提供支撑。

省级平台建设应做好顶层设计，按照"先进、实用、管用"的原则分阶段稳步实施。到"十三五"期末，各地区都能够建成一个具备数据管理、业务支持、社会服务等基本功能的省级平台。省级平台建设应充分利用现有软硬件资源，避免重复建设、多头建设。有条件的地区应当将省级平台部署在政务云或满足要求的公共云上，节省建设及运维投入。自建省级数据中心的，也要本着"可扩展、可迁移、易维护"的原则组织建设。尚不具备自建省级平台的地区，应依托国家或省级现有信息系统实现平台基本功能，具备条件时再组织开发建设。鼓励省级平台提供虚拟平台服务，满足市、县粮食部门对行业管理的需求。

（三）粮库智能化升级改造

粮库信息化系统是粮食行业信息化的基础，是"数据采集终端、创新应用终端、监督管理终端、社会服务终端"。粮库信息化系统应当紧密围绕粮库核心业务，充分考虑企业实际需求，着力解决粮库经营管理粗放、运行效率低下、业务协同能力不足、信息流转不畅、监管存在漏洞等问题。

粮库信息化系统是辅助企业做好粮食数量、质量、粮情和相关资源管理的计算机系统。一般包括出入库及库存管理模块、仓储管理模块、综合业务模块、安防管理模块等。能够实现对粮食购销、出入库、仓储、安防、质检、财务、统计等业务高效管理。

各地区各单位在实施粮库智能化升级改造中，应充分考虑企业业务类型、管理基础、投入和运维能力、人员素质、现实需求等因素，引导企业在做好总体规划的前提下，进行分级分步建设。粮库信息化系统一般分收纳库系统、储备库系统、示范库系统三个层级。每个层级建设都要从最基础、最适用的功能入手，并为将来的升级预留接口。各层级的总体建设要求是：

——收纳库系统。收纳库信息系统功能要简单，操作要方便，建设运维成本要低廉。系统可单机或组网运行，原则上不建设单独的机房。系统一般包含粮食出入库、收购资金结算、统计报表等基本功能。粮食重量数据必须由信息系统从汽车衡自动采集。承担政策性收储任务的收纳库系统还应具备售粮人身份识别登记、图像和视频采集、收购资金审核与结算等功能。省级粮食行政管理部门宜采用统一采购的方式确定一定数量的系统供应商承担本地区收纳库信息系统建设任务，以降低建设成本和实施难度，尽量扩大实施覆盖面。

——储备库系统。储备库信息系统是粮库智能化升级改造的重点，应做到储备粮承储企业全覆盖。储备库信息系统应在收纳库信息系统功能基础上，增加储备粮管理与仓储管理等模块。系统应组网运行，可建设单独的机房，宜配备自动扦样设备、库区安防系统和数据存储设备，有条件的企业还可增加车牌识别、客户引导、IC 卡应用、自动称重、数量监测等智能出入库功能。

——示范库系统。各地区可以选择 1~5 个规模大、管理基础好的粮库进行"数字粮库"示范建设。示范库系统建设可积极探索自动控制、物联网、智能仓储、数量监测、电子商务、BI 等新技术应用。要在一个平台或系统内实现企业经营决策、作业流程控制、资源管理利用等功能的集成，实现全面的信息化管理。

（四）粮食交易中心和现货批发市场电子商务信息一体化平台建设

粮食交易中心和现货批发市场是现代粮食市场体系的重要组成部分。通过一体化平台建设，着力解决交易行为分散、信息系统重复建设、市场资源不共享、交易成本高、市场竞争力弱等问题。充分发挥一体化平台的信息优势和资源配置作用，建立涵盖粮食生产、原粮交易、物流配送、成品粮批发、应急保障的完整供需信息链和数据中心，打造全国统一开放、竞争有序、协同发展的电子商务一体化信息大平台。

地方主要做好粮食交易中心省级终端和现货批发市场的信息化建设，并逐步实现与国家平台的联网运行。同时，整合现货批发市场、种粮大户、放心粮油店和应急保供配送中心的电子商务内容，围绕粮食交易主业，拓展大数据分析、物流配送、投融资等衍生服务，打造交易平台生态圈。

粮食交易中心省级终端重点是改善硬件条件，增强信息采集、服务能力。已有的交易系统应逐步与全国粮食统一竞价交易系统合并，不再建设新的交易系统。

现货批发市场应依托全国统一竞价交易系统或其他系统平台，积极发展B2B、B2C、C2C、O2O 等交易模式。利用信息技术实现传统批发市场的转型升级。

（五）重点粮食加工企业信息化改造

粮食加工企业原粮出入库和库存管理部分应符合粮库信息化系统的建设要求。成品粮应急管理部分应符合粮食应急配送中心信息化系统的建设要求。同时，鼓励和支持重点粮食加工企业基于省级平台或自行建设粮食质量安全追溯信息系统。如企业自行建设质量追溯信息系统，应预留与省级平台联通的接口。

（六）粮食应急配送中心信息化建设

粮食应急配送中心是各地依据粮食应急预案设立，承担粮食应急配送任务的机构。粮食应急配送中心信息化建设应以实现各项业务"全时在线"管理为目标，全面提高配送效率，缩短反应时间，与应急加工企业及供应网点协同运行，确保本区域应急保供的精准性、有效性和及时性，为各级政府调控市场提供信息技术支撑。

粮食应急配送中心信息化建设应重点加强商业客户、产品库存、仓储资源、运输装备的信息化管理，积极采用卫星定位、电子托盘、RFID 等技术，实现出入库管理、作业调度、自动盘库、客户合同、物流配送（含车辆调度、路线优化）以及安防监控等功能。粮食应急配送中心信息系统对下要与应急供应网点联通，即时或定期掌握各网点库存和销售情况；对上应与粮食行政管理部门联通，接受粮食行政管理部门的应急指挥调度，并实时动态反馈执行情况。

各地应严格依据应急预案和应急管理要求，重点支持影响大、覆盖广的应急配送中心信息系统建设。考虑到应急配送中心一般依托成品粮食批发市场、粮食应急加工企业、骨干军粮供应站及大型储备粮库等单位建设，因此应急配送中心信息系统要做好与依托单位信息系统的衔接、融合，具备条件的应统一规划、统一设计、同步实施。

三、建设要求

（一）统筹规划，整合资源

各地区各单位要按照全国粮食流通工作会议的总体部署和《粮食收储供应安全保障工程建设规划（2015~2020年)》要求，结合本地区本单位信息化发展需求，科学编制本地区本单位信息化发展规划或建设方案，明确信息化建设主要目标、重点工程、技术路线及保障措施。在规划和方案的引领下，逐项建设，分步实施，有序推进。要遵循信息化发展规律，集中优势资源完成一个领域建设任务后再启动另一个领域的建设工作，在每个领域也要坚持先试点后推广的渐进模式。要整合各方资源，借力公共网络和平台，充分利用现有软硬件，尽量减少软硬件开发和购置投入，提高投资效率和使用效果，防止低水平重复建设。

（二）明确定位，突出重点

各地区各单位信息化建设要以需求为导向，聚焦关键共性问题，集中力量做好主要领域和关键信息系统开发部署工作。在谋划信息系统建设方案时，须用信息化思维方式对传统业务模式、管理流程和工作要求进行改造，充分发挥信息技术优势，实现系统部署与管理创新"双赢"。要将数据采集、政策性业务监管、流程控制、资源共享等作为信息化建设重点，在资金政策上给予保障。要准确界定各重点建设内容的边界范畴，分清轻重缓急，集中力量搞好关键系统开发部署。要选择技术成熟、使用广泛的产品和有发展前景的先进技术，避免超标准建设使用率不高的大屏幕、自动门窗等设施设备，除示范库外不宜安排试验性应用建设。

（三）统一标准，互联互通

粮食行业信息化建设要严格执行国家及行业标准，为实现全行业互联互通奠定基础。暂时没有国家和行业标准的，鼓励地方或企业制订标准，或采用公认的标准规范。各地区各单位要本着开放、共享的精神组织信息系统建设，互相开放接口和数据，打通政府部门、企事业单位之间的数据壁垒。要积极贯彻落实国务院《促进大数据发展行动纲要》，探索涉粮大数据应用，创新行业监管模式，提升科学决策水平，强化社会服务能力。系统开发要以数据为中心，为确保数据的全面性，省级平台还应当为不具备信息化系统条件的单位提供基于表单填报的数据直报系统。

（四）安全保密，运行稳定

信息系统建设要遵循相关安全标准，加强风险评估和安全防护，防止各种形式与途径的非法侵入，确保系统稳定运行、数据安全。要注重信息系统安全制度建设，强化网络与信息安全意识，加强人员培训和日常管理，提高行业信息网络安全保障能力。要建立稳定的信息系统运行维护经费保障机制，确保系统稳定持续运行。

（五）统一组织，降低成本

各地区各单位要在软件开发、硬件购置、系统集成采购等工作中，引入市场竞争机制，严格执行招标采购法律法规，选定合格的、可提供持续服务的供应商。要尽量采取统一采购方式采购统一规范的软硬件设备，降低采购成本，节省建设资金，对于粮油统计等全国性通用软件，原则上由国家粮食局统一组织开发。要积极创造条件，开展通用型软硬件产品质量性能测试，确保采购产品质量水平。

（六）加强领导，协同推进

各地区各单位要加强对粮食行业信息化建设工作的领导，将粮食行业信息化建设作为"一把手工程"列入重要议事日程。各地区各单位要建立粮食行业信息化建设领导小组，协调解决信息化建设中面临的问题和困难。要建立粮食行业信息化建设协调推进工作机制，加强与发展改革、财政等部门的协调，整合资源，形成合力。要做好与中国农业发展银行、中国储备粮管理总公司等单位信息系统的衔接，最大程度实现资源共享，减少重复建设。要充分发挥行业协会、软件开发企业、高等院校和专家队伍在推进粮食行业信息化建设工作中的积极作用。

财政部、国家粮食局
《"粮安工程"危仓老库维修专项资金
管理暂行办法》

第一条 为了规范和加强"粮安工程"危仓老库维修专项资金管理，提高资金使用效益，根据《中华人民共和国预算法》等有关规定，制定本办法。

第二条 本办法所称"粮安工程"危仓老库维修专项资金（以下简称专项资金），是指中央财政为支持实施粮食收储供应安全保障工程，促进粮油仓储设施维修改造升级，打通粮食物流通道，完善应急供应体系安排的专项资金。

第三条 专项资金主要用于支持以下事项：

（一）仓库维修改造。包括一般维修、大修改造和功能提升。一般维修主要是对仓房的局部问题进行简单维修，包括粮仓地面、屋顶、墙体及门窗、地坪等的维修；大修改造主要是对粮食仓房进行防潮防雨、保温隔热的更新改造；功能提升主要是配置先进适用的仓储作业设备（清理、装卸、输送等设备），提升粮情检测、机械通风、环流熏蒸等功能。对上世纪七十年代以前建设的达到报废年限的仓房原则上不再维修。

（二）智能化升级。主要是利用现代信息技术，对仓储设施进行智能化升级改造，提升储粮管理标准化、现代化、科学化、规范化水平。

（三）应急供应粮食仓储设施维修改造。

（四）其他打通粮食物流通道、完善应急供应体系工作。

第四条 财政部会同国家粮食局根据工作需要确定年度专项资金支持领域，并制定公布专项资金年度申报指南。

第五条 专项资金综合考虑预算安排、规划任务、实施效果等因素对地方进行奖励分配。

第六条 财政部会同国家粮食局按照年度申报指南确定的程序组织开展竞争性评审等相关工作。

第七条　专项资金拨付应当按照国家有关财政国库管理制度的规定执行；资金使用中属于政府采购管理范围的，按照国家有关政府采购的规定执行。

第八条　财政部、国家粮食局将对专项资金使用情况进行绩效评价，并根据绩效评价结果进行奖罚，对评价结果优秀的省份给予适当奖励，对评价结果不合格的省份扣减中央财政补助资金。

第九条　省级财政、粮食部门应当制定危仓老库维修改造具体实施细则和资金管理办法，并按照政府信息公开有关要求及时将办法和分配结果向社会公开。

第十条　财政部、国家粮食局将组织有关部门对专项资金使用情况及项目建设情况进行核查，对截留挪用专项资金等违法违规行为，将依照《财政违法行为处罚处分条例》等国家有关规定追究法律责任。

第十一条　对补助到企业的资金，省级财政部门在资金下达前应当将分配结果通过互联网等媒介向社会公开。

第十二条　本办法由财政部、国家粮食局负责解释。

第十三条　本办法自公布之日起 30 日后施行。此前有关规定与本办法不一致的，以本办法的规定为准。

河南省粮食行业"十三五"发展规划

前　言

河南省是农业大省、粮食大省，粮食资源丰富，全省粮食总产量屡创新高，连续多年居全国首位，用占全国6%的耕地生产了全国10%左右的粮食，不仅解决了河南近亿人口的吃饭问题，每年还调出近2000万吨的原粮及加工制品，河南粮食形势的好坏，事关全国粮食安全。

河南省委、省政府高度重视粮食安全，积极贯彻落实粮食安全省长责任制，守住管好"天下粮仓"，做好"广积粮、积好粮、好积粮"三篇文章，着力推进粮食流通工作，粮食行业各项工作取得显著成效，有效促进了粮食增产、粮农增收及粮食市场供应稳定，为保障国家粮食安全作出了突出贡献。

"十三五"时期是全面建成小康社会的决胜阶段，是河南基本形成现代化建设大格局、让中原更加出彩的关键时期，也是全省粮食流通改革发展、转型升级的关键时期。编制全省粮食行业"十三五"规划具有十分重要的指导意义和现实意义。本规划依据《河南省国民经济和社会发展第十三个五年规划纲要（2016~2020年）》《国家粮食安全中长期规划纲要（2008~2020年）》《国家粮食行业"十三五"发展规划纲要（2016~2020年）》《河南省粮食收储供应安全保障工程建设规划（2013~2020年）》等文件精神进行编制。

第一章　发展形势

第一节　发展现状

"十二五"时期，面对复杂形势和艰巨任务，在省委、省政府的正确领导下，在国家粮食局的帮助指导下，全省粮食行业深入学习贯彻习近平总书记系列重要讲话，认真贯彻落实中央和省委、省政府一系列重大决策部署，紧紧围绕中原崛起河南振兴富民强省总目标，加快发展现代粮食流通产业，提高粮食宏观调控能力，全面完成"十二五"规划确定的主要目标任务。

一、粮油市场基本稳定

认真执行国家粮食收购政策，推动各类市场主体依法开展粮食收购，切实维护农民利益和市场秩序。"十二五"期间，全省按最低收购价收购小麦8866.5万吨、稻谷291万吨。积极组织粮食企业参与最低收购价小麦、稻谷公开竞价销售，最低收购价小麦、稻谷陆续拍卖销售。

优化省级储备粮布局和品种结构，全面完成国家下达河南省地方储备粮规模指导性计划。加强省级储备粮管理，建立省级储备粮代储企业数据库。扎实做好军粮省级统筹采购、统一供应结算工作。

建立覆盖全社会粮食流通统计网络，将重点非国有粮食企业纳入统计范围，实现数据网上直报，满足粮食市场监测需求。应急网点城乡全覆盖，粮食应急保障体系基本形成。全省粮食应急供应网点1045个，粮食应急加工企业265个，省级粮食应急运输企业1个，市场预警监测直报点28个、省级监测点41个，省级以下监测点130个。

二、收储能力显著提升

全省粮食仓储设施、物流设施、仓房维修改造共投资40亿元，新增安全储粮仓容298亿斤。新建和维修粮库达到上不漏、下不潮、能通风、能密闭的安全储粮要求，发生粮情异常变化时能及时处理，机械化作业水平明显提高，库容库貌明显变化，仓储条件明显改善，收储能力明显提升。全省形成"布局合理、功能完善、运转高效、管理科学"的现代粮食仓储体系，为保证国家粮食安全、增强宏观调控能力奠定坚实基础。

三、粮食产业跨越发展

筹集商品粮大省奖励资金3.33亿元，对279个主食产业化和粮油深加工企业给予贴息支持，带动222个主食产业化项目投资291.6亿元。全省粮油加工转化率从70%提高到81.5%，主食产业化率从不足15%提高到32%，全省主食产业化和粮油深加工企业总产值从640.2亿元提高到1597.1亿元，培育出三全、思念等157家龙头企业。

四、依法治粮成效明显

改善检化验和办公条件，粮油检测能力不断提高。全省新增质检机构20个，省级检测中心和19个省辖市、县级监测站获国家粮食局授权挂牌国家粮食质量监测机构。中央、省财政投资6490万元，用于20个全国粮食质量安全检验监测能力建设项目购置检验检测仪器设备。

加强法治宣传教育，完善法治体系建设，依法管粮深入推进。配合国家粮食局等部门做好《粮食法》立法调研工作。加强粮食收购资格管理，全省粮食收购许可经营者7350家。强化监督检查，维护粮食收购市场秩序，复查粮食数量近2500万吨。加强区域粮食执法合作，建立苏鲁豫皖四省联合执法合作联席会议制度。启动粮食企业经营活动守法诚信评价试点，推进粮食流通监督检查示范单位创建活动。

第二节　面临机遇和挑战

"十三五"时期是粮食行业落实"四个全面"战略布局、保障国家粮食安全、加快现代粮食流通产业发展、推进粮食经济持续健康发展大有作为的重要战略机遇期。

从国际环境看。随着经济全球化和贸易自由化纵深推进，"一带一路"等国家对外开放战略加快发展，国内外粮食市场关联度越来越强，加速融合已成必然，为我国粮食行业结构转型和快速发展带来空前机遇。

据联合国粮农组织预测，"十三五"期间全球谷物产量、库存量将继续保持较高水平。我国粮食生产成本随着物资、劳动力和土地成本不断提高而持续走高，国内粮食价格普遍高于国际粮食价格，粮食生产与国外主要粮食生产国相比，已经缺乏竞争优势。国际粮价不断走低和进口粮食不断增加，为我国粮食行业稳定发展带来前所未有的冲击。

从国内环境看。截至"十二五"末，粮食生产实现"十二连增"，综合生产能力稳定在较高水平。国家发展改革委、国家粮食局、财政部深入推进"粮安工程"，支持地方加快粮食仓储、现代物流体系和信息化建设，为夯实粮食收储供应安全保障基础提供资金和政策支持。国内粮食库存充足，粮食安全基础较为牢固，加之农业经营方式深刻变革，粮食适度规模经营加速推进，城镇化步伐加快，城乡居民消费结构加快升级，多元化、个性化、定制化粮油产品需求快速增加，为粮食产业经济提供了重大发展机遇。

国内玉米和稻谷阶段性过剩特征明显，大豆产需缺口继续扩大，供给侧和需求侧不对称矛盾仍较严重。粮食流通各环节发展不平衡不协调，物流成本高，信息化发展滞后，流通效率较低；粮食质量快速检验能力不足，污染粮食处置长效机制尚未建立；粮食应急保障水平不高，全天候快速响应能力较弱等，制约了粮食资源快速集散、高效配送、顺畅流通。粮食收储与加工脱节，产业发展不协调，初级加工产能过剩，优质精深加工能力不足，粮食产业经济发展滞后，都是亟待解决的粮食产业供给侧改革难题。

从省内环境看，河南省具有承东启西、连南贯北的区位优势和发达的公路、铁路综合粮食运输通道，为发展粮食现代物流提供了良好基础条件。河南工业大学、河南农业大学、省农科院等高校院所和思念、三全、兴泰等龙头企业，为河南省粮食行业输出了大量的专业技术人才。为推进粮食产业实现跨越发展，省委、省政府在全国率先提出了大力推进主食产业化发展思路，支持以面米主食为主要内容的粮油精深加工产业发展。河南省在粮食资源、交通区位、技术人才、市场需求和政策支持等方面，具有得天独厚的优势。

2011 年以来，全省粮食收储量逐年增加，销售不畅，粮食库存处于历史高位，危仓老库基数仍然较大，粮食行业信息化建设起步较晚，绿色科技储粮技术运用较少，安全储粮形势异常严峻、压力巨大。受人口多、自然灾害频发、资源环境约束日益加大、生产成本不断攀升、粮食需求总量刚性增长等因素制约，当前河南省粮食生产和流通基础依然薄弱。粮食物流体系尚不完善，物流基础设施相对落后，物流行业总体技术水平和服务能力较低，服务能力尚难以满足粮食行业发展需求。粮食产业存在集聚程度较低、产能过剩、科技含量低、结构不合理、创新能力不强、缺少龙头企业等问题，粮食产业"十三五"期间调结构、促转型等方面压力较大。

"十三五"期间，全省粮食行业必须深刻认识新常态，正确分析粮食工作面临的新情况新问题，准确把握、妥善应对新机遇新挑战，更加奋发有为地开创粮食行业发展新局面。

第二章　指导思想、基本原则和主要目标

第一节　指导思想

深入贯彻党的十八大和十八届三中、四中、五中、六中全会精神以及国家粮食安全新战略要求，全面落实习近平总书记关于保障国家粮食安全系列

重要论述和指示。紧紧围绕河南粮食生产核心区建设规划，按照李克强总理守住管好"天下粮仓"，做好"广积粮、积好粮、好积粮"三篇文章讲话精神，解放思想、深化改革，牢固树立服务国家粮食安全的政治意识、责任意识和忧患意识，紧紧围绕发展粮食生产，做好粮食流通，服务中原经济区经济发展大局，统筹城乡经济社会协调发展，加强粮食流通与储存，促进农民增收，建设粮食经济强省。

第二节　基本原则

加强宏观调控。继续推进以市场化为取向的粮食流通体制改革，充分发挥市场配置资源的基础性作用，健全粮食市场调控机制。灵活运用多种手段，增强粮食宏观调控科学性、预见性、针对性、有效性。

促进协调发展。根据河南省经济和社会发展规划，与农业、工业、土地等规划相衔接，区分轻重缓急，有计划、分步骤稳步推进粮食行业发展。

提高创新能力。完善创新体系，改造传统粮食产业，推广低碳技术，发展绿色储粮和粮油深加工，减少粮食损失，促进全省粮食经济发展方式转变，推动粮食产业结构升级。

坚持以人为本。强化粮食质量安全监管，完善粮食标准与检验监测体系，保障城乡居民粮食质量安全，提高人民主食质量，确保粮油有效供给。

第三节　主要目标

"十三五"时期，河南粮食行业发展总体目标是：供给稳定、储备充足、调控有力、运转高效的粮食安全保障体系进一步完善；粮食宏观调控能力、仓储物流能力和科技支撑能力明显提高；法制建设、依法管粮全面实现；布局合理、结构优化、竞争有序、监管有力、质量安全的现代粮食流通格局基本形成。

全省粮食物流"四散"率提升至90%，完好仓容达到5500万吨，主食产业化率达到60%，省级储备粮规模达到100万吨（含成品粮油储备）。

粮食行业普法宣传教育机制进一步健全，法治宣传教育实效性进一步增强，依法治理进一步深化，粮食行业干部职工法治观念、依法办事能力和党员党章党规意识明显增强，形成粮食行业有法可依、粮食行政机关依法行政、粮食干部职工依法履职、粮食市场主体依法经营的法治氛围。

应急供应体系更加完善，应急处置能力明显增强，粮食质量安全监管体系基本健全，粮食质量安全风险监控机制初步建立，质量监管和检验技术水平大幅提高。

建立统一完善的粮食智能化管理网络，实现物联网、云计算等信息化技术在粮食流通领域广泛应用，粮食流通信息服务体系基本健全，粮食电子商务水平明显提高，粮食行业信息化标准体系基本完善。

建立粮食产后服务体系，引导农户改善粮食收获后的储藏和处理条件，实现全省农户减少粮食产后损失2%左右。

第三章　改革完善粮食宏观调控

落实国家粮食收储制度，健全市场调节机制，提升应急保障能力，促进粮食生产稳定发展，确保粮食市场供应和价格基本稳定。

第一节　健全粮食调控机制

构建政府调控与市场调节相结合的调控体系，建立健全政府主导、企业参与的粮食安全调控机制，充分发挥骨干粮食企业在粮食收购、加工转化及市场供应等方面的调控作用。

扎实开展全社会粮食流通统计工作，适度扩大统计范围，重点提高统计数字质量，掌握全省粮油生产、消费、库存、价格等基本情况。开展粮油供需平衡调查，分析预测区域粮油形势发展趋势，适时适度采取调控措施。探索多部门联席会商机制。加强市场粮情监测预警预报，及时研判市场供求形势，稳定和完善粮食信息网络体系。建立粮食供求信息发布制度，合理引导粮食生产和消费，促进粮食供求基本平衡、粮食市场价格基本稳定。

深化粮食产销合作，完善粮食产销合作长效机制，搭建产销合作平台。积极探索产销区合作新途径、新方式，逐步拓展合作领域，提升合作层次，推动产销合作关系持续、稳定发展，促进粮食总量、品种结构和区域供求基本平衡。

第二节　落实粮食购销政策

继续做好国家小麦、稻谷最低收购价等政策落实，探索小麦、稻谷等主要粮食品种优质优价收储办法，保护农民利益。采取有效措施，强化收购市场管理，督促粮食企业认真执行粮食购销政策，积极入市收购，满足售粮农民需要。加大对政策性粮食收购和销售出库环节监督管理，确保国家粮食购销政策落到实处。引导、支持各类市场主体依法从事粮食购销活动,重点支持一批实力较强的粮食收储龙头企业,成为平衡粮食总量、稳定市场粮食价格、抵御国内外市场风险的主导力量。扶持国有大型粮食集团带动中小粮食企业发展,培育和规范粮食经营者购销行为,完善粮食购销网络,进一步搞活粮食购销活动。

第三节 完善地方粮食储备体系

优化储备粮油品种结构,充实粮油储备规模和应急成品粮油储备,增强市场调控能力。完善储备粮管理制度,规范管理行为,提高管理水平,合理调整储备粮油区域布局,保障省级储备粮油储存安全。修订完善《河南省储备粮管理办法》,探索并建立省级储备粮油垂直管理体系,健全储备粮油轮换机制,推进省级储备粮油轮换通过粮食交易市场公开竞拍,提升储备粮油轮换的宏观调控效力。

第四章 提高粮食行业依法治理能力

健全粮食行业普法宣传教育机制,增强法治宣传教育实效性。深化依法治理,提升干部职工法治思维和依法办事能力。提高粮食流通法治化水平,努力形成粮食行业有法可依,粮食行政机关依法行政、干部职工依法履职、市场主体依法经营的法治氛围。

第一节 加强法治宣传教育

结合粮食行业实际,扎实开展粮食法治宣传教育。创新工作理念,加强法治宣传教育队伍建设,保障经费,强化督导检查,坚持服务粮食流通中心工作,确保普法工作实效。增强粮食行政机关领导干部尊法学法守法用法意识和自觉。严格"谁执法谁普法"工作责任制,建立普法责任清单制度。

第二节 推进行政执法建设

充分认识新形势下推进服务型行政执法建设工作的重要性、必要性和紧迫性,深入做好粮食服务型行政执法建设工作。结合权力清单、责任清单、负面清单和规范行政审批行为,全面梳理公开服务事项,最大限度精简办事程序,改进服务质量。严格行政执法人员资格管理,完善行政执法程序和管理制度，加强对粮食行政执法行为监督。做好基层服务型行政执法调研，了解群众需求，认真落实《全省推进服务型行政执法建设四项工作制度（试行）》，鼓励和支持基层服务型行政执法方式、体系和制度创新。

第三节　强化流通监管效能

落实行政执法责任制，加强全社会粮食流通监管。强化政策性粮食收储、库存数量、质量、储存安全和粮食收购资格、购销政策、统计制度执行情况监督检查，实现监管规范化、常态化和制度化。完善省市分级负责，全省普查、随机抽查、专项和突击检查相结合模式，推广"双随机"监督抽查机制。加强基层粮食监督检查机构建设，推进层级完整的监督检查组织体系建设。建立粮食库存检查人员名录库、专业人才库，成立涉粮案件核查应急队伍，加强教育培训，提高检查队伍综合素质和专业水平。强化委托在地监管机制，探索第三方稽查力量参与各级储备粮监管。创新政策性粮食库存监管技术，提升粮食流通监管信息化、科技化水平。完善执法联动机制、异地协作制度，实现执法信息部门、区域共享。

第五章　改善粮食仓储物流设施

抓住"一带一路"发展机遇，重点建设省内散粮物流通道、节点，形成以区域性物流中心为龙头、一类库为重点、二类库为支撑、基层收储库为基础的河南粮食现代仓储物流体系，确立河南省在黄淮海地区小麦输出通道上的主导地位和郑州在国家粮食物流体系中的中心枢纽地位。

第一节　仓储设施建设

提升粮食仓储设施功能和服务"三农"能力，支持政策性粮食收储企业、规模以上粮食加工企业和新型粮食生产经营主体提升现有粮库功能，重点建设 150 个一类大型粮库（表 5-1），300 个二类粮库，600 个骨干粮库和 1200 个重点收储库（表 5-2）。拆除待报废仓和简易仓，利用原有土地资源，实施仓房原址改造 1000 万吨，新建 420 万吨，重建油罐 20 万吨。配备烘干、整理、快速检验和"四散化"作业等设备，提高粮食仓储设施机械化、自动化、信息化、智能化水平。积极推广应用绿色生态储粮技术。推进粮食仓储管理规范化建设，加强国有粮食仓储物流设施保护。

表 5-1 一类粮库布局

地区	主要布局区域	数量（个）
合计		150
郑州	新郑市、中牟县	4
开封	杞县、通许县、尉氏县、祥符区、兰考县	6
洛阳	孟津县、伊川县、偃师市、汝阳县、新安、洛宁县、嵩县	9
平顶山	叶县、郏县、汝州	5
安阳	安阳县、汤阴县、滑县、内黄县、林州市	8
鹤壁	浚县、淇县	4
新乡	新乡县、获嘉县、原阳县、延津县、封丘县、长垣县、卫辉市、辉县市	11
焦作	博爱县、武陟县、沁阳市、温县、孟州市	7
濮阳	清丰县、南乐县、范县、台前县、濮阳县	7
许昌	长葛市、建安区、鄢陵县、襄城县、禹州市	7
漯河	舞阳县、临颍县、郾城区、源汇区	5
三门峡	灵宝市、陕县、渑池县	4
南阳	卧龙区、邓州市、宛城区、南召县、方城县、西峡县、镇平县、内乡县、社旗县、唐河县、新野县、桐柏县	13
商丘	梁园区、虞城县、睢阳区、民权县、宁陵县、睢县、夏邑县、柘城县、永城市	12
信阳	浉河区、息县、淮滨县、平桥区、潢川县、光山县、固始县、商城县、罗山县、新县	11
周口	扶沟县、西华县、商水县、太康县、鹿邑县、郸城县、淮阳县、沈丘县、项城市	12
驻马店	驿城区、确山县、泌阳县、遂平县、西平县、上蔡县、汝南县、平舆县、新蔡县、正阳县	12
济源	济源市	1
省属企业	中原粮食集团、豫粮集团、河南省粮食交易物流市场、省军粮供应中心	12

表 5-2 二类粮库、骨干粮库和重点收储库布局

地区	二类粮库	骨干粮库	重点收储库
全省	300	600	1200
郑州	8	16	35
开封	12	24	50

续表 5-2

地区	二类粮库	骨干粮库	重点收储库
洛阳	15	30	60
平顶山	10	15	30
安阳	20	40	80
鹤壁	9	18	35
新乡	30	60	120
焦作	10	25	50
濮阳	10	20	40
许昌	15	30	60
漯河	10	20	40
三门峡	8	16	30
南阳	25	50	100
商丘	30	60	120
信阳	25	50	100
周口	30	60	120
驻马店	30	60	120
济源	3	6	10

第二节　"黄淮海"物流通道节点建设

一、跨省粮食物流通道

根据河南省粮食流量、流向，依托主要铁路和公路干线，形成 5 条跨省粮食物流通道，构建连接省内外产销、加工区的粮食物流通道网络体系。

1. 河南—华南粮食输出通道

省内粮食输出地主要为商丘、周口、开封、驻马店、信阳、南阳等市，省外粮食接收地为广东、广西及湖北、湖南等。

2. 河南—华北粮食输出通道

省内粮食输出地主要为商丘、新乡、开封、安阳、濮阳等市，省外粮食接收地为北京、天津、河北等。

3. 河南—华东粮食输出通道

省内粮食输出地主要为周口、商丘、开封、濮阳等市，省外粮食接收地为上海、江苏、浙江、福建、山东等。

4. 河南—西南粮食输出通道

省内粮食输出地主要为南阳、驻马店、漯河等市，省外粮食接收地为四川、重庆、贵州、云南等。

5. 河南沿淮河、沙颍河、唐白河水运粮食输出通道

建设淮滨、周口、漯河、唐河等沿淮河、沙颍河、唐白河粮食专用码头，开辟粮食水运新通道。省内粮食输出地主要为周口、漯河、南阳、信阳等市，省外粮食接收地为上海、江苏、浙江等。

跨省粮食运输方式以铁路运输为主、内河运输为辅，南北方向主要通过京广、京九和焦柳等铁路线，东西方向主要通过陇海、宁西、新焦、新荷等铁路线及淮河、沙颍河、唐白河等水运线。

二、省内粮食物流通道

省内粮食流向主要由东、南、北三面向中西部地区，流通方式主要是汽车散装运输，依托省内高速公路、国道、省道及乡村公路构成的公路运输网，承担省内粮食主产区到销区和大型粮食加工企业的粮食运送。形成粮食主产区到粮食加工聚集区和省内粮食销区的物流网络，与跨省粮食物流通道互连互通，实现毗邻省份之间粮食余缺调剂和功能互补。

在粮食现代物流通道上，选择粮源充足、条件较好的中转库、储备库和大型粮食批发市场，新建中转仓容245万吨，新增装卸能力1362万吨/年。

第三节 粮食现代物流园区建设

结合河南省粮油食品加工业发展形势，在郑州、开封、新乡、许昌、濮阳、周口、信阳、南阳、商丘等地区建设具有贸易、加工、储存、运输和信息服务等多功能综合性粮食现代物流园区，吸引粮食加工、储藏、运输及食品企业向园区转移和集中。实现粮食企业供应、加工、销售和物流一体化，构建粮食现代物流供应链。

加快粮食物流资源规模化、集约化步伐，推进重组整合，增强粮食物流企业竞争力。支持粮食物流企业通过租赁、联营等形式，与铁路、航运企业开展合作，优化粮食物流链条，构建跨区域、跨行业的粮食物流战略联盟。大力开展招商引资，鼓励优势企业开展跨地区、跨所有制的兼并重组，组建大型粮食现代物流企业集团。

整合中原粮食集团等粮食购销企业的物流资源，在郑州东部物流集聚区

建设集粮食收购、储存、运输、交易、精深加工等综合性粮食现代物流园区。

第六章　提升粮食应急保障能力

进一步完善粮食应急预案，加强城乡粮食应急供应网点建设和维护，构建布局合理、设施完备、运转高效、保障有力的粮食应急供应保障体系。

第一节　增加粮食应急储备

按照"产区保持3个月销量、销区保持6个月销量"的要求，建立与中央储备粮相适应的省、市、县三级粮食储备体系。完善储备粮油轮换办法，建立省级储备粮与中央储备粮补贴费用联动机制。充实成品粮应急储备，确保大中城市和价格易波动地区成品粮储备达到10～15天市场供应量。在郑州、洛阳两市建设10万吨成品粮油低温储备库及附属设施，提升成品粮应急供应和市场调控能力。

第二节　提高应急加工配送水平

按照"合理布点、全面覆盖、平时自营、急时应急"原则，完善粮食应急网点布局，改造、维修、扩充供应网点，加强大中城市及重点地区应急供应设施建设和维护。选择246家达到应急配送条件的粮食加工企业，委托其承担粮食应急供应任务。落实粮食应急加工企业扶持政策和资金支持，改扩建粮食加工生产线，加大配套设施投入和技术改造，满足应急加工需要，保障粮食应急加工能力满足辖区内口粮需求。以现有成品粮油批发市场、粮油物流配送中心、国有粮食购销企业中心库、骨干军粮供应站（配送中心、储备库）、重点骨干应急加工企业等为依托，改造建设515家粮食应急配送中心，完善应急运输等保障设施，提升粮食应急配送能力。

第三节　完善粮食应急体系

加强粮食市场监测预警，适当扩充和调整监测网点，不断完善监测预警网络，确保粮情监测全面、及时、准确，满足粮食应急需要。加强粮食应急供应网点管理，建立网点档案和数据库，完善设施，健全制度，提高应急功能。强化贫困地区、退耕还林还草地区、休耕轮作试点地区、重大工程移民地区等缺粮地区粮源筹措和供应，满足贫困人口和困难群体口粮供应。推进军民融合式军粮供应发展，支持军粮供应站（点）与军方合作建设军粮应急保障基地。以省直属军粮供应站和郑州市军粮供应站为依托，建设国家级粮食应急保障基地，争取国家级成品粮油储备达到2万吨以上。

第七章 发展粮食产业经济

推进粮食行业供给侧结构性改革，提高安全优质营养健康粮油食品供给能力。加强粮食市场和信用体系建设，加快粮食产业结构调整，大力发展粮食电子商务，着力培育新的粮食产业经济增长点，提升粮食产业竞争力。充分发挥粮食加工业引擎作用，发展壮大粮食产业化龙头企业。

第一节 深入推进主食产业化

充分发挥河南省粮油资源优势，做大做强做优粮食加工企业，打造粮食产业集群，构建从田间到餐桌全产业链的主食产业化和粮油精深加工发展模式。加大财政和金融信贷支持力度，建立主食产业化和粮油精深加工发展基金，落实财政贴息和税费优惠政策，实现粮食经济跨越发展。

全省工业化主食产量和产值分别达到3870万吨和3110亿元，年产值10亿元以上的主食产业化集群总数达到50个以上，主食产业化率达到60%以上。建成日产30万个馒头和日产5万公斤面条的项目各100个，建成日产5万公斤速冻、方便食品项目60个，米制熟食品项目30个，建成日处理能力500吨以上的主食用预拌粉厂28个，馒头加工设备总产量达到400套，鲜湿面条生产设备总产量达到200套，新建1个国家级、10个省级面米制品主食工程（技术）研究中心、重点实验室和检测中心。

第二节 提升粮食加工产业市场竞争力

推进主食产业集群和粮油加工园区建设，鼓励主食加工企业与主食设备生产企业、粮食购销和物流企业、质检机构等开展联合协作，共同打造以粮食收储、加工、物流配送为一体的主食产业化集群。支持粮油加工企业进一步拉长产业链条，拓宽经营门路，促进"产购储加销"全产业链一体化发展。加快粮食品种结构调整步伐，支持粉厂、米厂等，适应主食馒头、面条和速冻、方便食品的加工需要，调整自身产品结构。鼓励粮食加工企业建立优质粮源基地，走"公司＋中介＋基地＋农户"的经营模式，探索开展定向投入、定向服务、定向收购和订单生产、土地流转、创办粮油合作社等业务。

引导粮油加工企业由做产品向做品牌转变，培育一批拥有自主知识产权、核心技术和较强市场竞争力的知名品牌。推进品牌整合，扩大知名品牌市场占有率，提升企业核心竞争力。发挥粮油品牌扩散效应和产品聚合效应，整合商标资源，优化产业结构，打造强势品牌，形成产品系列，提高产品档次，提高商标知名度。充分利用媒体和会展推介品牌，不断提高河南粮油品牌的知名度和美誉度，发挥其在推进主食产业化进程中的示范带动与引领作用。

第三节　完善零售市场体系建设

加快制定粮食零售市场管理办法，规范粮食零售市场管理，健全粮食零售经营者诚信档案制度，保障零售市场粮食质量安全。大力实施"放心粮油"工程，深入开展"放心粮油"进农村、进社区活动，确定 515 个大中城市粮油超市、便民连锁店，330 个城镇粮油连锁店，2123 个农村粮油超市、连锁店，方便城乡居民生活，提高口粮质量安全水平。

第四节　大力发展粮食电子商务

以省粮食交易物流市场电子交易平台为依托，大力发展粮食电子商务。建立和完善交易规则，加强电子交易网络平台、第三方交易平台、物流服务平台、信息服务平台和金融服务平台建设，不断提升传统交易功能、价格信息发现功能和现货投资或套期保值功能，增加交易品种，逐步形成服务功能齐全、交易规则健全、交易方式多样、配套服务完善、网络安全可靠的粮食电子商务系统。

第五节　推进粮食行业信用体系建设

结合粮食行业实际，以企业履约履责能力、诚信经营情况为重点评价目标，对法人企业进行信用评价，建设涵盖粮食收储、加工和贸易企业的粮食行业信用体系，实施分类服务和管理。依托粮食行业信用信息管理系统，归集企业经营管理基础信息、政府部门监管信息、社会舆情信息等，与全省信用信息共享平台实现互联共享。与发改、工商、金融等部门和单位，以及地方政府、行业组织建立信用管理合作机制，促进信用信息共享。探索开展独立核算经营主体履约履责能力、诚信经营情况评价，建立不良信用清单，记录企业违规违约失信等不良信息，建立健全激励守信和惩戒失信机制。发挥粮食行业协会、商会、第三方征信机构等社会组织在粮食行业信用体系建设中的自律、监督、服务等作用。为政府实行分类监管、定向扶持、定向调控提供可靠依据，提高行业管理工作水平和效率。面向社会公众提供企业信用信息查询服务，并接受社会监督。

第八章　保证粮油质量安全

健全粮食质量安全监管体系，完善粮食检验监测机构与粮食质量安全风险监测网点，提升仪器设备装备水平，改善配套基础设施，建立粮食质量安全风险监控机制，增强应急处置能力，提高质量监管和检验技术水平，切实保障粮油质量安全。建成粮食检验监测机构 129 个，其中：省级检验监测机构 1 个，市级检验监测机构 28 个，县级检验监测机构 100 个。建成国有粮食收储企业和大型粮油产品生产加工企业检化验室 1550 个，其中：国有粮食收储企业 1500 个，大型粮油产品生产加工企业 50 个。

第一节　建设粮食质量安全检验检测体系

充分利用现有资源，加强粮食检验仪器设备配置和配套基础设施建设，满足新形势下粮食质量安全监管监测需要。制订粮食质量安全管理制度、监测计划和地方粮油标准。开展粮食质量卫生安全评价、抽查检验，加强粮食质量安全监管重点区域、重点环节、重点监管对象粮食出库强制检验。

第二节　建设粮食质量安全防控网络

建立粮食质量安全风险监测网点，形成省、市、县三级粮食质量安全风险监测网络。筹建省、市、县三级风险监测实验室，分别重点开展技术要求高的质量品质类、安全卫生类、转基因及新项目的监测，储存品质类、区域安全卫生类监测，采样监测。完善粮食监测采样点网络，实现农户、超市、连锁店、集贸市场、粮油批发市场、收储及加工企业全覆盖。

制定特殊污染粮食收购处置政策，研究加工新技术、新工艺，加大对污染程度较轻的粮食无害化处理力度。选择符合条件的酒精、生物化工等粮食加工转化企业定向收购消化区域性污染粮食，加强管理，封闭运行，防止污染粮食流入口粮和饲料市场。

第三节　建设粮油标准和安全追溯体系

加强粮油标准验证站、标准研究基础实验室、专用仪器设备评估中心和标准研究验证测试体系、标准后评估体系、标准后评估网络平台等建设，宣贯国家粮油质量标准，研究制定河南省主食行业标准。建立粮食样品及品质数据资源库，推进企业标准化管理体系建设。

完善粮食市场准入制度，建立经营者主体数据库，实现主体资格在线验证查询。严格粮食出入库检验、储存和运输质量登记制度，利用粮食智能化管理平台，建立粮食质量数据库，实现粮食流通全程监控，质量追踪溯源。

第九章　实施科技兴粮战略

强化科技创新公共服务能力，促进科技服务粮食经济发展。发挥企业粮食科技创新主导作用，加快粮食科技创新突破和推广应用，为保障国家粮食安全提供技术支撑。

第一节　增强科技创新能力

围绕粮食生产核心区国家战略，聚焦粮食行业发展科技需求，以重点领域和关键环节为突破口，注重原始创新和集成创新相结合，发挥科技协同创新作用。加快在科学储粮、质量安全、节粮减损、现代物流、检验检疫、精深加工、健康消费、粮食信息化技术等关键核心技术和新产品新装备方面取得突破，提升粮食公共科技供给，推进粮食产业和产品向价值链中高端跃升。

第二节　加强科技成果转化

实施粮食科技成果转化行动，加强粮食科技成果与标准对接，建立粮食行业科技成果转化对接服务平台，广泛征集粮食企业技术难题和科技需求，开展粮食科技创新重要成果展示和供需对接、粮食科研机构与企业合作对接、粮食科技人才与粮食企业对接。落实国家科技成果转化激励政策，引导科研单位制定公平公正的科技成果转化收益分配制度。鼓励科技人员到企业兼任技术职务，落实科研人员转化激励政策。加强粮食科普宣传，推广应用粮食仓储、物流、加工新技术新设备。建立科技成果转化保障机制，探索科技成果转化多方共赢模式。

第三节　建设科技创新体系

加快粮食科技创新体系建设，建立以科技创新质量、贡献、绩效为导向的分类评价体系。健全粮食科技项目督导评估机制,促进科技成果落地。发挥高等院校学科交叉和科技人才优势,加强粮食产后、粮食质量安全、产业经济发展、节粮减损等领域科研基地建设,支持粮食科研院所及企业科研部门发展,夯实粮食行业科研基础。建立产学研用深度融合的粮食科技创新平台和"粮食产业科技专家库",优化整合粮食科技创新资源,培育和集聚一批粮食科技创新优势团队。开展粮食行业科技特派员创新创业行动,建立面向农村、面向农民、面向企业的粮食科技服务新体系新模式。

第四节 充分发挥企业创新主导作用

支持企业自主创新,加大研发投入,建设技术中心,引导创新要素向企业集聚,增强企业创新动力、创新活力、创新能力。建立以企业为创新主体,促进科技成果高效转移转化的新模式。鼓励企业开展技术研发攻关,参与行业重大科研项目、标准研究等。推进粮食加工、粮机制造企业与高校、科研院所深入合作,形成人才培养、科技研发、生产制造、推广应用、研发改进相结合的产学研用循环体系,组建粮食产业技术创新战略联盟。

第十章 提升粮食行业信息化水平

加强信息基础设施和网络信息安全保障能力建设,强化信息共享、业务协同和互联互通,优化粮食信息化发展环境,完善粮食行业信息化标准,形成"技术先进、功能实用、运维简便、安全可靠、规范统一、运行高效"的粮食行业信息化体系,全面提升粮食行业信息化水平。推进信息化"1+1+4"建设内容,重点实施省市智能化管理平台、1050个粮库智能化升级改造、粮食交易中心和18个现货批发市场电子商务信息一体化平台、142个重点粮食加工企业、30个粮食应急配送中心信息化建设。

第一节 加强行业信息基础设施建设

推进涉粮信息资源汇聚共享,建立规范统一的省级信息化应用平台和数据资源池,形成安全高效、互联互通的现代基础设施网络。实施粮库智能化升级改造,推进粮食快速收储设备数字化升级,增强粮油仓储业务监管能力,提升粮食收储精细化管理水平。推动物联网、大数据、云计算、北斗导航定位等新一代信息技术在仓储物流领域应用与示范,提高仓储物流设施设备自动化、智能化和网络化水平,推进行业间信息相互融合。

第二节　提高行业信息资源利用水平

推进重点粮食加工企业信息化改造，促进粮油加工企业现代管理信息系统广泛应用，实现粮食加工业跨越发展。健全粮油市场信息监测网络，建立覆盖全产业链的动态监测体系，加强粮油市场监测和分析，提高监测信息的准确性和时效性。完善全省粮食统一竞价交易平台，推进粮食现货批发市场信息化建设，实现粮食交易中心、现货批发市场与国家、省级粮食信息化管理平台互联互通。加快构建粮食电子商务一体化体系，普及和深化电子商务应用。

第三节　推动行业管理信息化发展

整合行业信用信息资源，建设信用数据平台和信用信息服务平台，加快推进行业间信用信息互联互通，建成粮食经营者信用评价体系。推进粮食监督检查工作信息化，提升监督检查效率。加快建设粮食应急供应信息平台，完善应急监测、应急评估、辅助决策、资源管理、模拟演练、信息共享、信息发布等功能，提升粮食应急处置能力。出台粮食流通环节质量信息数据标准，实施质量检测装备信息化改造，提升粮食质量监测预警水平。建立质量追溯、执法监管、检验检测等数据共享机制，推进粮食质量安全追溯平台建设，实现粮食质量安全全程追溯。围绕政府治理、农户储粮、科技咨询、文化传播、融资服务等需求，利用互联网、大数据资源，创新服务模式，健全服务机制，实现行业服务的精准化、个性化。

第十一章　促进粮食节约减损

按照建设资源节约型社会的要求，实施从收获、收购、储存、运输、加工和消费全过程的节粮控制，减少粮食浪费和损耗。

第一节　减少粮食产后损失

建立和完善粮食产后服务体系，制定粮食产后服务制度措施。加快粮食出入仓和流通效率，保障农民售粮更便捷，降低粮食源头损失。探索代农储藏、加工市场化运作新模式，支持种粮大户、家庭农场、农民合作社等新型粮食生产经营主体配备清理、烘干设备和中转储存设施，减少粮食产后损失。

第二节　提升科技节粮水平

改进粮食收购、储运方式，增加粮食烘干设备，提高粮食机械化烘干能力，加快推广农户科学储粮技术，减少粮食储存、运输过程中的损失、损耗。采用新工艺、新设备和新技术，提高粮食加工技术水平及产品质量，倡导科学用粮，控制粮油不合理精细加工转化，提高粮食综合利用效率和转化水平。

第三节　推动消费环节减少浪费

加强爱粮节粮宣传教育，倡导爱粮节粮、营养健康的科学消费理念，抑制粮油不合理消费，引导城乡居民养成健康、节约的粮食消费习惯，促进形成科学合理的膳食结构，营造厉行节约、反对浪费的浓厚社会氛围。加强粮食文化建设，组织开展粮食节约专题宣传活动，大力提倡粮食节约，建立食堂、饭店等餐饮场所"绿色餐饮、节约粮食"的文明规范，积极提倡分餐制。

第十二章　保障措施与组织实施

实施"十三五"规划，必须在各级党委、政府领导下，全面落实粮食安全省长责任制，不断提高工作效能，最大限度地激发全行业积极性和创造性，形成上下齐心协力、共同落实的良好局面。

第一节　强化粮食安全责任

各级政府相关部门要切实承担起在粮食生产和流通方面的主体责任，明确职责分工，细化落实任务指标，密切协作，强化事前、事中和事后监督，合力推进《河南粮食行业"十三五"发展规划》实施。将规划目标落实情况纳入政府绩效考核体系，建立绩效考核机制。尊重粮食企业在市场中的主体地位，调动各类市场主体、社会组织在规划实施中的积极性。发挥行业协会等组织在政企沟通、信息收集、技术应用、标准推广等方面的积极作用，形成推动规划落实的强大合力。

第二节　加强协调指导评估

强化省市县、相关部门间对整体性、区域性等重要目标任务的统筹、协调，建立横向纵向协调联动机制，形成工作合力。建立综合规划与专项规划、区域规划、企业规划等密切衔接的规划体系。加强宣传引导，营造《河南粮食行业"十三五"发展规划》实施的良好舆论环境。完善评估、调整修订机制，将规划任务完成情况和效果，作为安排相关政策和资金支持的重要依据。适时对承担重点建设任务的市、县加强跟踪督促检查，每年对《河南粮食行业"十三五"发展规划》实施情况进行总结，开展规划实施阶段性评估，根据评估结果及时调整完善规划。

第三节　加大政策资金支持

建立健全粮食行业投入长效机制，落实信贷、融资等优惠政策。发挥政府投资引导作用，争取财政资金把粮食流通领域列为重点，积极调动社会资金参与粮食行业建设，推动粮食流通政策和资金整合。争取国家、省有关部门加大对粮食流通重点建设项目支持力度，引导地方政府根据本地区粮食行业重点任务目标合理安排资金。创新投融资机制，拓宽粮食流通基础设施建设和产业化发展的融资渠道，推广行业发展基金参与项目建设模式，降低粮食流通领域民间资本投资门槛，鼓励和引导多元市场主体参与粮食流通。发挥农业发展银行等政策性金融机构对粮食收储和流通基础设施建设的重要支持作用，争取商业性金融机构对粮食流通产业发展的资金支持。鼓励有条件的粮食企业通过上市、发行债券等方式，提高直接融资比重。完善省级粮食担保基金、储备粮轮换风险准备金使用机制，鼓励市县建立粮食担保基金、储备粮轮换风险准备金。

第四节　发挥专业人才作用

全面落实人才兴粮战略，实施更加积极的人才政策，加快粮食专业型人才培养和创新型人才开发，创新人才发展机制，激发粮食行业人才创新创造活力。建立产学研用相结合的粮食技术人才培养模式和产教融合、校企合作的专业技能人才培养模式，实施粮食行业百千万创新人才工程和高技能人才培养工程。培养和发现优秀粮食企业经营管理人才，实施粮食经纪人队伍培育工程。实施开放的人才引进机制，加大力度引进粮食行业急需紧缺人才。健全人才激励保障机制，建立人才向粮食行业、基层企业流动机制，加大对创新人才激励力度，建立以政府奖励为导向、用人单位和社会奖励为主体的人才奖励机制，打造适应粮食行业发展需要的高素质人才队伍。

第五节 落实重点目标任务

强化重点工程和项目支撑作用，抓住重点目标、关键环节、难点问题，优化结构，增强动力，化解矛盾，补齐短板，推动重要政策、重点工程和重大项目的落实。结合三年滚动投资计划，做好重点工程项目储备，促进工程和项目落地实施。加强粮食安全市县长责任制考核，圆满完成本规划各项目标任务。

河南省粮食行业信息化建设
"十三五"发展规划

为加快推进河南粮食行业信息化建设，根据《国家粮食行业"十三五"发展规划纲要》《国家粮食行业信息化发展"十三五"规划》《河南省国民经济和社会信息化发展"十三五"规划》《河南省粮食行业"十三五"发展规划》，特制定本规划。

第一章　发展形势

第一节　发展现状

进入新世纪以来，河南粮食行业信息化尤其电子政务、局域网和政府门户网站建设等，从无到有、由小到大，取得了一定发展。通过建立粮食资源网，实现了省粮食局机关内部以及与局直属单位和 18 个省直辖市、10 个省直管县之间的网络办公，省粮食局制发的各类非涉密公文、政务信息等文件材料实现了即时传输，局直属单位和地方粮食行政管理部门也能够及时上报公文、信息，提高了工作效率，节省了时间和费用。同时，省粮食局还通过接入河南省政府办公平台、河南省委电子政务内网以及国家发改委纵向网，保证了与上级部门和其他省直部门之间公文信息、涉密文件的安全传输，为进一步实现互联互通、数据交换、信息共享业务互动，真正发挥信息化对全省粮食流通事业的促进作用打下了基础。

2015 年 5 月，经财政部和国家粮食局共同组织专家评审，河南被列为"粮安工程"仓储智能化升级三个重点支持省份之一。该工程项目计划总投资 5.64 亿元（其中：中央财政 2.24 亿元，省财政 2 亿元，各市、县财政配套和企业自筹资金 1.4 亿元），实施省粮食局"粮安工程"智能化管理平台建设和 371 个智能化粮库项目。

省粮食局"粮安工程"智能化管理平台建设的主要内容为"4381"工程，即：打造四个中心——省局云数据中心、GIS 服务中心、数据交换中心、调度监控中心；构建三个体系——标准规范体系、运维服务体系、信息安全体系；建设八个系统——数字政务办公系统、仓储智能化管理系统、粮食交易管理系统、粮食质量安全监管系统、粮油加工业管理系统、公共服务系统、宏观调控监测预警系统、特殊业务管理系统；搭建一个平台——基础设施平台。建设内容包括网络及硬件设施建设、机房建设二个方面。

全省智能化粮库项目分四种类型建设，一类库建设包括无纸办公、业务管理、移动监管、粮食出入库系统、多功能粮情测控、智能气调、智能通风、智能安防、三维可视化、专家决策与分析系统、远程监管接口和中控室等；二类库建设包括无纸办公、业务管理、移动监管、粮食出入库系统、多功能粮情测控、智能通风、智能安防、三维可视化、专家决策与分析系统、远程监管接口和中控室等；三类库建设包括无纸办公、业务管理、粮食出入库系统、多功能粮情测控、智能安防、远程监管接口和中控室等；四类库建设包括业务管理、粮食出入库系统、安防监控、粮情测控、远程监管接口等。智能化粮库项目和省局"粮安工程"智能化管理平台建成联通后，可实现对粮库人、财、物和粮食购、销、存的全方位在线监测和全面风险管控。将大大提升河南省粮食流通监管水平，提高政府宏观调控能力和粮食安全保障水平。

虽然河南省粮食行业信息化建设具备一定基础，但还存在较大的发展空间。现有办公自动化信息应用系统仅能满足最基本的办公需要，业务工作缺乏相应的系统支持，办公自动化程度较低；各粮库硬件设备严重老化，软件系统相对落后，与行政管理部门之间没有互联互通，严重制约了监督管理效率；全省尚未建立统一粮食市场信息监测平台，不能实时掌握粮食市场价格变动，及时做出反应；粮食应急网点数据库尚未建立，应急监测预警网络不完善，存在应急反应措施滞后的风险。

第二节　发展需求

"十三五"是全面破解粮食供求阶段性结构性矛盾的关键期，是全面推进粮食流通能力现代化的攻坚期，是全面释放粮食产业经济活力的转型期，是全面促进粮食市场深度融合的机遇期。新形势下，粮食行业信息化发展环境将更加优化，需求将更加迫切。

一是粮食流通能力现代化的需要。为进一步破解粮食流通各环节发展不协调，粮食流通成本高、效率低，应急保障发展滞后等问题，需要利用信息化的手段，构建涵盖粮食收购、储藏、加工、物流、消费等各个环节，纵向贯通、横向协同、资源共享的行业信息化体系，提升粮食物流自动化、智能化水平和应急保障能力。

二是粮食宏观调控精准化的需要。为进一步提升对全省粮食市场的把控牵引能力，提高各级储备粮的运行效率，服务国家和本地区粮食宏观调控，需要利用信息技术，提高统计调查、市场监测的准确性、及时性，加强对粮食信息的采集、分析和处理。破解粮食供应阶段性结构矛盾，健全目标价格形成机制，切实增强行业信息资源开发利用能力，增强决策的科学性、前瞻性和有效性。

三是粮食流通监管常态化的需要。为进一步增强粮食收储供应安全保障能力，确保粮食数量真实、质量可靠，需要汇聚整合、开发利用大数据资源，完善和优化粮食流通监督检查、质量监测、企业信用评价等覆盖粮食行业核心业务的应用系统，提升粮食流通监管服务能力，为行业全面推行"双随机"监管提供支撑。

四是粮食企业经营高效化的需要。为进一步激发粮食产业经济活力，需要推动互联网与行业的融合创新发展，构建"互联网＋粮食"行业发展新引擎，催生企业生产经营新模式、新业态，形成企业转型升级倒逼机制，增强粮食企业的核心竞争力。

五是行业服务方式多元化的需要。为进一步提高行业信息服务能力，为政府、企业、公众提供综合、高效、便捷的信息服务，需要推动互联网和行业的深度融合，利用互联网思维，创新政府服务模式，形成多样化的行业服务方式、内容和手段，利用大数据技术等提升服务能力。

第三节　面临的机遇和挑战

"十三五"期间，是推动粮食行业创新、协调、绿色、开放、共享发展的战略机遇期，大力推进粮食行业信息化是粮食流通产业"转方式、调结构"的重要手段，是保障河南省粮食安全的重要举措，新形势下粮食行业信息化发展面临着难得的机遇。一是党的十八大明确了坚持走中国特色新型工业化、信息化、城镇化、农业现代化道路，促进"四化同步"协调发展的战略部署，为行业信息化发展提供了强有力的政策保障；二是"互联网＋"、大数据、智能制造等国家战略的实施，为行业转型升级提供了新的发展路径；二是构建符合我国国情和社会主义市场经济体制要求的现代粮食收储供应安全保障体系，为行业信息化建设提供了内在动力；四是大数据、云计算、物联网、北斗导航等新技术不断涌现，为推动行业信息化发展提供了强有力的科技支撑。

同时，粮食行业信息化发展也面临着新挑战：一是信息化管理机制有待健全。缺乏专门的信息化管理机构，顶层设计和统筹规划没有得到有效贯彻，建设方案缺乏严格的科学论证。各地信息化建设资金投入不足，信息化基本建设和运行维护费用存在较大缺口。二是思想认识尚需提升。部分地区思想认识不到位，存在抗拒心理，不能用互联网思维改变传统管理和经营模式，信息化发展动力不足，信息化建设不能有效支撑政府、企业和公众需求。三是低水平重复建设有待破解。部分地区信息化建设针对性不强，信息技术与行业的融合度不够，业务流程优化、产业链协同效应凸显不够，资源配置不科学，不能有效支撑行业转型升级。四是要素资源数字化水平有待提高。粮食流通环节信息感知的手段较少，导致部分信息采集处于手工阶段，人工干预多，信息采集时效性差。五是信息孤岛现象较为普遍。全省少数粮库前期自主进行了部分信息化建设，但由于缺乏统一的监管平台，数据尚不能完全共享，"信息孤岛"现象较为普遍，影响跨部门和跨地区之间的业务协同。六是信息资源开发利用水平有待加强。信息资源缺乏有效整合和信息采集不全面，缺乏对数据的深入挖掘和建模，导致资源利用停留在数据统计层面，市场预警预测分析能力较低，对市场变化的应对缺乏科学分析。七是信息化关键技术与装备亟待突破。物联网、云计算、大数据等先进信息技术同粮食行业的核心业务结合不够紧密。适用于粮食行业的专用传感设备、自动处理设备、检测检验设备尚未形成产业规模，具有自主知识产权的核心技术还很缺乏。粮食质量安全追溯、库存监管、物流信息平台、粮情监测预警等核心业务系统还有待完善。粮食烘干、输送、加工等设备制造业在自主创新能力、信息化程度等方面与其它行业存在一定差距。八是粮食行业信息化专门人才急需培养。行业信息化高层次人才、信息化管理人才和基层技能人才少，将会制约信息化建设的组织实施。

第二章　总体要求

第一节　指导思想

深入贯彻党中央、国务院关于推进粮食流通领域改革发展和加快信息化建设的系列决策部署和"创新、协调、绿色、开放、共享"发展理念，以全面提升粮食宏观调控水平、增强粮食流通现代化能力、释放粮食产业经济活力、确保粮食数量与质量安全为目标，坚持需求主导，搞好顶层设计，按照国家粮食局仓储智能化升级暨行业信息化建设工作部署，坚持以粮库智能化升级为基础，以标准规范为指引，以数据采集和应用为核心，以大数据、云计算、物联网、智能制造等新一代信息技术与粮食业务深度融合为手段，加强信息基础设施和网络信息安全保障能力建设，强化信息共享、业务协同和互联互通，有效提高公共服务水平，积极优化粮食信息化发展环境，促进粮食流通产业转型升级，加快建成先进实用、安全可靠、布局合理、便捷高效的河南粮食行业信息化体系，力争实现省级储备粮储存库点智能化升级全覆盖，全面提升河南省粮食流通现代化水平，为确保粮食安全奠定更加坚实的基础。

第二节　基本原则

坚持统筹规划、注重实效、协同共享、保障安全的基本原则。统筹规划，即按照国家信息化战略部署，统一规划、统一标准，因地制宜，合理布局，以点带面，稳步推进，避免低水平重复建设；注重实效，是以提升粮食行业业务管理水平，降低粮食流通成本、提高粮食流通效益为重点，突出粮食行业特色，注重前瞻性、先进性、实用性和可靠性，优先采用成熟、适用的信息技术，支撑整个粮食行业信息化发展；协同共享，是充分发挥各级粮食行政管理部门、企业以及社会力量的作用，建立全省统一的网络和应用平台，合力推进粮食行业信息化建设，以信息资源共享、利用为核心，优化资源配置，实现信息资源共享和业务高效协同；保障安全，是有序推进粮食行业信息化标准体系和安全保障体系建设，加强风险评估和安全防护，强化信息安全保密管理，确保粮食行业信息化基础设施和应用系统安全可靠。

第三节　总体目标

物联网、云计算、大数据等新一代信息技术在粮食行业广泛应用，信息资源利用、业务协同能力明显增强，粮食信息服务水平更加高效。覆盖各级粮食管理部门和主要涉粮企业的信息化基础设施框架基本建成，行业管理信息化水平显著增强，信息化标准体系和安全保障体系更加健全，信息化人才培养体系、技术创新体系不断完善，行业信息化"智库"基本建成，信息化在粮食行业产业升级中的支撑作用显著提升。

——行业管理信息化水平显著提高。建成省级粮食智能化管理平台，省级储备粮储存库点实现粮库智能化全覆盖。库存粮食数量、粮食质量、企业信用、政策性粮食等全部实现网络化在线监管。前沿信息技术在行业管理中的应用深度和广度不断提升。

——核心业务系统覆盖面显著扩大。数字政务、仓储智能化、粮食交易、粮食质量安全监管、粮油加工业、公共服务、宏观调控监测预警、特殊业务等核心业务实现信息化管理，提升资源共享和业务协同能力。

——行业装备信息化水平显著改善。粮食储藏、物流、质检、加工等环节装备的信息化水平显著提升，在粮食智能干燥、粮食质量快速检测、粮情专用传感器、多参数粮情检测等领域突破一批关键技术。粮食加工业与信息化加速融合，数字化研发设计工具普及率和关键工序数控化率明显提升。

——行业信息基础设施水平明显提升。建成覆盖各级粮食行政管理部门、国有粮食收储库点、粮食交易中心、重点联系粮食批发市场、重点粮油加工企业以及粮油应急配送中心的粮食流通管理信息网络，粮食信息感知手段日趋完善，信息采集渠道不断拓宽；建成完善的粮食行业信息化标准体系和安全保障体系。

——行业信息资源利用水平明显增强。完成全省粮食大数据中心的建设，实现收购、仓储、物流、质量、加工、消费、交易等信息的汇聚和融合。形成跨部门数据资源共享共用格局，实现粮食行业数据资源合理适度向社会开放；充分利用粮食大数据资源，实现对粮食宏观调控更为准确的监测、分析、预测、预警，提高决策的针对性、科学性和时效性。

——行业服务信息化水平更加高效。建成行业信息公共服务平台，信息服务方式更加多元，服务内容更加丰富，服务机制更加健全，专业化水平进一步提升，线上线下结合更加紧密；依托粮食大数据资源，带动社会公众开展大数据增值性、公益性开发和创新应用，激发大众创业、万众创新活力。

专栏　指标体系

指标	2015 年	2018 年	2020 年	属性
一、行业管理水平				
省级粮食智能化管理平台	—	建成	建成	约束性
市级粮食智能化管理平台（个）	—	18	18	约束性
二、核心业务覆盖率				
政策性粮食业务信息化覆盖率	—	50%	100%	预期性
粮食质量安全监测数据平台采集率	—	30%	70%	预期性
三、基础设施水平				
国有粮食收储企业信息化升级改造覆盖率	<10%	50%	80%以上	预期性

续表

指标	2015 年	2018 年	2020 年	属性
国有粮食质量安全检验监测体系数字化实验室覆盖率	<5%	20%	60%	预期性
重点联系批发市场信息化改造覆盖率	<5%	25%	50%	预期性
重点加工企业信息化改造覆盖率	<15%	25%	50%	预期性
四、信息化标准体系				
粮食行业信息化标准数量（项）	0	6	10	预期性
五、粮食大数据应用				
省级粮食大数据中心	—	初步建成	建成	约束性
即时数据采集率	—	10%	40%	预期性

第四节　发展理念

坚持创新发展。创新信息服务模式，在科普宣传、文化传承、农户储粮、融资服务、质量追溯、征信等领域，提升信息服务水平。推动技术创新，在粮食收储、物流、装备市场监测、质量监测、应急供应等领域，研发支撑软件和装备。坚持应用创新，发挥互联网在要素资源汇聚、大数据在资源配置决策的优势，提升行业生产、经营和管理水平，推动粮食企业转型升级。

坚持协调发展。加强对粮食产业运行数据的分析和预测，引导粮食生产流通销售方式变革，打造"产购储加销"一体化全产业链的发展模式。发挥统一竞价交易平台在产销衔接中的作用，引导产区和销区的协调发展。加强"互联网＋粮食"电商平台建设，打造"粮油网络经济"，激发粮食产业经济活力。

坚持绿色发展。积极利用互联网、物联网、大数据等新一代信息技术，加快推进粮食仓储智能化升级改造，降低粮食储藏损耗和化学药剂使用。构建全省性粮食物流信息服务平台，促进粮食散装、散卸、散储、散运"四散化"发展，提升物流效率，降低流通损耗和物流成本。在粮食装备环节突破一批核心关键技术，提升粮食加工业数字化、网络化、智能化水平，推动粮食企业节能降耗。

坚持开放发展。加强粮食市场信息监测体系建设，保障工业化、信息化、城镇化融合发展背景下粮食生产与供给的稳定。科学分析和把握国内外粮食市场供求形势，注重权威性信息发布，增强国际粮食市场的话语权，拓展粮食行业发展空间。加快推动粮食行业向社会开放，引导社会资金投入行业信息化建设，开展关键技术研究、产品研发和增值性服务。

坚持共享发展。汇聚和整合粮食行业信息资源，加快推动行业信息资源共享，消除"信息孤岛""数据烟囱"等问题，优化行业资源配置。深化行业信息资源开发利用，利用大数据等新一代信息技术提升管理决策和风险防范水平，增强行业现代治理能力。积极推进"信息扶贫"战略，逐步构建惠及公众、企业和管理部门的行业信息服务生态圈，创新服务供给方式，提高服务供给效率。

第三章　重点建设任务

运用云计算、大数据、"互联网＋"等先进理念和技术，构建省、市、企业三级架构，推进信息化"1＋1＋4"建设内容，着力做好省级及市级粮食智能化管理平台建设、1050个粮库智能化升级改造、粮食交易中心和18个现货批发市场电子商务信息一体化平台、142个重点粮食加工企业、30个粮食应急配送中心信息化、调控监测体系、粮食质量安全监管信息系统等建设，为宏观调控、行政管理、公共服务和行业发展提供支撑。

第一节　实施行业大数据战略

建立粮食信息采集体系。制定统一、规范的粮食行业信息系统数据接口和协议，拓展物联网数据采集渠道，加强研发和利用传感器、智能终端等技术装备，实现收储、物流、加工、消费、贸易、政策、价格、质量、信用等信息的全面采集。开辟互联网数据采集渠道，开展互联网数据挖掘。

促进信息系统互联互通。构建行业骨干网，实现省、市、企业三级系统架构的互联互通，消除信息孤岛。建立信息资源目录体系，加快建设数据交换共享机制，推动企业数据资源向省、市级粮食管理平台汇聚，打通政府部门、企事业单位之间的数据壁垒，实现跨部门数据交换。

推动大数据发展和应用。制定粮食行业数据标准，着力建设一批信息资源数据库，逐步形成涵盖粮食行业的大数据资源体系。加强省级数据中心基础建设，加大对数据采集、存储、清洗、分析挖掘、可视化等领域的研发力度，深化系统内部数据和社会数据的关联分析。强化大数据技术在市场趋势分析、调控措施评估等方面的应用，提高宏观调控、行业监管以及公共服务的精准性和有效性。制定行业数据共享开放目录和制度，依法推进数据资源向社会开放，提高数据的使用价值。

第二节　推动粮食收储信息化发展

实施粮库智能化升级改造。紧密围绕粮库核心业务，加快建设融合业务管理、出入库作业、智能仓储、远程监管、安防监控、办公自动化、财税管理于一体的粮食仓储信息系统，着力解决粮库经营管理粗放、运行效率低下、业务协同能力不足、信息流转不畅、监管存在漏洞等问题，实现业务经营管理、仓储管理、质量管理、作业调度管理等的数字化、网络化、集成化、可视化和智能化，并为常态化在线库存检查奠定基础。

提升仓储装备智能化水平。加快推进扦样、检验、称重、烘干、通风、仓窗、熏蒸、装卸、整理等装备的自动化、信息化、智能化改造，在原有功能的基础上，增加装备的信息感知、处理、传输和控制能力。推动快速检化验、地磅称重控制一体化、测控集成终端、多功能粮情检测、低温储粮通风机组、粉尘爆炸检测、仓储机器人等专用智能化装备的研发和推广应用。加强清理中心、烘干中心智能化示范建设。

提升粮食收储信息化服务水平。支持粮食企业和第三方建立粮食仓储服务信息系统，实现多参数粮情、虫害识别、智能通风、安全生产预警、质量预警等深度分析与决策支持。依托省级粮食智能化管理平台，实现对库存粮食数量、质量、储存安全情况的动态监管，强化政策性粮食的远程监管能力。建立农户粮情公共服务信息系统，向农户提供技术、市场、政策等信息，推广低成本农户储粮技术。提升粮食产后服务信息化水平，为农户提供"代清理、代干燥、代储存、代加工、代销售"等信息服务。

第三节　提升粮食物流业信息化水平

推动建设粮食物流信息平台。实现河南省主要粮食通道的粮食流量、流向和流速的动态监测，全景展示河南省主要通道的物流状况，为河南省粮食宏观调控、应急处理提供有力保障。加强对物流企业数据的采集，形成政府公共数据与市场数据相融合的粮食物流大数据体系，为粮食物流运行状态监测、行业监管和科学决策提供数据支持。

引导物流园区信息平台建设。发展一批模式成熟的物流园区信息平台，实现与粮食市场、仓储企业、加工企业等业务系统的数据交换和信息共享，促进公路、铁路、水路多式联运的信息互联互通。积极推进与社会综合性物流信息平台合作，融合相关物流信息资源。加强与交通、海关、贸易、检验检疫等部门物流相关信息系统对接。

推动物流信息技术的创新与发展。加快电子标识、自动识别、信息交换、智能交通、物流经营管理、移动信息服务、可视化服务和位置服务等先进适用技术在粮食行业中的融合应用，实现物流企业内部的物流调度优化和实时数量、质量的定位跟踪，提升粮食在途品质检测、监测及动向跟踪等装备的智能化水平。加强成品粮物流配送信息系统的应用与示范，提高集装箱、滑托板等集装单元化器具的智能化管理水平。

第四节　提升粮食加工业信息化水平

实施重点粮食加工企业信息化改造。鼓励重点粮食加工企业进行原粮入库和库存管理系统的建设和改造，结合粮食应急配送中心信息化建设需求进行成品粮应急管理建设。鼓励和支持重点粮食加工企业建设粮食质量安全追溯信息系统，并与省级粮食智能化管理平台互联互通。加强粮食加工业信息监测系统建设，实现重点粮食加工企业最低最高库存量、加工能力、加工数量、产品质量等信息的在线监测。

实施装备设计与制造升级行动。利用计算机辅助工程分析、虚拟仿真和数字模型等信息化手段，提高加工装备设计与制造的数字化水平。鼓励智能感知、知识挖掘、系统仿真、人工智能、工业机器人等新兴信息技术的应用，促进加工装备智能化升级。支持装备制造企业为粮食企业提供远程在线监测及服务。

推动粮食加工企业智能化升级。加快产品全生命周期管理、客户关系管理、供应链管理系统的推广应用，实现智能管控、产业链协同和供应链优化。加快物联网、快速检测等技术的应用，实现粮食加工过程的生产工艺、环境、产品质量等全生产周期的信息采集。探索推进粮食加工关键工序智能化、关键岗位机器人替代等，实现生产过程智能优化控制。

第五节　强化粮油市场动态监测能力

健全粮油市场信息监测网络。优化信息采集点布局，扩大信息监测领域和覆盖面，将信息监测覆盖的范围延展到上游的农业生产，和下游的饲料业、养殖业、粮食与油脂加工业、贸易、消费、进出口等领域，拓宽信息采集渠道，丰富信息来源。创新信息采集手段，采用自动抓取等新技术提高数据采集质量、效率。加大监测频率，实现对重点粮食品种、重点时段、重点环节和重点地区的监测。健全社会粮油供需平衡调查机制，优化调查方案、合理选取调查样本、突出调查重点、扩大调查内容。建立粮油市场监测信息发布机制，形成短期监测、长期预测等监测报告，提升信息服务能力。

提升监测预警智能化水平。以小麦、稻谷、玉米、油脂油料为重点，综合考虑常规监测、热点监测和应急监测的互补性，结合短期、中期和中长期监测需求，建立包含产量、贸易量、消费量、库存量、现货、期货价格等监测指标的市场动态监测体系，增强监测预警的灵敏性、前瞻性、准确性和权威性。利用大数据分析技术，深化数据挖掘与利用，建立市场监测预警模型，科学分析不同行业、不同品种粮食需求与消费的变化趋势，全面掌握粮食供需平衡状况，优化粮食储备体系。

第六节　促进粮食市场信息化发展

推动粮食交易中心和现货批发市场电子商务信息一体化平台建设。通过一体化平台建设，着力解决交易行为分散、信息系统重复建设、市场资源不共享、交易成本高、市场竞争力弱等问题。充分发挥一体化平台的信息优势和资源配置作用，建立涵盖粮食生产、原粮交易、物流配送、成品粮批发、应急保障的完整供需信息链和数据中心，打造统一开放、竞争有序、协同发展的电子商务一体化信息大平台。

推动"互联网＋粮食"电商平台建设。坚持市场化主导，鼓励粮食企业应用电子商务平台，开展在线销售、采购等活动，提高生产经营和流通效率。加强与成熟电子商务平台合作，建设粮食应急供应点网上超市，强化供应手段。推动电子商务在"放心粮油"工程中的示范和推广，打造粮食电子商务品牌。加强电子商务物流配送体系建设，建立电子商务产品质量追溯机制，鼓励企业利用电子商务平台的大数据资源，提升企业精准营销能力。

第七节　提升行政监管信息化水平

推动行业信用监督管理信息化体系建设。依托省级粮食智能化管理平台，重点采集企业经营管理基础信息、政府部门监管信息及社会舆情信息等，形成粮食行业信用信息数据库，并与省信用信息共享平台实现互联共享。推动建立与发改、工商等部门信用信息交换机制，促进信用信息共享，为信用管理、履约评价、信用查询、信用认证等提供支撑。

提升监督检查信息化水平。加快监督检查工作与互联网的深度融合，积极推动监督检查方式向信息化、自动化、网络化方式转变。建立检查人员数据库，落实"双随机"机制。建设在线监督检查系统，实现对政策性粮食和政策性业务的动态监管。

提升质量安全监测预警能力。完善粮食流通各环节中粮食质量信息的数据标准，加快推进粮油质量检测设备的信息化改造，统一数据接口，建立收获、储存环节粮食综合质量、储存品质及食品安全指标监测数据库，利用二维码、身份识别等信息技术，确保质量监测信息的真实性、代表性和可溯源性。推进粮食质量监测信息系统建设，建立质量分析模型，实现粮食综合质量评价，运用大数据技术提高粮食质量安全风险监测预警能力。鼓励生产经营企业和社会主体建设产品质量追溯信息门户，面向社会公众提供全程质量追溯信息跨区域一站式查询服务。推动粮食流通质量追溯体系建设。整合行业内的信用信息资源，建设信用数据平台和信用信息服务平台，加快推进行业间信用信息互联互通，建成粮食经营者信用评价体系。推进粮食监督检查工作信息化，提升监督检查效率，推动政府治理精准化。

第八节　提升应急保供信息化水平

强化粮食应急监测分析能力。制定统一的粮食应急信息资源目录体系，加强应急信息资源管理，实现应急资源的空间分布、数量规模、资源分配和应急调度的可视化。加强粮食应急保障信息汇聚共享，有效监测自然灾害、粮食脱销断档、粮食价格大幅度上涨等粮食供给突发事件。利用大数据关联分析技术，优化粮食应急供应点和配送中心的布局，建立区域粮食应急调度模型，分析评估区域应急安全形势。加强应急基础设施信息化改造和应急配送中心信息化系统建设，确保应急配送中心各项业务"全时在线"，全面提高配送效率，缩短反应时间。

提升应急指挥信息化水平。建立粮食应急供应优化调度决策系统，形成响应预案，实现对粮食应急突发事件的迅速定位、分析判断和辅助决策。建立应急模拟演练系统，定期开展模拟演练，提高应急处置能力。建设布局合理、运转高效、保障有力的军民融合粮食应急指挥体系，满足应急保障中的粮食供给需求。完善粮食突发事件预警信息发布系统，提高预警信息快速发布能力。

第九节　实施行业信息服务开放行动

健全粮食行业信息服务体系。以服务需求为主线，升级政府门户网站，建设新媒体平台，完善信息公开、办事服务、互动交流等功能，推动在线审批，提高行政审批效率。加强粮食信息资源的开发利用，依托第三方机构，开发针对粮食种植农户、加工企业及管理部门等用户，涵盖粮食品种交易、政策、物流、价格、质量、供需形势、种植、病虫害、信用、消费、贸易、营养状况等多层次的粮食信息产品，提升行业信息服务的影响力、权威性和覆盖面。

创新信息服务方式与内容。建设面向粮食行业管理部门、粮食经营企业等的信息发布系统，建立信息发布制度，提供产业运行状况、供需平衡、粮食安全预警、应急供应、质量监测、物流服务、价格监测等全方位信息服务。建立粮食科技综合信息共享与服务信息系统，集聚产学研用管各方力量，形成科技创新、成果转化、技术推广等领域的数据共享机制。通过微信、微博、短信、手机 APP 等方式，向种粮农民宣传粮食政策，发布粮食收购、价格信息及补贴政策，引导农民科学合理安排粮食生产。建设粮食仓储、物流、加工、营养技术信息库，开展交互式服务。

第四章　保障措施

第一节　健全信息化建设管理机制

建立粮食行业信息化工作领导小组，负责统一组织、协调、指导、监督、管理行业信息化工作，推动行业信息化建设合理有序进行。建立政府、企业、高校、科研院所共同参与、跨行业的专家咨询委员会，为决策提供重要支撑。建立粮食行业信息资源采集、共享和保密制度，明确各级主管部门在信息来源、标准和交换中的责任和义务。建立健全粮食行业信息化建设评估机制，落实各级粮食行政管理部门和企业信息化建设的绩效考核，建立和完善信息化工作激励机制。

第二节　强化信息化建设科技保障

坚持创新驱动，加快实施粮食行业信息化关键技术创新工程，推进物联网、云计算、大数据等前沿技术在粮食行业中的融合应用。建立高等院校、科研院所、企业共同参与的粮食信息化技术创新联盟，着力构建产学研用一体化科技创新机制。加强对信息化建设的前瞻性研究，实施粮食信息化科技成果转化行动，探索成果转化多方共赢模式，强化示范带动效应。

第三节　壮大信息化专门人才队伍

深化粮食信息技术领域产教融合，依托高校、科研机构、企业的智力资源和研究平台，建立一批联合实训基地，鼓励行业高校从粮食企业、科研机构中聘请从事粮食信息技术研究的专家担任兼职教师，加强粮食信息技术复合型人才培养。加强与国内外信息技术教育与培训机构的联合与合作，强化对基层信息化技术人员的培训，形成一支高素质的信息化工程实施、运维和管理团队。

第四节　多渠道加大建设资金投入

充分发挥财政资金补贴引导作用，鼓励加大投资力度，充分发挥社会力量和市场多元主体的作用，拓宽建设资金来源渠道，加快构建政府投资与社会力量广泛参与的信息化建设资金保障机制，确保信息系统建设和运维经费的来源。

第五节　落实信息化建设组织实施

强化顶层设计和规划引导，突出重点，分步实施，有序推进。建立政府、企业、高校、科研院所共同参与、跨行业的粮食行业信息化专家团队，积极支持服务粮食行业信息化的技术企业发展，共同推进行业信息化建设进程。严格执行招投标采购法，落实建设主体责任和项目法人责任制、工程监理制和项目合同制，强化项目运行情况的跟踪管理。按照国家、地方及行业有关信息化建设标准及规范，尽量统一组织本地区软件开发、硬件采购、运维管理等，节省建设资金。鼓励第三方的专业服务机构参与信息化建设和运维管理。

监管与廉政

河南省"粮安工程"粮库智能化升级
项目管理办法

第一章 总 则

第一条 为加强"粮安工程"粮库智能化升级项目管理，提高粮库智能化升级专项资金使用效益，保障项目顺利实施，根据国家相关法律法规和粮库智能化升级管理规定，制定本办法。

第二条 本办法适用于全省"粮安工程"粮库智能化升级项目，即用全省"粮安工程"粮库智能化升级专项资金实施的各具体项目（以下简称"智能化升级项目"）。

第三条 粮库智能化升级目标，是通过严格执行全省统一的建设标准，逐步实现统一、开放、多元、兼容的粮库智能化暨粮食流通各主要业务环节的信息化管理。所有实施项目，务必做到全省标准统一，互连互通，严防各自为政，避免形成信息孤岛。

第四条 各省辖市、省直管县（市）粮食局、财政局应结合实际，编制当地粮库智能化升级工作方案，报省粮食局、省财政厅组织专家审核后，由省辖市、省直管县（市）粮食局、财政局统一（不再下放到县、区）组织实施。

第二章 项目实施与管理

第五条 组织管理。各省辖市、省直管县（市）人民政府统筹协调辖区内粮库智能化升级工作，粮食、财政部门应密切配合，统一组织并负责辖区内粮库智能化升级项目招投标、项目监理、实施过程监督检查、竣工验收等各项工作。

第六条 招标方式。各省辖市、省直管县（市）可对本辖区内的全部项目打包，予以整体招标；或以项目为单位分包招标。招投标评审专家组成，从"河南省政府采购专家库"中抽取仓储智能化专家 2 名，粮油储藏专家 1 名，粮油质检专家 1 名，财务专家 1 名，省辖市、省直管县（市）粮食局派业主代表 2 名。如"当地专家库"中有仓储智能化、粮油储藏、粮油质检等专家，也可从当地专家库中抽取。

第七条　组织实施。省辖市、省直管县（市）粮食局、财政局统一组织招投标后，项目单位与监理、项目中标单位签订监理、建设合同，共同制订实施方案，并报省辖市、省直管县（市）粮食局、财政局组织专业技术人员审查后，按照"项目法人责任制、建设监理制和合同管理制"要求，认真组织实施。项目实施过程中如需调整或改变原实施方案的，必须报省辖市、省直管县（市）粮食局、财政局核准后执行。要加强建设过程管理，确保各项工作手续齐全，做好建设资料及合同的归档工作。

第八条　现场监督。项目实施过程中，项目单位应派业务人员为驻场监督代表，指导和协调监理、承建方之间关系，督促项目实施过程中问题的解决。

第九条　文明建设。建设现场应满足文明、安全达标要求，采取必要措施，做到智能化升级和生产经营两不误，确保粮库收储工作的正常运行。

第十条　时间要求。智能化升级项目监理、建设合同签订后，甲乙双方都应协同配合，按进度计划保质保量地及时组织项目实施。除不可抗拒因素外，智能化升级项目必须在 2016 年秋粮上市前竣工。

第十一条　竣工验收。项目验收前，智能化粮库必须与省局"粮安工程"智能化管理平台联通，否则视为项目建设不合格，不得予以验收。

对具备验收条件的项目，各省辖市、省直管县（市）粮食局、财政局要按有关规定要求，对照合同和实施方案，及时组织仓储智能化、粮油储藏、粮油质检、财务等专家，联合开展验收。

第十二条　档案管理。各省辖市、省直管县（市）粮食部门要专门建立"粮安工程"粮库智能化升级项目资料档案库。主要包括：

（一）项目申报、审批文件；

（二）智能化升级实施方案及相关制度；

（三）资金使用管理情况，包括各级财政补助资金支付凭证、企业自筹资金到位和支付凭证、项目决算及审计报告等资料；

（四）项目建设及验收相关资料；

（五）项目运行管理制度；

（六）智能化升级项目实施过程中的相关图片、影像资料等。

第三章　责任与监督

第十三条　为做好粮库智能化升级工作，省粮食局、财政厅与各省辖市、省直管县（市）人民政府签订《目标责任书》，各市、县政府要按照要求，认真组织实施、落实自筹资金、坚持质量标准、加强监督检查，保质保量完成智能化升级目标任务。

第十四条　各级粮食、财政部门要加强对粮库智能化升级工作的组织协调，各司其职，各负其责，齐心协力，共同推进智能化升级工作。

省粮食局、省财政厅负责政策标准制定、督促抽查政策落实及项目实施情况，协调解决工作实施中的重大共性或政策性问题；省辖市、省直管县（市）财政部门负责资金及时拨付与监管；省辖市、省直管县（市）粮食、财政部门组织项目招标、实施、竣工验收、总结上报等；县级粮食部门配合上级有关部门督促项目实施和建设进度等。

第十五条　各智能化升级项目单位要建立项目公示、公告制度，及时将项目名称、建设内容、进度计划、资金安排及中标单位、监理单位和具体责任人、举报电话等情况在一定范围内张榜公布或公示，主动接受职工群众和社会监督。

第十六条　省粮食局、财政厅将对各地智能化升级项目进行专项核查，选择重点市、县和重点项目抽查。

第十七条　全省各级财政部门要会同粮食主管部门及其项目单位，切实强化粮库智能化升级项目的绩效评价工作，对项目执行过程及结果进行科学、客观、公正的衡量比较和综合评判，主要反映财政补助资金所产生的经济效益、社会效益，并出具绩效评价报告。

第十八条　对不能严格执行本办法，未按要求完成任务或者弄虚作假的，一经查实，除按有关规定处理处罚外，还将收回省补全部资金，并在省粮食、财政系统内进行通报。此外，对于考核、审计、抽查、复验或举报核查中发现有严重违规违纪问题的，将移交当地纪检、监察部门处理。

第十九条　做好总结上报工作。粮库智能化升级工作完成后，各省辖市、省直管县（市）粮食、财政部门在规定时限内，将工作总结和粮库智能化升级项目完成情况汇总表等，以正式文件分别报送省粮食局、省财政厅。工作总结的主要内容，包括辖区内粮库智能化升级各项工作落实情况、存在的主要问题及有关措施建议，以及各项目单位的基本概况、升级改造的目标、内容及项目实施情况，补助资金和地方配套资金、企业自筹资金落实情况等。

第四章　附　　则

第二十条　各省辖市、省直管县（市）粮食、财政部门可结合当地实际，制定实施细则，报省粮食局、财政厅备案。

第二十一条　本办法由省粮食局负责解释。

第二十二条　本办法自印发之日起施行。

加强"粮安工程"粮库智能化升级改造专项资金管理

为加强和规范河南省"粮安工程"粮库智能化升级改造专项资金管理工作，提高资金使用效益，确保粮库智能化升级改造工作顺利进行，根据《财政部 国家粮食局关于印发"粮安工程"危仓老库维修专项资金管理暂行办法的通知》（财建〔2015〕260号）和《河南省财政厅 河南省粮食局关于印发河南省"粮安工程"危仓老库维修改造专项资金使用管理办法的通知》（豫财贸〔2014〕85号）规定，结合河南省实际，现将有关事项通知如下：

一、资金使用范围

根据财政部和国家粮食局规定和要求，河南省2015～2016年度"粮安工程"危仓老库维修改造专项资金专项用于粮库智能化升级改造和省级粮食仓库智能化管理平台建设项目。

（一）粮库智能化升级改造资金专项用于省粮食局评审确认的项目支出，主要是利用现代信息技术提升粮食收储管理标准化、现代化、科学化、规范化水平。

（二）根据财政部和国家粮食局确认的河南省粮库智能化升级改造方案，中央财政和省财政专项资金补助70%，不足部分由市县和企业自筹。

二、按因素法分配资金

专项资金按因素法分配到各市、县（市）及省直企业。根据粮库智能化升级改造特点，各项因素权重为：①各市、县（市）粮食总产量，权重35%；②申报升级改造粮食仓库库容，权重35%；③各市、县实际储备粮数量，权重20%；④智能化升级改造项目评审总分，权重10%。

省直粮食企业按后三项因素分配，权重分别为50%、30%、20%；各市、县（市、区）对项目单位补助资金分配，可参照省分配办法进行。

　　申请补助资金达不到依据因素法测算数额的，按实际申请金额计算分配。

三、资金专款专用

　　补助资金实行国库集中支付制度，项目单位对财政补助资金和自筹资金实行专账管理，单独核算，确保专款专用；补助资金如有结余，报同级粮食、财政部门同意后，继续用于规定范围内的同类项目；符合政府招标采购的工程建设和设备购置，按有关规定执行，确保粮库智能化升级改造过程公开透明。

四、加强监督检查

　　市、县财政和粮食部门要加强监督检查、沟通协调，确保粮库智能化升级改造工作顺利进行。粮食部门主要负责维修改造规划、项目申报、项目实施、质量监管、竣工验收等；财政部门主要负责专项资金的拨付与监管，提高资金使用效益；项目单位要把财务管理、工程实施、设备采购、质量监理等责任落实到人，按时完成维修改造任务；对弄虚作假、截留挪用、骗取财政资金等违法违规行为的，按照《财政违法行为处罚处分条例》（国务院令第 427 号）规定严肃处理。

严格落实《河南省"粮安工程"粮库智能化升级暨行业信息化建设指导意见》和六个标准

为做好河南省"粮安工程"仓储智能化升级工作，确保建成的智能化粮库与省粮食局智能化管理平台互联互通，省粮食局会同省财政厅印发了《河南省"粮安工程"粮库智能化升级暨行业信息化建设指导意见》（豫粮文〔2016〕146号）（以下简称《指导意见》），并先后制定了《河南省粮库智能化建设技术规范（试行)》等六个试行标准（以下简称《六个标准》）。为严格执行《指导意见》和《六个标准》，现就有关事项通知如下：

一、充分认识《指导意见》和《六个标准》的重要意义

当前，信息化建设已成为粮食行业实现创新和发展的必然趋势，省局在总结河南省试点库和省级管理平台建设经验的基础上研究制定了《指导意见》和《六个标准》，旨在着力解决全省粮食行业信息化建设中存在的发展不平衡、建设不规范、标准不统一、可复制性不强、与业务结合不紧密、投资效率不高、单项突进、互联互通不足以及重建设轻运维等问题。针对当前粮库智能化升级和未来行业信息化建设面临的重点问题和关键环节，《指导意见》明确了具体的建设目标和实施方式，是开展下步工作的重要操作指南。针对粮库智能化升级的各项具体建设内容，《六个标准》规范了相关业务流程及数据标准等，为确保智能化粮库与省级管理平台互联互通奠定了基础。

各地各单位要充分认识《指导意见》和《六个标准》的重要意义，深刻认识加快仓储智能化建设的紧迫性，把思想和行动统一到意见精神上来，要把学习落实《指导意见》和《六个标准》作为切实做好仓储智能化升级工作的重要抓手，坚决把各级责任落到实处，大力推进粮食行业信息化建设，促进粮食流通产业转型升级，全面提升河南省粮食流通能力现代化水平。

二、准确把握《指导意见》和《六个标准》的主要内容

各地各单位要认真学习《指导意见》和《六个标准》的主要内容，深刻理解、准确把握《指导意见》和《六个标准》的内容实质。要积极组织开展对《指导意见》和《六个标准》的学习培训，把学习《指导意见》和《六个标准》当成仓储智能化升级工作的一项重要环节抓紧抓好，切实保证学习培训深入到参与仓储智能化升级工作的所有人员，防止一知半解、断章取义、生搬硬套。要加强学习培训工作的组织领导，各级主要领导要负总责、带头学，分管领导要亲自抓、直接管，要通过集中培训、专题研讨、个人自学、专家辅导等多种方式，拓展学习培训的广度和深度。要把对《指导意见》和《六个标准》的学习培训融入仓储智能化升级工作全过程，边建设、边学习、边思考、边总结，做到学以致用、学用结合，扎扎实实地推进仓储智能化升级工作。

三、严格执行《指导意见》和《六个标准》的具体要求

严格执行《指导意见》和《六个标准》需要着眼全局、立足实际、把握方向。

一是结合各地各单位智能化升级工作实际，认真研究《指导意见》的各项政策措施，强化组织领导，明确工作分工，健全工作机制，完善工作方案，积极开展工作。勤向市、县政府主要领导汇报，加强与财政、政府招标采购管理部门沟通，足额落实自筹资金，规范招投标程序，在项目招投标、施工、验收等环节严格遵守《指导意见》，按时保质完成任务。

二是项目建设要严格执行《六个标准》等信息化建设行业标准，在组织编写招投标文件，与中标单位签订施工合同时，必须将《六个标准》写入其中，切实按照《六个标准》要求实施项目招投标、建设和验收。决不允许出现不按标准实施，自行其是的现象。

三是各级粮食行政管理部门要加强对严格执行《指导意见》和《六个标准》情况的督促检查，检查工作要贯穿整个项目建设与使用维护始终，对不按工作程序、不按标准要求实施建设或执行标准不到位的项目，要责令其立即整改，统一标准规范，务必确保智能化粮库与省级管理平台互联互通。

加快和规范粮库智能化升级改造
项目招标投标工作

目前，全省智能化升级工作总体上正在健康、有序、规范、稳步推进。但部分地市和单位在智能化升级工作中，仍在等待观望、裹足不前，迟迟没有新进展；部分单位在招标过程中，存在不规范情况，甚至极个别单位出现了涉嫌操纵招标结果的严重问题；部分单位不能严格按照指导意见和建设标准要求，做好粮库智能化升级工作。为加快和进一步规范粮库智能化升级改造项目招标投标（以下简称招投标）工作，严肃招投标工作纪律，营造公开、公平、公正的竞争环境，结合粮库智能化升级工作实际，现就相关事项通知如下：

一、切实加快招投标和施工进度

按照财政部《2016 年度"粮安工程"危仓老库维修专项资金重点绩效评价工作实施方案》（财建便函〔2017〕11 号）要求，财政部驻河南省财政监察专员办事处拟于 2017 年 6 月，对河南省 2015～2016 年度"粮安工程"粮库智能化升级改造专项资金开展绩效评价工作。各地各单位要高度重视，提前做好准备，积极配合财政部门，做好粮库智能化升级改造专项资金绩效评价工作。务必加快粮库智能化升级改造项目实施进度，全力以赴尽早完成项目招投标，确定施工单位，督促施工单位保质保量加快施工进度，争取早日完成智能化粮库项目建设，与省局智能化管理平台联通。

二、严格粮库智能化升级改造项目招投标工作程序

要切实加强对粮库智能化升级改造项目招标单位及相关人员的管理，督促相关单位和人员严格执行《中华人民共和国招标投标法》《中华人民共和国政府采购法》《中华人民共和国行政许可法》《河南省实施〈中华人民共和国招标投标法〉办法》等法律、法规和相关规定，按照公开、公平、公正的原则，依法依规组织项目的招标工作。

一要规范编制招标文件。招标文件的编制应综合考虑招标人需求，包括采购标的的技术参数和配置、售后服务和技术服务要求、使用功能与辅助功能等；文本编写应科学规范，采购目的、要求、进度、售后服务等描述要简捷有序、准确明了；科学、公平、合理制定技术条款、商务条款、综合评分办法和评标标准。不得倾向或者排斥某一潜在投标人，不得以不合理的条件限制投标人参加投标，或实行差别待遇、歧视待遇。

二要严格实行公告制度。为保证投标人及时、便捷地获取招标信息，招标公告必须严格按照《招标投标法》规定在河南省政府采购网或各地政府采购管理部门指定的媒介发布。任何单位和个人不得违法指定或者限制招标公告的发布地点和发布范围。

三要按照规定抽取专家。根据《河南省"粮安工程"粮库智能化升级暨行业信息化建设指导意见》（豫粮文〔2016〕146号）要求，招标评审专家须是7人（含）以上的单数，可从"河南省政府采购专家库"中随机抽取，要至少抽仓储智能化专家2名，粮食储藏专家1名，粮食质检专家1名，财务专家1名；各省辖市粮食局、省直粮食企业（集团）派业主代表2名。如"当地政府采购专家库"中有仓储智能化、粮食储藏、粮食质检等专家，也可从"当地政府采购专家库"中抽取。各地各单位要严格按照文件要求抽取评标专家，不得擅自更改评标专家的专业及人数构成。

三、严肃粮库智能化升级改造项目招投标工作纪律

各地各单位相关人员要认真贯彻执行《中国共产党廉洁自律准则》，自觉遵守廉洁自律各项规定，不得利用职权或职务上的影响，采取任何方式违规干预和插手粮库智能化升级改造项目招投标工作。严禁采取暗示、授意、递条子、指令、强令等方式，向具体承担工程建设和政府采购的单位和人员打招呼，要求为某企业或个人开绿灯，或者给予优先照顾；不得将依法必须招标的项目决定批准不招标或者应必须公开招标的项目违规决定批准为邀请招标；不得将应在各地政府采购管理部门指定场所进行招投标的项目在场外组织交易活动；不得将必须招标的项目化整为零，或假借招商引资项目，开工时间紧迫、临时应急等理由规避招标；不得干预、操纵招投标活动中代理、咨询机构的选择和投标人、评标专家的确定或中标结果；不得授意、指使或强令中标人分包、转包项目，或指定使用所需材料、配件设备以及生产厂家和供应商；不得干扰、限制、阻碍招投标监督部门及其工作人员依法查处招投标违纪违法案件。

加强全省"粮安工程"仓储智能化升级项目监督检查

　　河南省"粮安工程"仓储智能化升级项目已全面启动，为确保项目建设管理规范、质量可靠、资金安全、清正廉洁，预防和管控违规违纪和腐败问题发生，现就加强"粮安工程"仓储智能化升级项目监督检查工作通知如下：

　　一、提高认识，明确责任，认真落实"粮安工程"党风廉政建设主体责任

　　国家实施"粮安工程"仓储智能化升级项目，是守住管好"天下粮仓"和做好"广积粮、积好粮、好积粮"三篇文章的战略举措，是全面提升河南省粮食收储和物流信息化、智能化水平，保证国家粮食安全和有效供给的重要保证。"粮安工程"仓储智能化升级项目能否顺利实施，质量能否切实保证，资金使用能否安全运行，违规违纪和腐败问题能否得到有效预防，事关全省粮食工作改革发展稳定大局，事关粮食系统的整体形象，任务艰巨，责任重大。各级粮食部门领导班子要高度重视"粮安工程"项目实施中的党风廉政建设，坚持项目实施与反腐倡廉工作"两手抓，两手都要硬"。要坚持全面从严治党，认真落实党风廉政建设主体责任，逐级传导压力，层层落实责任，全面实施"粮安工程"仓储智能化升级项目建设"一把手"工程。各级粮食部门党政主要领导作为第一责任人，对仓储智能化升级项目中的党风廉政建设负主要责任，班子成员要按照工作分工，坚持"一岗双责"，认真履行项目实施中的反腐倡廉职责。要把加强仓储智能化升级项目中的党风廉政建设纳入领导班子和领导干部年度工作考核内容，明确责任，严格考核，严肃追究。

　　二、严格制度，加强监管，促进"粮安工程"项目实施规范运行

　　为加强"粮安工程"仓储智能化升级项目实施的规范管理，省粮食局

针对项目申报、专家评审、资金使用、工程建设、项目管理、竣工验收等出台了一系列规章制度，并多次召开会议进行了专题安排部署。各级粮食部门在项目实施中，要认真落实"三重一大"集体决策和招投标制度，严格执行议事规则和决策程序，凡项目实施中重大事项，必须经领导班子集体研究决定。要把反腐倡廉建设融入项目实施全过程，全面开展廉洁风险防控，认真排查关键岗位和重要环节的廉政风险点，积极采取有效措施，充分发挥防控作用，有效预防项目实施中违规违纪和腐败问题发生。要严格执行省财政厅、省粮食局印发的一系列管理制度，以制度执行为重点，一级抓一级，层层抓落实，提高制度执行力。要结合实际，进一步完善内控机制，规范工作程序，加强监督管理，确保把权力关进制度的笼子里，保障"粮安工程"仓储智能化升级项目规范实施。

三、突出重点，落实措施，充分发挥纪检监察监督职能作用

"粮安工程"仓储智能化升级项目多、资金量大、情况复杂，极易发生违规违纪和腐败问题。各级粮食纪检监察机构要围绕中心，服务大局，充分发挥纪检监察机关的职能作用，认真总结借鉴危仓老库维修项目的监管经验，全面履行党风廉政建设监督责任，全程参与"粮安工程"仓储智能化升级项目监督检查。要加强反腐倡廉教育。采取多种形式，有针对性、有重点地加强对从事项目实施关键岗位、重要环节工作人员的廉政风险教育，提高和增强防范腐败的意识和能力，让那些想搞腐败的人断了念头。要落实廉政谈话制度。积极开展项目实施廉政告知和廉政提醒谈话，明确纪律"高压线"，建立廉政"防火墙"，强化廉政责任意识，注重抓早抓小，解决苗头性问题。要签订廉政保证书。全面实行项目实施廉政保证书制度，督促所有参与项目实施的领导干部和工作人员严格执行党纪国法和规章制度，明确廉政措施，公开做出廉洁承诺，确保不出现腐败问题。要突出重点环节。紧紧抓住项目申报、资金使用、招标投标、质量安全、财务审计、竣工验收等关键环节，加强监督检查，及时发现和处理相关问题，实施零距离、全过程、无缝隙监督。要加强协作配合。各级粮食纪检监察机构要主动与建设主管单位和财政、审计等部门密切联系，建立沟通联络、协调配合机制，适时开展专项监督检查，形成"粮安工程"建设监督合力。

四、严明纪律，纪挺法前，严肃查处项目建设中的违规违纪问题

各级粮食纪检监察机构要紧紧围绕"粮安工程"仓储智能化升级项目

建设，坚持把纪律挺在前面，加大纪律审查力度，对工程建设中的腐败问题实行"零容忍"，始终保持查办案件的高压态势，保障河南省"粮安工程"仓储智能化升级项目建设顺利实施。要拓宽举报渠道。通过设立意见箱、公布举报电话和电子信箱、现场监督检查等方式，拓宽监督渠道，发现案件线索，认真受理群众信访举报。要坚持抓早抓小。正确把握四种形态，加强预防教育和诫勉谈话工作，对反映的问题要早发现、早提醒、早纠正、早查处，发现问题就咬咬耳朵、扯扯袖子，宽严相济、治病救人，防止小问题演变成大错误。要加大纪律审查力度。突出惩治重点，对在"粮安工程"仓储智能化升级项目中的违规违纪问题和腐败行为，各级粮食纪检监察机构要严肃查处，形成震慑；对涉嫌违法构成犯罪的，要及时移交司法机关处理。要严格责任追究。对在仓储智能化升级工作中有令不行、有禁不止和顶风违纪的，要给予相应的党纪、政纪处分，同时按照全面从严治党主体责任的规定，严肃问责相关领导的责任。

各省辖市、直管县（市）粮食纪检监察机构对"粮安工程"仓储智能化升级项目建设监督检查情况、重大问题和案件查处等，请及时报告省粮食局纪检组监察室。

进一步加强全省粮库智能化升级改造
项目建设管理工作

　　根据国家粮食局《关于进一步加强粮库智能化升级改造项目建设管理工作的函》（司便函财务〔2017〕14 号）要求，为进一步做好河南省"粮安工程"粮库智能化升级改造工作，加强粮库智能化升级项目管理，提高智能化升级专项资金使用效益，保障建设项目顺利实施，现就有关事项通知如下：

　　一、管好用好财政资金

　　严格执行财政部、国家粮食局《"粮安工程"危仓老库维修专项资金管理暂行办法》（财建〔2016〕872 号）、《河南省财政厅　河南省粮食局关于加强"粮安工程"粮库智能化升级改造专项资金管理的通知》（豫财贸〔2015〕109 号）等文件，积极落实配套或自筹资金，规范资金安排使用，设立专户管理，专账核算，专款专用。加强监督检查，督促有关单位严守财经纪律，确保财政资金使用安全。

　　二、稳步推进项目实施

　　项目建设要严格落实《河南省"粮安工程"粮库智能化升级项目管理办法》（豫粮文〔2016〕89 号）、《河南省"粮安工程"粮库智能化升级暨行业信息化建设指导意见》（豫粮文〔2016〕146 号）和《河南省粮库智能化建设技术规范（试行）》等六个试行标准。各级粮食行政管理部门要精心策划、务实推进，认真研究制订项目实施方案，明确核心功能需求，避免形成"信息孤岛"和"数据烟囱"，确保实现互联互通。要克服盲目性，坚持实用、管用、好用的原则，不搞大而全、花架子，更不搞形象工程。要按照项目实施方案严格把控实施进度，加强督导调度，确保项目顺利完成。

　　三、完善项目进度报送制度

　　各级粮食行政管理部门要抽调人员定时到项目单位督查工程实施情况，

掌握工程进度，发现问题，及时纠正处理。各省辖市、省直管县（市）粮食局，省直有关粮食企业务于3月、6月、9月、12月底前将当季《粮库智能化升级改造项目进度明细表（季报)》（附件）报送至省局流通与科技发展处。同时，根据《河南省粮食局关于开展粮食流通基础设施建设自查工作的通知》（豫粮文〔2016〕165号）要求，继续按月报送《河南省粮库智能化升级改造项目基本情况表》《河南省粮库智能化升级改造项目进度明细表》，直至项目验收合格，不再另行通知。

落实粮安工程粮库智能化升级改造和应急供应粮食仓储设施维修改造专项资金绩效评价工作要求

为加强财政支出管理，强化支出责任，提高财政资金使用效益，按照财政部《2016年度"粮安工程"危仓老库维修专项资金重点绩效评价工作实施方案》（财建便函〔2017〕11号）要求，财政部驻河南省财政监察专员办事处于2017年6月~8月，对我省2015~2016年度"粮安工程"粮库智能化升级改造和应急供应粮食仓储设施维修改造专项资金开展绩效评价工作，并赴各地各单位进行绩效审核和现场勘查。现就相关事项通知如下：

一、认真做好专项资金绩效评价准备工作

此次绩效评价内容主要包括：一是项目决策。包括是否根据需要制定相关资金管理办法、分配结果是否合理；二是项目管理。包括资金是否及时到位、资金使用是否合规、财务管理制度是否健全、是否建立健全项目管理制度等；三是项目绩效。包括实际实施项目数是否达到申报时的数量，成本是否控制在申报投资额范围内，是否产生积极的经济、社会、环境效益等。各地各单位要高度重视绩效评价工作，提前准备好相关材料，积极配合财政部驻河南省财政监察专员办事处，做好粮库智能化升级改造和应急供应粮食仓储设施维修改造专项资金绩效评价工作。

二、务必加快粮库智能化升级和应急供应粮食仓储设施维修改造项目实施进度

本次绩效评价结果将成为我省粮食行业今后申请国家政策和资金支持的重要依据。粮库智能化升级改造和应急供应粮食仓储设施维修改造项目实施进度是绩效评价的重要评分标准。财政部《2016年度"粮安工程"危仓老库维修专项资金重点绩效评价工作实施方案》（财建便函〔2017〕11号）要求，至今年8月底，全省项目完工率须达到80%以上。各省辖市、省直

管县（市）、省直粮油企业务必加快粮库智能化升级和应急供应粮食仓储设施维修改造项目实施进度，确保完成绩效评价"保良争优"的工作目标。

三、切实明确时间节点倒排工期

各地各单位要对照粮库智能化升级和应急供应粮食仓储设施维修改造进度工作目标，做细实施方案，倒排工期，明确时间节点，并填写《项目倒排工期进度表》（附件1）和《项目建设形象进度表》（附件2），于2017年7月10日前，分别上报省粮食局流通与科技发展处（智能化项目）、省军粮供应中心（应急供应粮食仓储设施维修改造项目）。需要开展项目评审的市县，财政部门要优先安排，提高评审效率，尽早出具项目评审报告（意见），确保不影响项目建设进度。未完成招投标的市县，要抓紧组织招标，招标完成后，施工要按照先易后难的顺序实施。特别是智能化粮库项目要优先实施三、四类库，并严格按照各环节时间节点，加快项目建设进度，争取早日与省局智能化管理平台互联互通。各省辖市、省直管县（市）、省直粮油企业要严格执行智能化粮库和应急供应粮食仓储设施维修改造项目进度周报、季报制度，省粮食局将对各市县项目进度情况适时通报。对进度缓慢，到2017年9月底仍不能完工的，省粮食局、省财政厅将取消项目，收回中央及省财政补助资金。

附录

标 注 索 引

1.《河南省粮食局 河南省财政厅关于印发河南省"粮安工程"粮库智能化升级暨行业信息化建设指导意见的通知》(豫粮文〔2016〕146号)

2.《河南省粮食局关于建立全省粮安工程仓储智能化升级专家库的通知》(豫粮文〔2015〕77号)

3.《河南省粮食局关于成立信息化建设领导小组的通知》(豫粮文〔2015〕86号)

4.《河南省粮食局关于建立"河南省粮安工程仓储智能化升级改造"项目储藏技术专家组的公告》(豫粮文〔2016〕1号)

5.《河南省粮食局 河南省财政厅关于印发〈河南省"粮安工程"仓储智能化升级改造项目申报指南〉的通知》(豫粮文〔2015〕129号)

6.《河南省粮食局 河南省财政厅关于补充申报河南省"粮安工程"粮库智能化升级项目的通知》(豫粮文〔2016〕88号)

7.《河南省粮食局关于全省粮食仓储智能化升级试点单位的通知》(豫粮文〔2015〕91号)

8.《河南省粮食局 河南省财政厅关于印发〈"粮安工程"仓储智能化升级改造项目评审办法〉的通知》(豫粮文〔2015〕151号)

9.《河南省粮食局 河南省财政厅关于下达2015~2016年"粮安工程"智能化粮库升级项目名单的通知》(豫粮文〔2016〕147号)

10.《河南省财政厅关于预拨危仓老库维修改造专项资金的通知》(豫财贸〔2015〕147号)

11.《河南省财政厅关于拨付"粮安工程"粮库智能化升级改造专项资金的通知》(豫财贸〔2016〕103号)

12.《河南省粮食局办公室关于使用统一仓储智能卡的通知》(豫粮办〔2017〕66号)

13.《河南省粮食局 河南省财政厅关于印发〈河南省"粮安工程"粮库智能化升级改造项目验收办法〉的通知》(豫粮文〔2017〕108号)

14.《河南省财政厅 河南省粮食局关于开展2016年度"粮安工程"危仓老库维修专项资金重点绩效自评工作的通知》(豫财贸〔2017〕64号)

工作的通知》（豫粮文〔2017〕87 号）

33.《中共河南省纪委驻粮食局纪律检查组关于加强"粮安工程"仓储智能化升级项目监督检查的通知》（豫粮纪〔2016〕19 号）

34.《河南省粮食局关于进一步加强粮库智能化升级改造项目建设管理工作的通知》（豫粮文〔2017〕25 号）

35.《河南省粮食局　河南省财政厅关于落实粮安工程粮库智能化升级改造和应急供应粮食仓储设施维修改造专项资金绩效评价工作要求的通知》（豫粮文〔2017〕115 号）

后　记

　　2015 年下半年以来，河南粮食行业紧紧围绕"粮安工程"仓储智能化升级，开展了一系列大胆探索与工作实践，结合实际制定了较为完善的政策法规、技术规程与标准规范。作为全国三个首批试点省份之一，我们深感有责任、有义务把这些规范性文件，通过认真总结和整理，编辑成册，公开出版，以解当前全省各地培训教材的燃眉之急，也供全国同行经验交流和资料索取之需求。

　　粮食仓储智能化升级，是粮食行业信息化的基础和关键环节，也是"粮安工程"的重要组成部分。因此，取名《粮智》的本书，与 2014 和 2015 年先期出版的《粮心》《粮安》一起，共同构成了"粮安工程"研究的姊妹作。

　　参加本书编写的除河南省粮食局流通与科技发展处、省财政厅服务业处的相关同志外，傅宏、胡东、王殿轩等专家、教授，分率中华粮网及河南工业大学的技术团队，为全省粮食仓储智能化升级技术标准的起草与审定等，做了大量工作。至此深表谢意！

编　　者
2017 年 6 月